BM (주)도서출판 성안당

이제부터 우리는 지능형 자동차 전자제어 기술을 이해하기 위해 기존 방식에서 벗어나 새로운 방식으로 자동차를 이해해 보려고 한다. 과거에는 자동차 전자제어 시스템을 이해하기 위해 먼저 엔진, 변속기 등 자동차 기계장치들을 중심으로 이해한 후, 그 다음에 이들을 제어하는 전자제어 장치인 ECU(Electronic Control Unit)를 이해하기 위해 노력하였다. 그러다보니 현재 지능형 자동차에서 가장 중요하고 핵심적인 역할을 하는 ECU를 중심으로 한 자동차 전자제어 시스템에 대한 이해의 폭을 넓히기가 매우 어려웠다.

이러한 문제점들을 극복하기 위해서는 먼저 우리가 지금까지 가장 중요하게 여기던 엔진이나 변속기 등은 단지 ECU가 제어하는 액추에이터일 뿐이라는 것을 인식하여야 한다.

따라서 먼저 지능형 자동차에서 ECU의 기능, 전자제어 회로, 알고리즘 및 프로그램(C 언어) 등을 이해한 후에 ECU의 제어 대상으로 엔진이나 변속기 등의 자동차 기계 시스템들에 접근한다면 현재 백여 개의 ECU가 장착된 지능형 자동차에 적용되고 있는 전자제어 회로, 제어 알고리즘, 제어 프로그램 기술 등의 응용 전자제어 기술을 보다 더 쉽게 이해할 수 있어, 현장에서 발생되고 있는 지능형 자동차의 전자제어 시스템의 고장 분석과 진단, 전자제어 시스템의 개발에 큰 도움이 될 것으로 생각된다.

자동차에서 가장 중요한 ECU 제어 기술을 단지, 전자나 제어를 전공한 전문가가 해야 할 일이라고 생각한다면 그것은 큰 오산이다. 그 이유는 가까운 미래에 곧 자동차 네트워크 통신 시스템에 의해 제어되는 플러그-인 하이브리드 자동차, 전기 자동차 등의 지능형 자동차가 도로를 가득 채울 것이고, 현장실무자인 우리 앞에 바짝 다가와 있을 것이기 때문이다.

이제 우리에게는 오래된 기술을 이해하는 데 시간을 헛되게 낭비하는 것보다는 새롭게 다가오는 지능형 자동차 전자제어 기술을 정복하기 위해 노력하는 적극적이고 도전적인 자세가 필요하다.

따라서 이 책은 철저하게 전자제어 ECU의 이해 중심으로 내용을 전개하였으며, 진취적인 사고를 가지고 자동차를 이해하려고 노력하는 독자들을 위해 조금이나마 도움

이 될 수 있도록 자동차 전자제어 ECU를 이해하는 데 필요한 기본적인 사항으로 그 내용을 꾸몄다.

또한, '자동차 ECU 제어의 결정판'이라 할 수 있는 '자동차 시스템 제어'편을 이해하기 위해 반드시 읽어야 할 '기초편'이라 할 수 있다.

우리가 다룰 이 책의 내용은 크게 네 부분으로 나눌 수 있다.

- 제1장 자동차 전자제어 이해는 최근의 지능형 자동차의 전자제어 기술을 소개하고, 지능형 자동차에 적용되고 있는 기초적인 전자제어 회로와 반도체 소자 등에 대해 설명하였다.

- 제2장 AVR 마이크로컨트롤러 이해는 지능형 자동차의 ECU 제어에 꼭 필요한 AVR 마이크로컨트롤러의 구조와 특성을 자동차 제어와 연계하여 설명하였다.

- 제3장 ATmega8535를 활용한 자작 ECU 기초 제어는 자동차의 ECU 제어에 필요한 기초 사항으로 기본적인 자동차 ECU 회로 설계, 자동차 제어 알고리즘 및 플로차트의 이해, 자동차 제어를 위한 C언어의 이해와 자동차 적용을 중심으로 내용을 꾸몄다.

- 제4장 자동차 시스템 기초 제어는 AVR C컴파일러의 활용과 자동차 제어에 적용할 간단한 ECU 회로 설계, 자동차 제어 알고리즘의 분석 및 적용, 기본적인 C언어를 통한 자동차 제어 프로그램 설계 등에 대해 알기 쉽게 설명하였다.

끝으로, 이 책이 세상에 나올 수 있도록 도와주신 성안당 이종춘 회장님, 최옥현 부장님, 그리고 편집부 여러분께 감사를 드린다.

또한, 많은 시간 떨어져 있는 나를 가장 잘 이해해 준 아내, 어려운 고비를 잘 참고 이겨내 결국 원하는 것을 성취할 아들, 딸에게 미안한 마음으로 이 책을 바친다.

정 태 균

효과적으로 이해하는 방법

제1권 자동차 미케닉을 위한 **자동차 ECU 제어 기초**

➷ 먼저 브레드보드(만능기판)와 전자 부품을 준비하여 직접 전자회로를 설계 및 제작하고 제어 프로그램도 설계하여 내가 만든 자작 ECU를 구동시켜 본다.

이렇게 해 봄으로써

첫째, AVR ATmega8535 마이크로컨트롤러 특성과 기능을 보다 쉽게 이해할 수 있다.

둘째, 간단한 입·출력 회로를 이해할 수 있다.

➷ 회로기판을 이용하여 기본적인 회로를 직접 납땜하여 자작 ECU를 만들고, 제어 프로그램을 설계하여 자작 ECU를 구동시켜 본다.

이렇게 해 봄으로써

첫째, 자동차에 적용되는 마이크로컨트롤러를 활용한 제어 프로그램을 잘 이해할 수 있다.

둘째, 자동차에서 가장 중요한 전자제어 시스템의 분서 및 고장 진단에 큰 도움이 된다.

제2권 자동차 미케닉을 위한 **자동차 시스템 제어**

자동차 BCM과 ECM에 적용되는 제어 알고리즘을 분석하고 전자제어 회로와 제어 프로그램을 설계하여 자작 ECU에 적용함으로써 그 작동을 재현해 본다.

이렇게 해 봄으로써

첫째, 자동차 전자제어 시스템을 제어하기 위한 ECU와 제어 프로그램을 보다 창의적이고 독창적으로 설계 할 수 있어 지능형 자동차 기술 습득에 큰 도움이 된다.

둘째, 자동차 전자제어 시스템의 튜닝을 위한 기술을 이해하여, 보다 부가가치가 높은 지능형 자동차 시스템 제어 기술을 쉽게 익힐 수 있다.

* 이 책을 읽다가 이해가 되지 않는 부분이 있을 경우, 다음 카페나 메일 주소로 글을 남겨주세요.
http://cafe.daum.net/tgjung, tgjung@kopo.ac.kr, tgjung0264@naver.com

Contents

01

자동차 전자제어 이해

1.1.1 ▷ 전자제어 기술의 적용 

 전 세계적으로 배기가스 규제가 점차 강화되고 이에 따라 국내 완성차 업체에서는 X-By-Wire, 차량자세 제어 시스템, CAN 및 FlexRay 통신적용 등 자동차 전자제어 장치의 도입을 촉진시켜 많은 신기술들이 자동차에 접목되고 있으며, 이에 따라 자동차에 대한 신뢰성과 편의성이 향상되었다.

 물론, 이러한 것들은 이제 자동차에서 가장 핵심적인 부품으로 자리를 잡은 마이크로컨트롤러에 적용되는 반도체 집적기술과 그 응용기술의 영향이라고 할 수 있다. 반도체가 자동차용으로 적용되기 시작한 것은 1960년대 자동차용 발전기에서 발생되는 교류전류(AC)를 직류전류(DC)로 정류하기 위한 다이오드(diode)의 적용을 시발로 이후에 발전기(alternator)에서 빌생되는 전입을 조정하는 IC 전압조정기(regulator)에 브랜지스터(transistor)가 적용되어 자동차의 반도체 채용을 촉진시켰다.

 그 후 당시 주종이던 카브레터(carburetor) 방식의 연료공급 시스템에서 벗어나 전자제어 연료분사 장치를 중심으로 IC(Integrated Circuit)가 채용되고, 이어서 전자제어 브레이크 장치(ABS), 전자제어 현가 장치(ECS) 등에도 핵심적인 부품으로 적용되기 시작하였다.

 이와 같이 반도체 소자가 자동차에 본격적으로 도입되면서 자동차에서 전자부품이 차지하

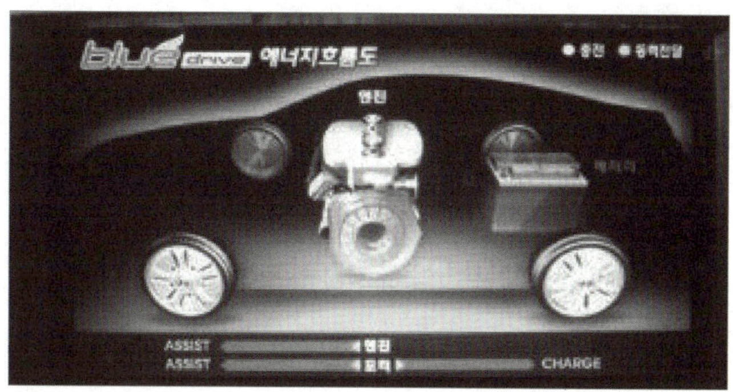

| 그림 1-1. 자동차 전자제어 시스템의 적용 |

는 비중이 점점 커지게 되고, 그림 1-1과 같이 ECU가 수십 개씩 장착된 하이브리드 자동차(HEV), 플러그-인 하이브리드 자동차(PHEV), 전기 자동차(EV), 연료전지 전기 자동차(FCEV)가 출현하게 되었다.

1.1.2 ⇨ 자동차용 센서(sensor)와 액추에이터(actuator) 

현재의 전자제어 자동차에서 센서(sensor) 및 액추에이터(actuator)는 자동차 전자제어 시스템의 출력 성능을 좌우하는 것으로서 ECU와 함께 가장 중요한 구성 요소이며, 전자제어 시스템의 특성과 기능은 센서나 액추에이터의 초기 선정 단계에서 결정하게 된다.

일반적으로 그림 1-2와 같은 장치에 적용되는 자동차 센서들은 온도, 압력 등의 물리적인 양을 전기적인 신호로 변환하고, 이들 센서들로부터 발생되는 전기적인 신호는 마이크로컨트롤러(microcontroller)를 통하여 필요한 신호로 변환되고 가공되어 최종적으로 액추에이터를 구동하게 된다.

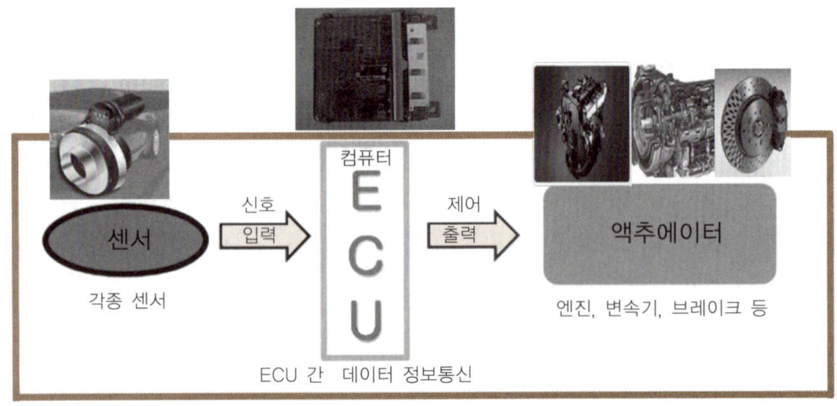

┃그림 1-2. 각종 센서와 액추에이터의 제어┃

1.1.3 ⇨ 동력원의 변화 

과거 자동차의 주된 동력원은 엔진이었지만, 현재는 그 자리를 상당부분 전기 모터(motor)에 내어 준 상태이다.

지금의 자동차 기술의 발전 추세라면 하이브리드 자동차에서 머지않아 플러그-인 하이브리드 자동차를 거쳐 내장된 배터리에 의해 주행하는 순수 전기 자동차로 변천하는 것은 시간문제라 할 수 있다.

이렇게 자동차의 주된 동력원이 엔진에서 모터로 교체가 가능하게 된 것은 바로 이들을 빠르고 효율적으로 제어할 수 있는 전자제어 시스템의 개발 덕분이라고 할 수 있다.

그림 1-3과 같은 자동차는 현재 활발히 개발되고 있는 차세대 동력원을 가진 전기 자동차이다.

| 그림 1-3. 동력원의 교체 |

1.1.4 ▷ X-By-Wire 시스템과 통신 

X-By-Wire란 차세대 전자제어 시스템으로 기계나 유압으로 제어되던 장치들을 전기·전자 장치에 의해 제어되는 모터(motor)가 그 역할을 대신하는 시스템이다.

현재 유압 시스템을 제거하고 모터에 의해 제동되는 Brake-By-Wire, 유압 펌프 등의 유압 시스템을 제거하고 모터에 의해 조향되는 Steer-By-Wire가 대표적으로 개발되고 있으며, 보다 많은 기계 시스템들을 대체하기 위한 기술들이 연구되고 있다.

이 기술들은 미래 지능형 자동차의 필수 기술로서 능동 충돌 회피기능, 자율 주행기능 등을 위한 기반 기술로 활발히 연구가 진행되고 있다.

또한, X-By-Wire 시스템은 운전자의 안전과 매우 밀접한 관련을 가진 기술로 신뢰성이 매우 중요하며, X-By-Wire 기술의 신뢰성을 향상시키기 위해 고신뢰도 통신 프로토콜인 FlexRay의 적용이 연구되고 있다.

(1) Steer-By-Wire

이 기술은 'By-Wire' 기술을 접목시킨 것이다. 그림 1-4는 유압 시스템에 의해서가 아니라 전기 신호만으로 전동 모터에 의해 조향 시스템을 제어하는 개념이다.

조향휠 측에는 회전 시 조향각을 감지하는 조향각 센서, 조향륜 측에는 바퀴의 회전각을 검출할 수 있는 센서로 구성된다.

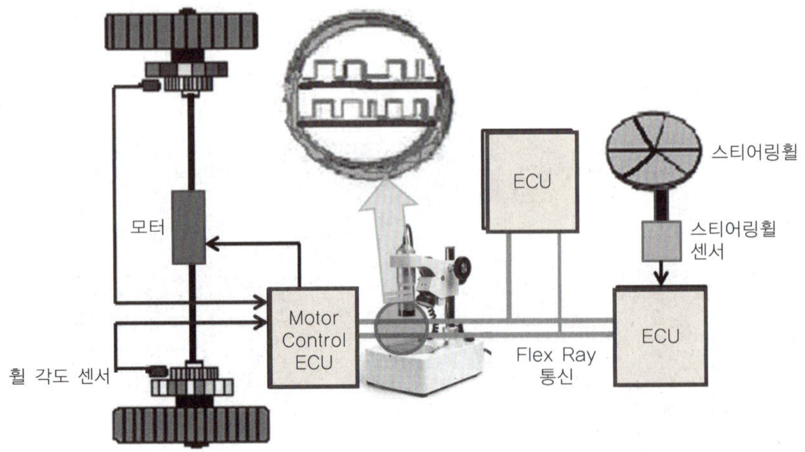

| 그림 1-4. Steer-By-Wire 기술 |

(2) Brake-By-Wire

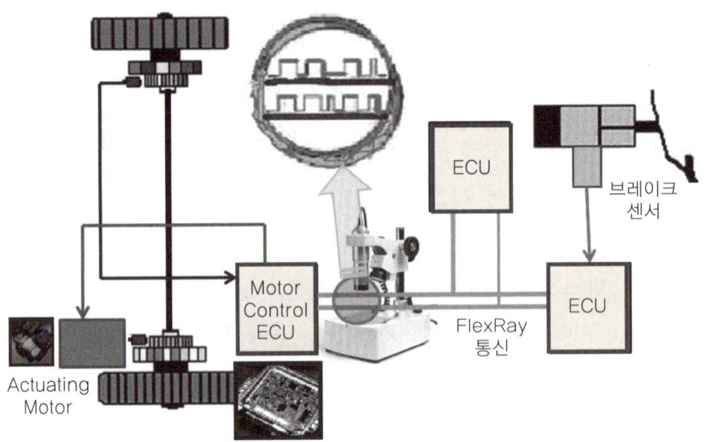

| 그림 1-5. Brake-By-Wire 기술 |

인텔리전트 브레이크 시스템의 일종으로, 그림 1-5와 같이 브레이크 장치의 유압이나 기계적인 연결을 wire로 대체하여 하나의 모듈 시스템(module system)에서 브레이크를 제어하도록 하였다.

(3) Shift-By-Wire

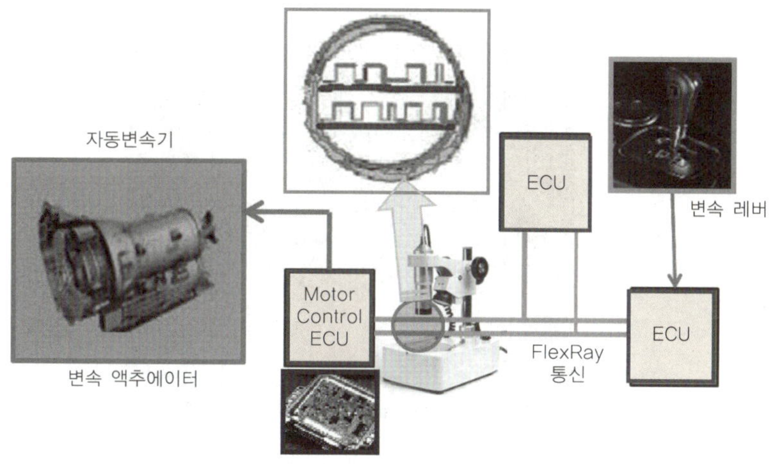

|그림 1-6. Shift-By-Wire 기술|

자동변속기 등에서 그림 1-6과 같이 케이블(cable), 시프트(shift) 관련 부품을 제거하고 전자식 변속 레버 등으로 바꾸어 변속 시스템을 제어한다.

1.1.5 바디 전자제어 시스템(BCM, 바디 중앙집중 처리 시스템) 

BCM(Body Control Module)은 바디 전장 시스템에서 와이퍼 작동, 파워 윈도우 작동, 도어 작동 등의 릴레이(relay)나 액추에이터(actuator), 모터(motor) 등을 제어하기 위해 타이머(timer)와 알람(alarm)의 기능이 필요한 경우, 그림 1-7과 같이 한 개의 BCM에 의해 정확하고 정밀한 제어가 가능하다.

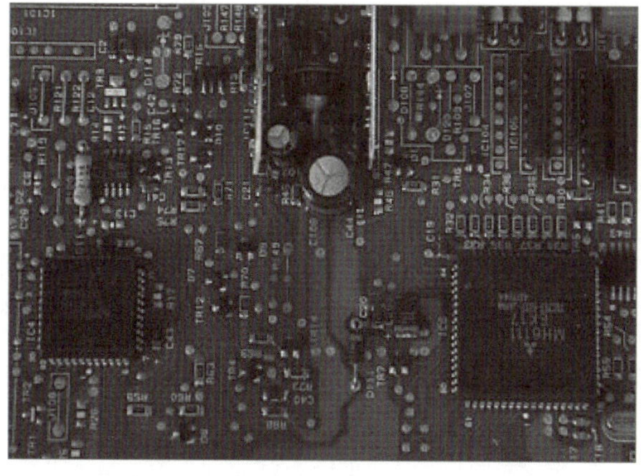

|그림 1-7. 자동차용 BCM의 내부 회로|

1.1.6 EMS와 ECU 

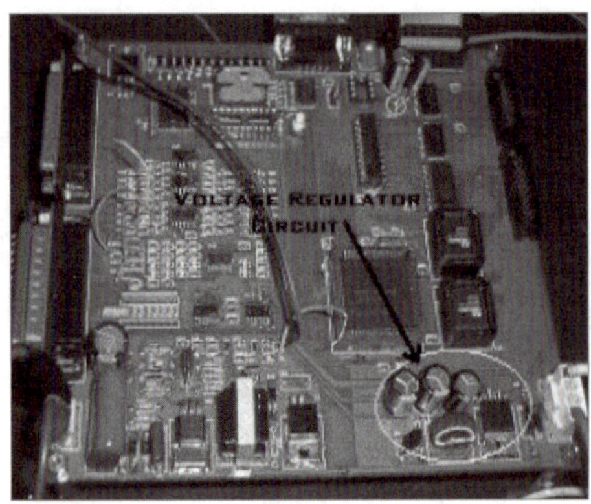

| 그림 1-8. ECU |

EMS(Engine Management System)를 보통 ECU라고 한다. ECU는 Electronic Control Unit의 약자로서 단순히 전자제어 유닛을 의미하지만, 일반적으로 엔진을 제어하는 유닛을 ECU라고 한다.

다른 ECU와의 구별을 위해서 엔진 ECU, 변속기 ECU(TCU), ABS ECU 등으로 구분해서 부르기도 한다.

엔진 ECU의 내부를 보면 그림 1-8과 같은 구조로 되어 있다. 보통 2000년대 중반까지는 16비트 MCU(Micro Controller Unit)가 많이 사용되었는데, 엔진 제어 구조가 점차 복잡해지면서 최근에는 32비트나 64비트 ECU들이 사용되고 있다.

또 MCU로 표시하기도 하는데, MCU(CPU)란 일반적인 CPU와 비슷한 것으로, 각종 입·출력을 처리할 수 있는 기능이 강화된 IC를 말한다.

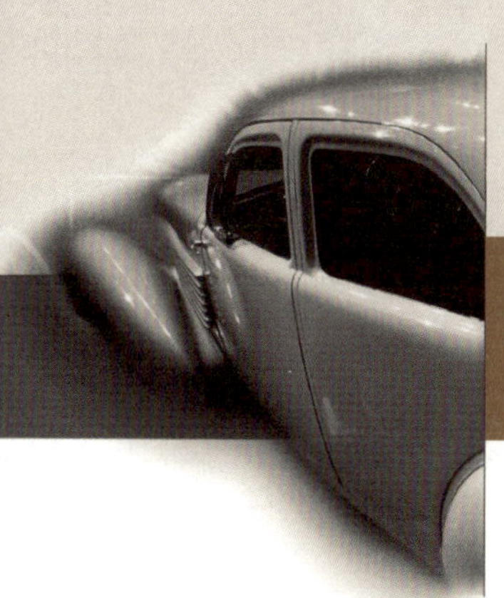

1.2.1 ▷ 마이크로컨트롤러의 구성 

마이크로컨트롤러(microcontroller)는 '마이크로프로세서(microprocessor)' 라고도 하는 것으로, CPU, 기억장치, 입·출력 장치 등이 하나의 칩으로 구성된 원칩(one-chip)으로서 주로 기계장치 등의 액추에이터(actuator)를 제어하는 데 사용하며 여기서 다루는 AVR ATmega8535가 이에 해당한다. 마이크로컨트롤러는 그림 1-9와 같이 CPU, 메모리(memory), I/O 포트(Input/Output port) 등으로 구성된다.

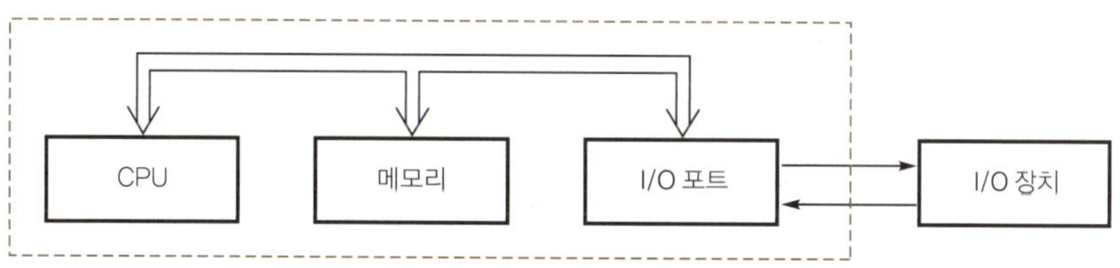

그림 1-9. 마이크로컨트롤러의 구성

1.2.2 ▷ CPU 

CPU(Central Processing Unit)는 마이크로컨트롤러의 중심이 되는 부분으로 그림 1-10과 같이 사칙연산과 비교·판단 등의 계산을 하는 기능을 가진 '연산 부분', 메모리 내에 기억된 프로그램에 의해 정해진 명령을 차례차례 실행해 가는 기능을 가진 '제어 부분', 일시적으로 데이터를 기억하는 '레지스터'(register, CPU 내 일시적 기억장치)로 구성되어 있다.

또한, 클록(clock)은 컴퓨터가 잘 작동되도록 클록 신호를 발생시킨다.

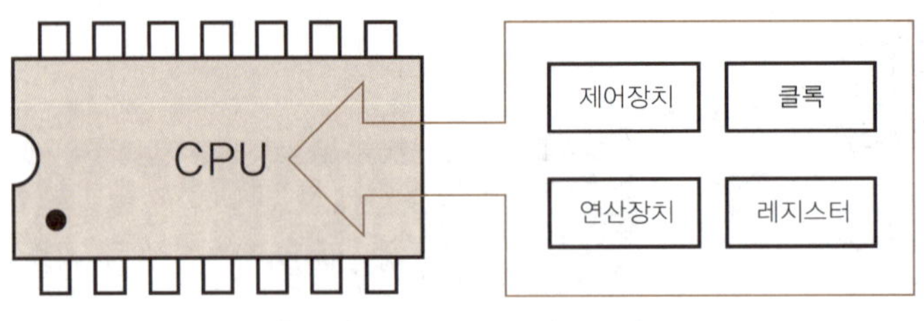

| 그림 1-10. CPU의 구조 |

1.2.3 ▷ 메모리(memory) 

메모리(memory)는 액추에이터를 제어하는 데 필요한 데이터(data)나 프로그램(program)을 기억하는 기능을 가지고 있다. 최근에 많이 사용되는 플래시 메모리는 롬과 램의 장점을 가진 메모리로서, 데이터의 읽기와 쓰기가 자유로우며 전원이 꺼지더라도 기억된 데이터가 지워지지 않는다.

1.2.4 ▷ I/O 포트 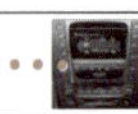

CPU 외부의 자동차 센서 등으로부터 데이터를 입력(input)받거나, 외부로 출력(output)을 할 때 필요한 포트로서, 센서나 액추에이터로 신호를 입·출력할 때 필요하다.

1.2.5 ▷ 비트(bit), 바이트(byte) 그리고 워드(word) 

그림 1-11에서 비트는 메모리의 최소 단위로서 0과 1 중 하나를 나타낸다. 하나의 비트 안에 많은 정보를 저장할 수 없기 때문에 컴퓨터는 이들의 묶음으로 사용하게 된다. 바이트는 보다 유용한 메모리 단위로서 8비트로 구성되어 있다. 워드는 컴퓨터를 설계할 때 결정되는 메모리 단위이다. 컴퓨터의 기종에 따라 워드가 8비트로 구성되기도 하고, 16비트, 64비트 등으로 결정될 수 있다. 별도의 설명이 없으면 우리는 16비트로 구성된 워드로 생각한다.

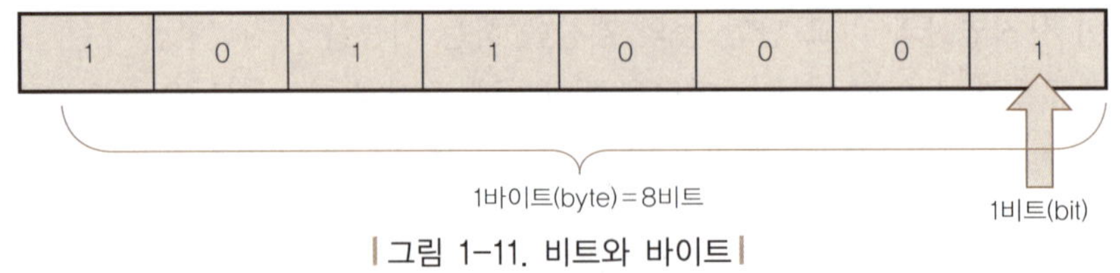

| 그림 1-11. 비트와 바이트 |

1.2.6 ▷ 하드웨어와 소프트웨어 

마이크로컨트롤러와 그 주변 장치들을 포함한 물리적인 장치, 즉 IC칩, 회로를 구성하는 소자 등을 통틀어서 하드웨어(hardware)라 하며, 이 하드웨어로 구성된 ECU를 그 기능에 알맞게 구동하도록 하기 위한 프로그램이 필요한데 이를 소프트웨어(software)라 한다.

1.2.7 어드레스(address) 

메모리에 기억된 데이터를 꺼내기 위해서는 그 데이터가 저장된 곳의 위치를 알아야 하고, 그 위치를 쉽게 알 수 있도록 각각 메모리에 주소가 정해져 있는데, 이 주소를 어드레스(address)라 한다.

1.2.8 버스(bus) 

그림 1-12와 같이 CPU와 메모리, I/O 포트 등은 어떤 통로를 통해 정보를 교환하는데, 이러한 정보교환의 통로가 되는 신호 전달선을 버스(bus)라 한다.

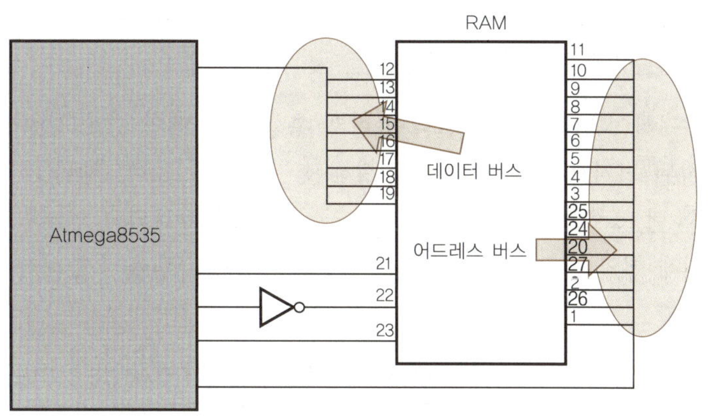

│그림 1-12. 어드레스와 데이터 버스│

1.2.9 인터페이스(interface) 

ECU에서 여러 다른 기능을 가진 장치들을 서로 연결하기 위해서는 완충 작용을 하는 중계 장치가 필요한데 이를 인터페이스(interface)라 한다.

1.2.10 아날로그 신호(analogue signal)와 디지털 신호(digital signal)

아날로그 신호(analogue signal)는 그림 1-13과 같이 시간의 변화에 따라 각각 다른 출력 신호를 나타내는 것을 말하며, 그림 1-14와 같이 시간의 변화에 따라 '0'과 '1'의 신호를 반복적으로 출력하는 것을 디지털 신호(digital signal)라 한다.

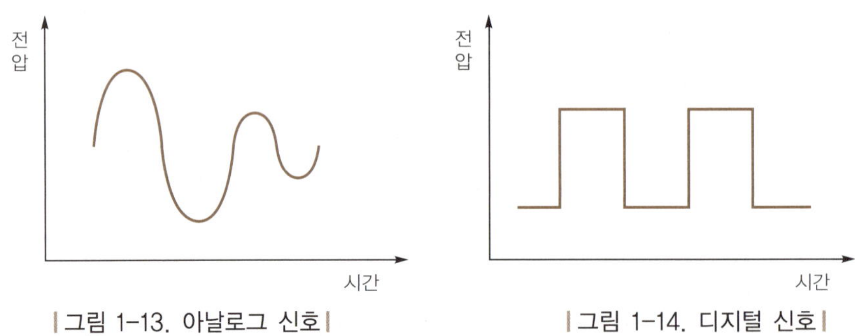

|그림 1-13. 아날로그 신호| |그림 1-14. 디지털 신호|

1.2.11 레지스터(register)

CPU 안에서 데이터(data)를 임시로 기억하는 장소를 레지스터(register)라 한다.

1.2.12 인터럽트(interrupt)

어떤 신호에 동기하여 인터럽트가 걸리면 현재 수행 중인 메인 프로그램(main program)을 중단하고 지정된 번지로 이동하여 미리 정해진 서브루틴 프로그램을 우선적으로 실행하며, 지정된 서브루틴 프로그램(sub-routine program)이 완료되면 인터럽트(interrupt)가 발생하기 전의 원래 메인 프로그램으로 되돌아가 다시 프로그램을 수행하게 된다.

1.2.13 2진수(binary), 10진수(decimal)와 16진수(hexadecimal)

2진수(binary)는 '0'과 '1'을 사용하는 숫자 체계로서, 컴퓨터 내에서 데이터를 효율적으로 표현하기 위해 사용된다.

2진수	0000	0001	0010	0011	0100	0101	0110	0111	1000	1001	1010	1011	1100	1101	1110	1111
10진수	0	1	2	3	4	5	6	7	8	9	10	11	12	13	14	15
16진수	0	1	2	3	4	5	6	7	8	9	A	B	C	D	E	F

|표 1-1. 진수의 변환|

16진수(hexadecimal)는 숫자 0~9까지와 영문 알파벳 문자 A~F까지 사용한다. 표 1-1에 모두 같은 값을 갖는 2진수와 10진수 그리고 16진수를 나타내었다.

1.2.14 어셈블리어와 어셈블러

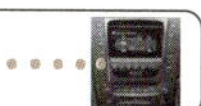

CPU의 명령을 기능에 따라 분류해 놓은 명령어를 '니모닉'이라 하며, 이 니모닉 코드로 작성된 프로그램을 '어셈블리어 프로그램'이라 한다. CPU가 어셈블리어(assembly language) 프로그램을 이해하기 위해서는 이 프로그램을 컴퓨터가 이해할 수 있는 기계어로 바꾸어 주는 특별한 소프트웨어가 필요한데 이것을 어셈블러(assembler)라 한다.

1.2.15 클록 신호(clock signal)

CPU가 작동하기 위해서는 클록 제너레이터(clock generator)에서 발생하는 기준 신호가 필요한데 이 기준 신호를 클록 신호라 하며, 모든 데이터는 이 클록 신호에 동기하여 처리된다.

1.2.16 디버깅(debugging)

컴퓨터 분야에서 디버깅(debugging)이란 컴퓨터 프로그램이나 하드웨어 장치에서 잘못된 부분, 즉 버그(bug)를 찾아서 수정하거나 또는 에러(error)를 피해나가는 처리 과정이다.

1.2.17 노이즈(noise)

전기통신의 발전 · 보급에 따라 전기 기기에서 필요로 하는 신호에 방해가 되는 전기적 잡음을 말한다. 본래 청각에 불쾌감을 일으키는 소리, 즉 음향적 잡음을 가리키지만 이것은 소음이라는 용어로 쓰이고 있으며, 보다 넓게는 정보 취득에 어떠한 방해를 주는 것을 가리키는 경우도 있다.

1.2.18 알고리즘(algorithm)

계산법 · 해법 · 작도 · 정보처리의 순서 · 과정의 뜻으로 사용되는 수학 · 정보과학 · 컴퓨터 용어이다. 이전부터 아라비아숫자 계산법의 순서 · 과정을 나타내는 수학 용어로써, 아라비아 수학자 알콰리즈미에서 유래한 알고리즘(algorithm)이 사용되어 왔다.

1.2.19 마이크로컨트롤러의 외형

그림 1-15와 그림 1-17은 DIP(Dual In Package) 형과 PLCC(Plastic Leaded Chip Carrier) 형을 나타낸다.

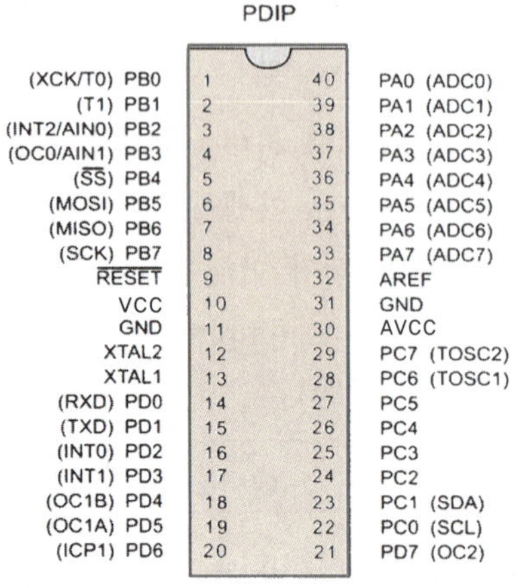

| 그림 1-15. DIP 형 |

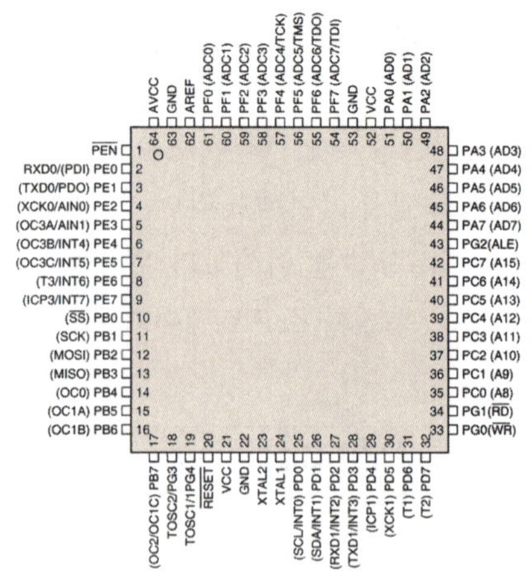

| 그림 1-16. PLCC 형 |

1.2.20 ▷ TTL과 CMOS

(1) TTL(Transistor-Transistor Logic)

내부 소자가 바이폴라 트랜지스터로 구성되어 있다.

Low 레벨 전압 : 0~0.8V, High 레벨 전압 : 2.4~5.0V

(2) CMOS(Complementary Metal Oxide Semiconductor)

내부 소자가 MOS FET로 구성되어 있다.

Low 레벨 전압 : $0 \sim 1/3V_{dd}V$, High 레벨 전압 : $2/3V_{dd} \sim V_{dd}V$

(3) 논리 레벨 비교

IC들 간의 접속에 있어서 전기적 특성이 다르더라도 정확한 디지털 신호의 전송을 위해서는 그림 1-17과 같이 노이즈 마진(잡음 여유도, noise margin)이 있어야 한다.

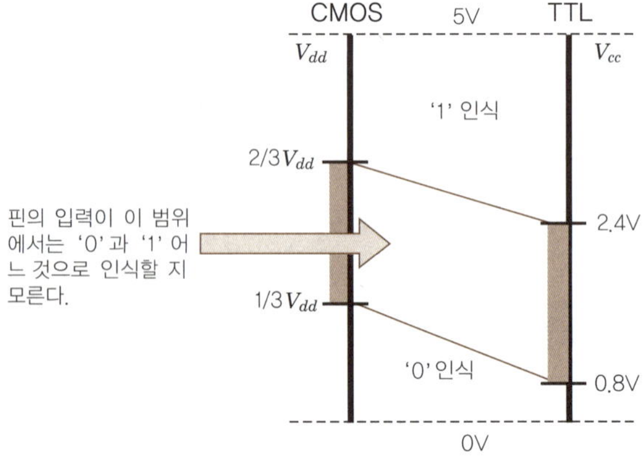

| 그림 1-17. TTL과 CMOS 논리 레벨 비교 |

1.2.21 ▷ 액세스(access) 

기억장치 안의 지정된 번지로의 기억 동작 또는 읽어내기 동작을 가능하게 하는 기능을 말하며, '접근'이라고도 한다.

1.2.22 ▷ 코딩(coding) 

정보를 데이터 처리 장치가 받아들일 수 있는 기호로 변환시키는 것으로서, 부호화라고도 한다.

1.2.23 ▷ 머신 사이클(machine cycle) 

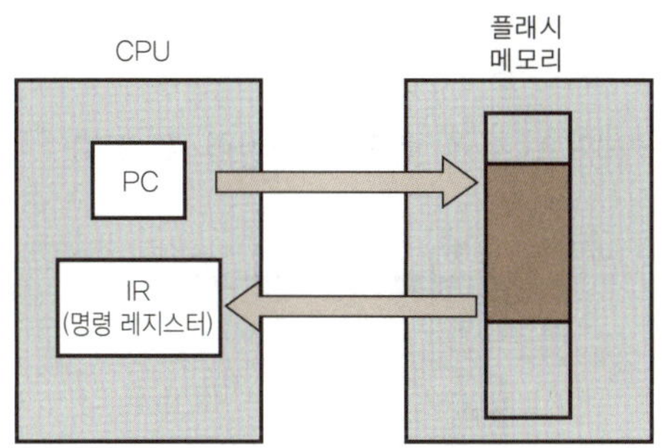

| 그림 1-18. 머신 사이클 |

그림 1-18에서와 같이 CPU가 명령을 내부에 받아들이고 해독하여 실행하는 일련의 과정을 머신 사이클이라 한다.

1.2.24 ▷ 페치 사이클(fetch cycle) 

그림 1-19와 같이 명령을 읽어내고(페치), 명령의 뜻을 판단하는 동작을 페치 사이클이라 한다.

|그림 1-19. 페치 사이클 |

1.2.25 IC 핀 보기 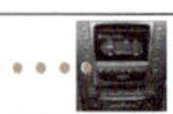

IC 핀은 그림 1-20과 같이 핀 단자의 번호를 확인할 수 있다.

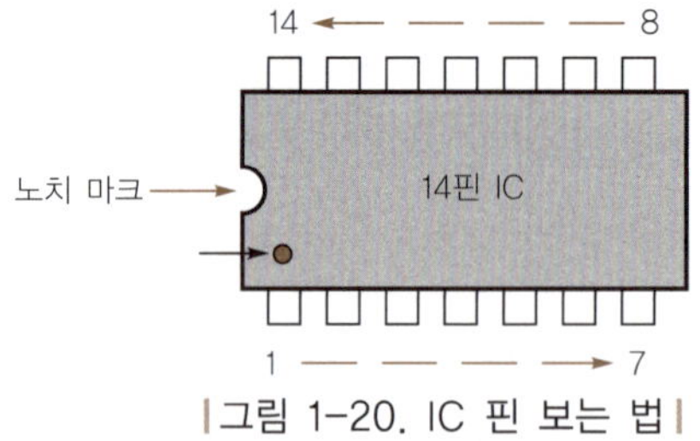

|그림 1-20. IC 핀 보는 법 |

1.2.26 에지(edge) 

클록에서 H→L, L→H로 변화되는 타이밍을 에지라고 하며, 상승 에지에서 동작하는 것을 포지티브 에지 트리거형, 하강 에지에서 동작하는 것을 네거티브 에지 트리거형이라 한다.

1.2.27 진수의 표시 

C언어로 프로그램을 작성 시 2진수, 10진수, 16진수는 그림 1-21과 같이 표시한다.
① 2진수 : 0b00001111
② 10진수 : 15
③ 16진수 : 0x0F

숫자 '0'과 알파벳 소문자 'b'

2진수 표시 : 0b00001111

숫자 '0'과 알파벳 소문자 'x'

16진수 표시 : 0x0F

|그림 1-21. 진수의 표시|

1.2.28 진수의 변환 

그림 1-22와 같이 2진수로 '00001111'을 16진수로 바꾸면 'OF'로 표시할 수 있으며, 10진수로는 '15'로 나타낼 수 있다.

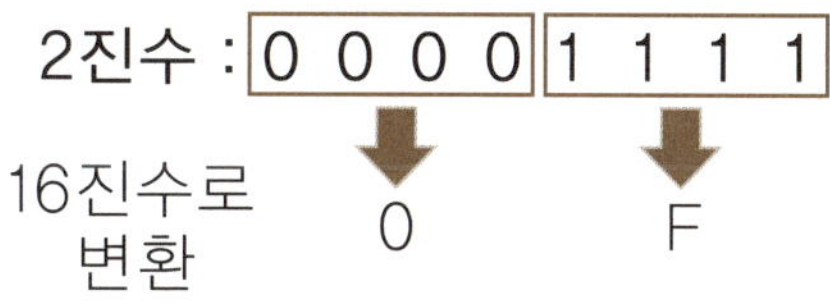

2진수 : 0 0 0 0 1 1 1 1

16진수로 변환   O   F

|그림 1-22. 진수의 변환|

1.2.29 C언어와 C컴파일러 

ATmega8535의 CPU가 C언어 프로그램을 이해하기 위해서는 이 프로그램을 컴퓨터가 이해할 수 있는 기계어로 바꾸어 주는 특별한 소프트웨어가 필요한데 이것을 C컴파일러(C compiler)라 한다.

1.3.1 ▷ 전기의 3요소 

(1) 전류(electrical flow)

자유전자가 도선을 통하여 흐르는 것을 전류라 하는데 전류는 전자들의 이동으로 이루어지고, 그림 1-23과 같이 전류는 +극에서 −극으로 흐르며, 전자는 반대로 −극에서 +극으로 이동한다.

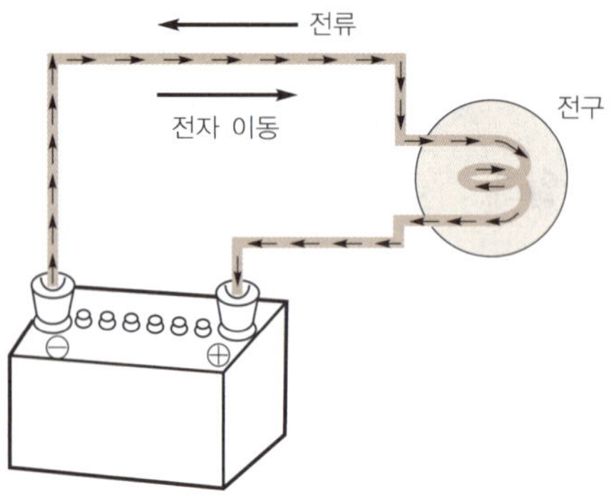

|그림 1-23. 전류와 전자의 이동|

(2) 전압(voltage)

도체를 통해 흐르는 전류는 물이 높은 곳에서 낮은 곳으로 흐르는 것과 같은 특성을 가진다. 이때 전기적인 높이 차, 즉 전기적인 압력을 전압 또는 전위차라 하며, 그림 1-24에서 보는 것처럼 전압이 높으면 높을수록 전류는 더 잘 흐른다.

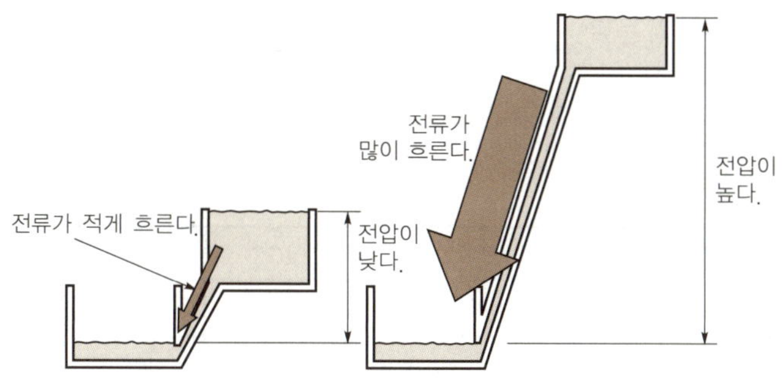

┃그림 1-24. 전압과 전류의 관계┃

(3) 저항(resistance)

물질에 전류가 흐를 수 있는 정도를 나타내는 것을 저항이라 하며, 그림 1-25와 같이 저항이 크면 클수록 전류는 더 적게 흐른다.

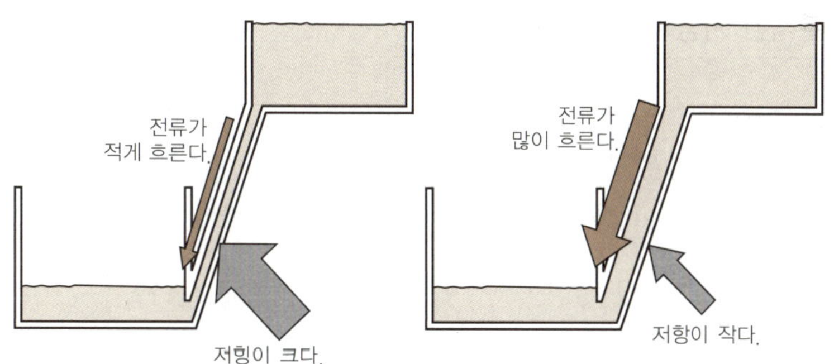

┃그림 1-25. 저항에 따른 전류의 흐름┃

 ## 1.3.2 ▷ 단위의 표시

전압, 전류 그리고 저항은 흔히 물의 흐름으로 비유하는데, 이를 그림 1-26과 같은 그림으로 표시할 수 있으며, 그 단위는 표 1-2와 같이 표시할 수 있다.

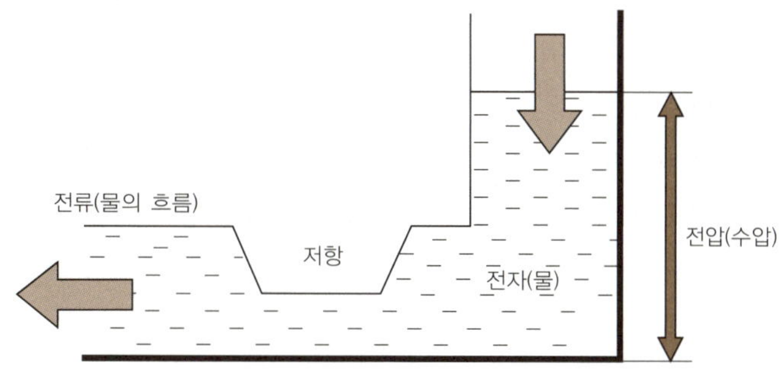

┃그림 1-26. 전류, 저항, 전압의 이해┃

각 단위는 다음과 같이 읽는다.

10^9(기가, G), 10^6(메가, M), 10^3(킬로, K), 10^{-3}(밀리, m)

10^{-6}(마이크로, μ), 10^{-9}(나노, n), 10^{-12}(피코, p)

승 수	10^6	10^3	1	10^{-3}	10^{-6}	10^{-9}	10^{-12}
전 압		KV	V				
전 류			A	mA	μA		
콘덴서			F		μF		pF
시 간			S	ms	μs	ns	
저 항	MΩ	KΩ	Ω	mΩ			

| 표 1-2. 단위의 표시 |

1.3.3 ▷ 기본적인 자동차 전자회로 소자 

(1) 저항(register)

그림 1-27과 같은 저항은 회로 안에서 전압을 낮추거나 전류를 제어하는 등의 목적으로 사용된다. 그림 1-28과 같이 정해진 색깔로 저항의 크기를 나타낸다.

| 그림 1-27. 실제 회로에 사용되는 저항 |

가변저항기(볼륨)란 그림 1-29의 왼쪽 그림과 같이 저항을 원하는 만큼 가변적으로 변화할 수 있도록 하는 부품이다.

내부 구조로는 그림 1-29의 오른쪽 그림과 같이 저항체의 위를 가동편이 움직이게 되어 있으며, 가동편이 닿는 위치에 의해 저항이 자유롭게 변화하게 되어 있다.

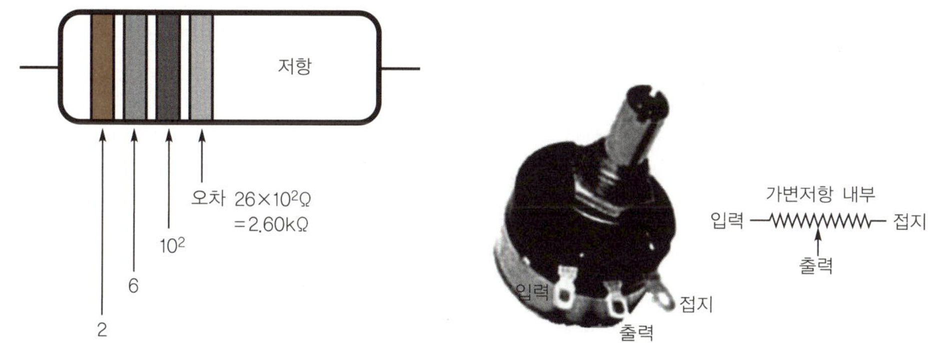

흑색	갈색	적색	등색	황색	녹색	청색	자색	회색	백색
0	1	2	3	4	5	6	7	8	9

| 그림 1-28. 저항의 컬러 코드 |

| 그림 1-29. 가변저항의 연결과 내부 구조 |

그림 1-30에서와 같이 저항은 전류의 흐름을 제한하는 역할을 하며, 전기·전자 회로에서 가장 많이 사용되는 중요한 부품 중 하나이다. 가변저항은 자동차의 전자제어 회로에서도 많이 사용되고 있는데, 대표적으로 엔진에서 스로틀 밸브(throttle valve)의 열림량을 감지하는 TPS(Throttle Position Sensor) 등에 사용되고 있다.

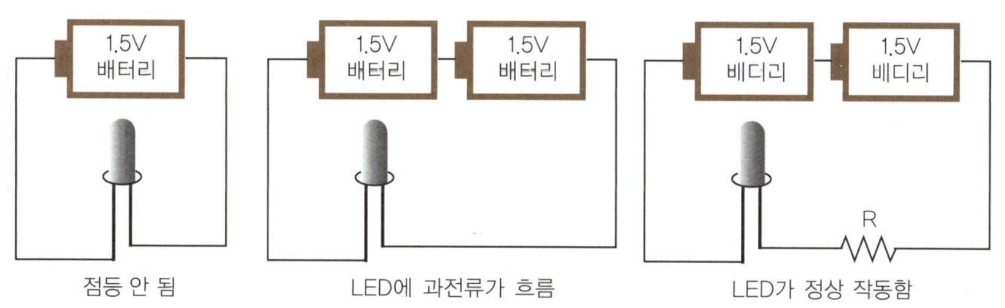

| 그림 1-30. 저항의 기능과 용도 |

(2) 콘덴서(condenser, capacitor)

콘덴서는 전하(electrical charge)를 축적하는 특성을 가진 전자부품으로, 단위는 패럿(farad, F), μF(micro farad, 10^{-6}F), pF(pico farad, 10^{-12}F)으로 나타낸다.

① 콘덴서 선택 시 주의사항

   ㉠ 정전 용량 : 회로에 지시된 값이나 정격 용량에 가까운 것을 선택한다.

   ㉡ 최대 내전압 : 콘덴서에 가해지는 최대 전압 이상의 값을 선택한다.

   ㉢ 극성 : 전해 콘덴서나 탄탈 콘덴서는 극성에 주의한다.

② 콘덴서의 종류

㉠ 전해 콘덴서 : 극성 있음

콘덴서의 극성 구별은 그림 1-31에서와 같이 −극쪽 몸체에 줄무늬가 있으며, +극은 길고 −극은 짧다. 또, 용량은 몸체에 표시되어 있다.

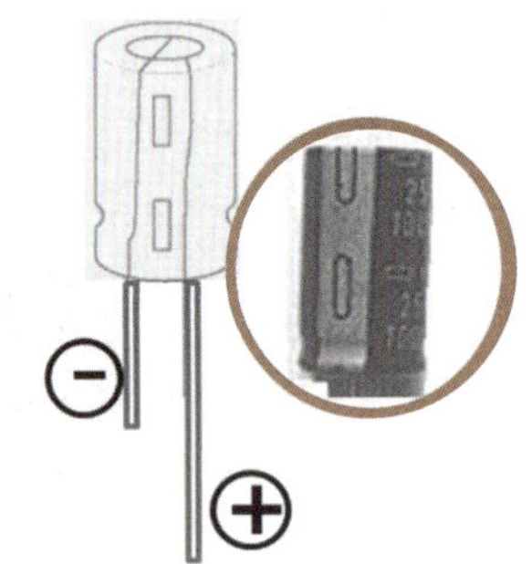

|그림 1-31. 전해 콘덴서의 극성|

- 전압 : 콘덴서를 사용할 때는 표시 전압 이하에서만 사용하여야 한다. 콘덴서에 표시되어 있는 전압보다 높은 전압을 가하면 콘덴서가 파손될 위험이 있어 높은 전압에 사용되는 콘덴서일수록 그 크기가 커진다.
- 용량 : 콘덴서의 용량을 나타내는 단위는 패럿(farad : F)이 사용된다. 일반적으로 콘덴서에 축전되는 정전 용량은 매우 작기 때문에, μF(마이크로패럿 : 10^{-6}F)의 단위가 사용되며 전해 콘덴서는 0.1 μF부터 수만 μF까지가 사용된다.
- 극성 : 전해 콘덴서에는 다른 콘덴서와 달리 극성이 있다. 전해 콘덴서는 본체에 마이너스(−)쪽을 표시하는 회색 줄무늬가 붙어 있다(일반적으로 다리가 긴 것이 +이다). 특히 +, − 극성을 반대로 접속하면 위험하므로 +, − 극성이 바뀌지 않도록 주의해야 한다.

㉡ 세라믹 콘덴서, 마일러 콘덴서 : 극성 없음

그림 1-32의 세라믹 콘덴서는 소형이나, 온도에 따른 특성의 변화가 심하고 정전 용량의 허용 오차가 크다.

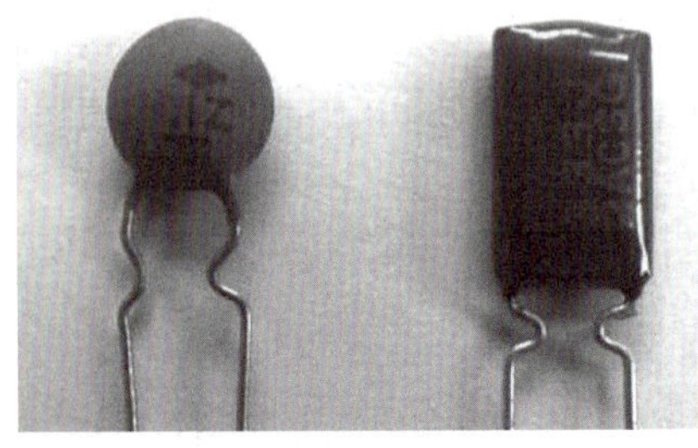

|그림 1-32. 세라믹 콘덴서와 마일러 콘덴서|

- 용량 읽기 : 세라믹 콘덴서나 마일러 콘덴서에서 용량의 기본 단위는 pF(피코 패럿)이다.

  1~999pF까지의 용량을 가지는 세라믹 콘덴서는 그 용량을 숫자로만 표시한다. 그림 1-33의 왼쪽 그림의 표시처럼 10×10^4 pF(0.1μF) 콘덴서도 '104'로만 표시한다. 표시 방법은 저항과 같다. 그림 1-33 우측 그림의 마일러 콘덴서의 경우에도 그 용량은 '473'이므로 47×10^3 pF(0.047μF)이 된다.

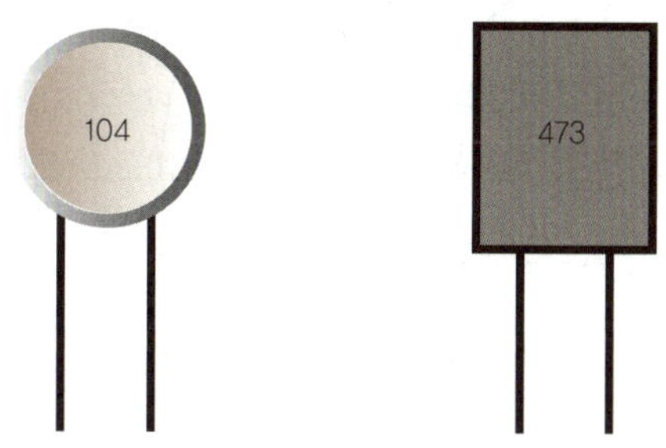

|그림 1-33. 세라믹 콘덴서와 마일러 콘덴서의 용량 표시|

- 기호 : 세라믹과 마일러 콘덴서는 극성이 없으며, 기호는 그림 1-34와 같다.

|그림 1-34. 세라믹과 마일러 콘덴서의 기호|

③ 콘덴서의 기능

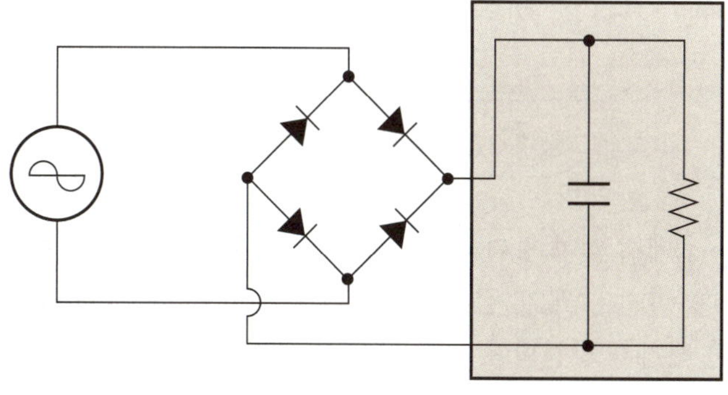

|그림 1-35. 콘덴서의 역할|

그림 1-35와 같이 회로에 콘덴서를 병렬로 연결하여 그림 1-36에서와 같이 콘덴서에 충전된 전기를 방전하여 출력되는 파형을 직류에 가깝게 만들어 주는 역할을 한다.

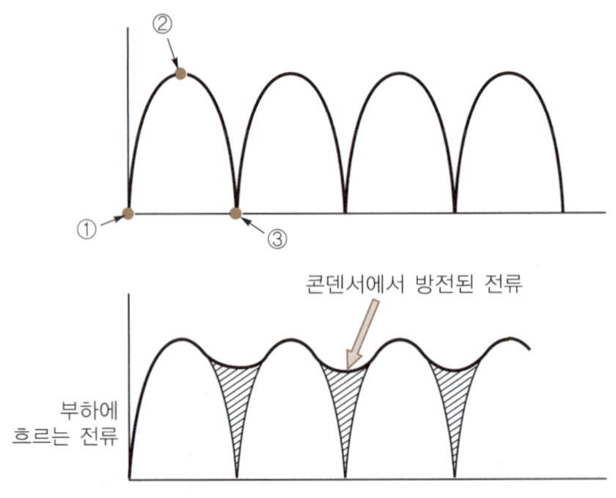

│그림 1-36. 콘덴서의 평활 작용│

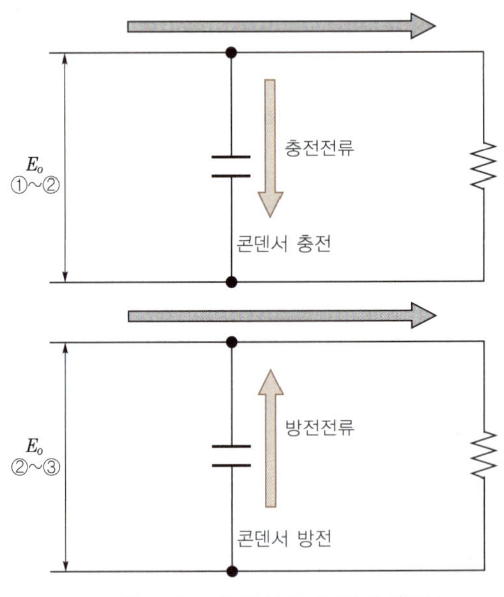

│그림 1-37. 콘덴서의 충전과 방전│

그림 1-37의 ①~②에서 점차 증가하는 전압 E_o에 의해 충전전류가 콘덴서로 흘러 콘덴서가 충전된다. ②~③에서 E_o가 점차 감소하여 콘덴서 충전전압보다 낮아지면 콘덴서에 충전되어 있던 전기가 방전되어 그림 1-38과 같이 직류에 가까운 파형을 만들어 부하에 작동하게 된다.

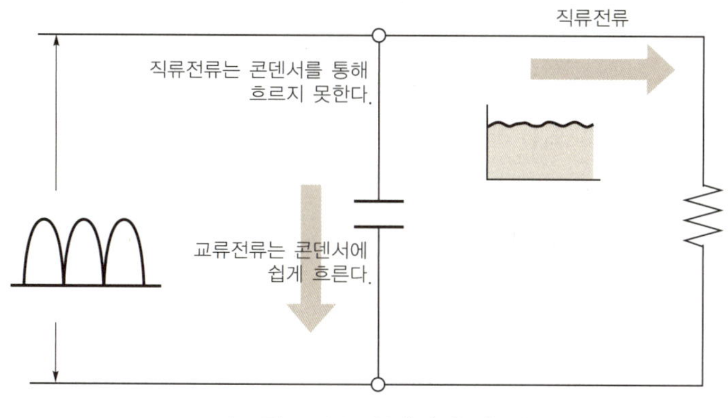

| 그림 1-38. 콘덴서의 작동 |

1.3.4 ▷ 반도체 소자 

반도체란 금속 등의 도체보다는 전류를 잘 통과시키지 못하지만, 유리 등의 부도체보다는 비교적 전류를 잘 통하는 물질을 말한다. 대표적인 반도체 소자로는 실리콘(Si), 게르마늄(Ge)이 있다.

(1) 반도체 종류

① 진성 반도체

불순물이 거의 섞이지 않은 순도가 99.9%인 순수한 실리콘이나 게르마늄으로 된 반도체를 말한다.

② 불순물 반도체

인위적으로 원하는 특성을 만들기 위해 진성 반도체에 특정한 불순물(비소, 인듐 등)을 소량으로 섞은 반도체를 말한다. 자동차 전자제어에서 많이 사용하는 트랜지스터(transistor), 다이오드(diode), 서미스터(thermistor), 사이리스터(scr) 등이 이에 해당된다.

㉠ 자유전자(free electron) : 가전자(최외각 전자)가 원자핵의 구속력으로부터 벗어나 자유롭게 움직일 수 있는 전자(－극성을 띠고 있음)

㉡ 정공(hole) : 원자핵의 구속력에 있던 전자가 빛, 열, 전압 등의 영향으로 원자핵의 구속력으로부터 벗어나 자유전자로 되면서 전자가 빠져나간 비어 있는 자리(전자(－)가 빠져나간 자리이므로 ＋극성을 띤다고 봄)

㉢ 캐리어(carrier) : 자유전자(free electron)나 정공(hole)을 운반하는 것

실리콘(Si)과 게르마늄(Ge)은 그림 1-39와 같이 최외각 전자가 4개인 4가의 원자구조를 가진다. 따라서 최외각 전자가 8개가 되어 안정된 상태가 되기 위해서는 각각 주변으로부터 4개의 원자를 더 받아야 한다.

실리콘(Si, 원자번호나 전자수 14)이나 게르마늄(Ge, 원자번호나 전자수 32)은 그림 1-39와 같이 원자간 상호 결합 시 주변의 최외각 전자 4개를 서로 공유하여 안정된 상태(최외각 전자가 8개)로 되는데, 이와 같은 형태의 결합을 공유결합이라 한다.

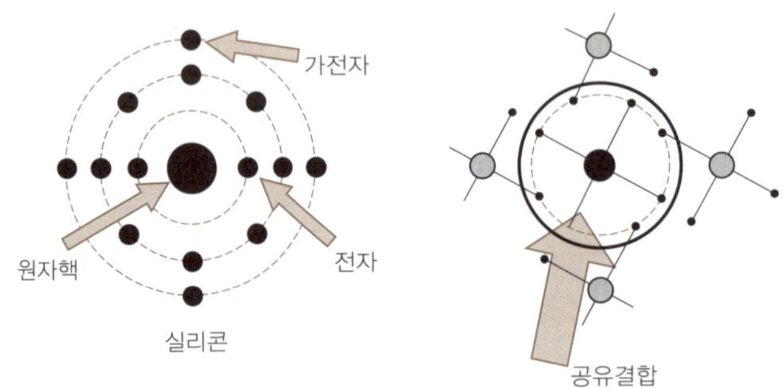

|그림 1-39. 실리콘의 원자구조와 공유결합|

(2) P형 반도체와 N형 반도체

P형 반도체는 홀(정공, hole)을 만들기 위해 불순물(3가 원소, 최외각 전자가 3개인 원소)을 첨가하고, N형 반도체는 자유전자(free electron)를 만들기 위해 불순물(5가 원소, 최외각 전자가 5개인 원소)을 첨가한다.

① N형 반도체

N은 −(negative)를 나타낸다.

㉠ 자유전자를 만드는 불순물 − 도너(donor)

㉡ 다수 캐리어 − 전자(electron), 소수 캐리어 − 정공(hole)

② P형 반도체

P는 +(positive)를 나타낸다.

㉠ 정공을 만드는 불순물 − 억셉터(acceptor)

㉡ 다수 캐리어 − 정공(hole), 소수 캐리어 − 전자(electron)

(3) 다이오드(diode)

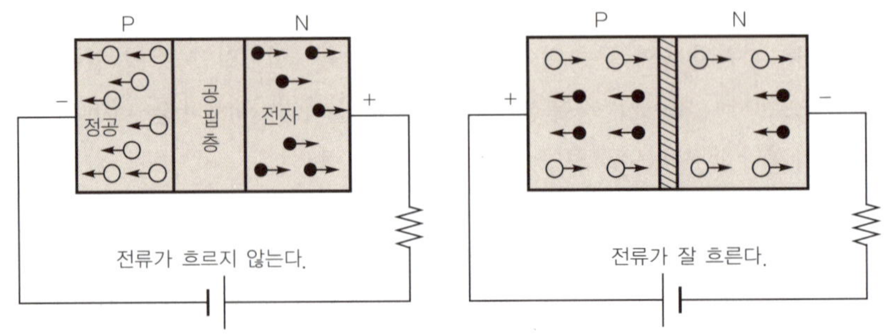

|그림 1-40. P형과 N형 반도체의 결합에 의한 역방향 전류와 순방향 전류의 흐름|

다이오드는 P형과 N형 반도체의 결합으로 그림 1-40과 같이 역방향(P형 반도체 측에 −, N형 반도체 측에 +)으로 전압을 가해 주면 공핍층(depletion layer)이 증가되어 전류가 공핍층을 뚫고 흐르지 못하나 순방향(P형 반도체 측에 +, N형 반도체 측에 −)으로 전압을 가해 주면 공핍층이 얇아져 전자가 쉽게 통과할 수 있어 전류가 잘 흐르게 된다.

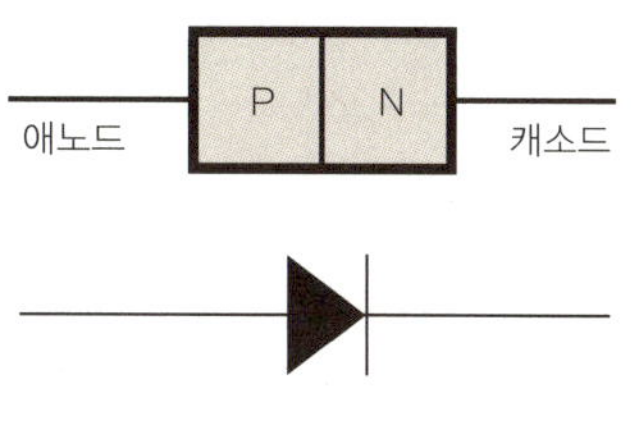

┃그림 1-41. 다이오드의 심볼┃

PN 접합 다이오드는 일반적으로 다이오드라 하며, P형 반도체 측을 애노드(anode), N형 반도체 측을 캐소드(cathode)라 한다.

자동차 회로에서는 역방향으로 전류가 흐르는 것(역기전력)을 차단하기 위해 많이 사용하고 있으며, 다이오드는 그림 1-41과 같은 심볼로 나타낸다.

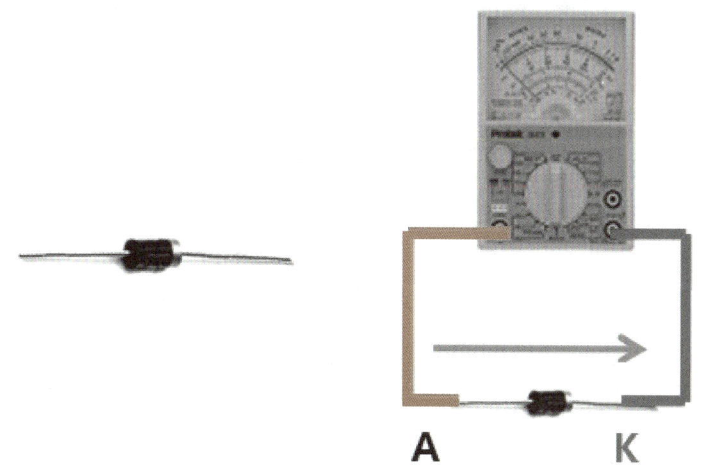

┃그림 1-42. 다이오드와 그 측정┃

그림 1-42에서 왼쪽은 다이오드의 실물을 나타낸 것으로, 그림 1-42의 오른쪽과 같이 멀티 테스터를 사용하여 다이오드의 순방향과 역방향을 확인할 수 있다. 실리콘 다이오드의 경우 약 0.6V에서 순방향으로 흐르는 전류가 급격히 증가하게 된다.

아날로그 테스터로 다이오드를 확인할 경우 저항 레인지에서 테스터의 검은색 리드선에 애노드(검은색 리드선으로 전류가 흘러나오므로), 붉은색 리드선에 캐소드를 연결할 때 지침이 우측으로 움직이면 순방향이다.

① 다이오드의 기능

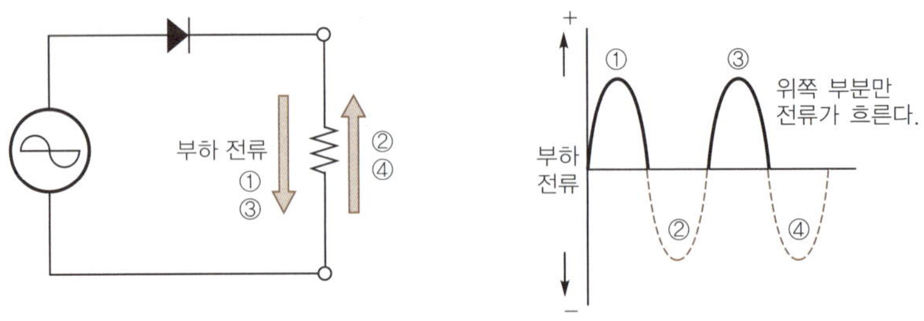

그림 1-43. 다이오드의 기능(반파정류)

교류를 직류로 바꾸어 주는 것을 정류(rectification) 작용이라 하며, 1개의 다이오드에 교류전류를 가해 주면 그림 1-43과 같은 반파정류 작용을 하게 된다.

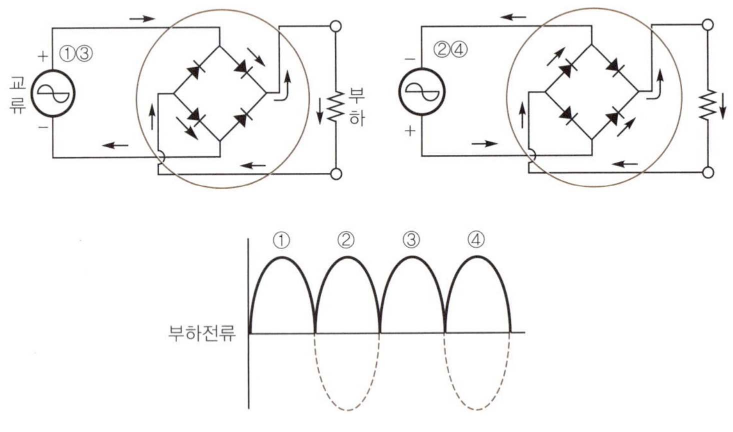

그림 1-44. 다이오드의 기능(전파정류)

4개의 다이오드를 조합하면 그림 1-44와 같은 전파정류 파형을 얻을 수 있다.

② 제너다이오드(zener diode)

PN 접합 다이오드에서 역방향으로 큰 전압을 가해 주면 어느 전압(제너 전압) 이상에서는 갑자기 전류가 흐르게 되는데(공유결합한 최외각 전자들이 역방향 전압에 의해 자유전자로 되어 이동을 하게 되어 발생), 전류가 흐르기 시작할 때의 역방향 전압을 제너 전압이라 하며 이러한 현상을 제너 현상이라 한다.

제너다이오드의 기호는 그림 1-45와 같이 표시한다.

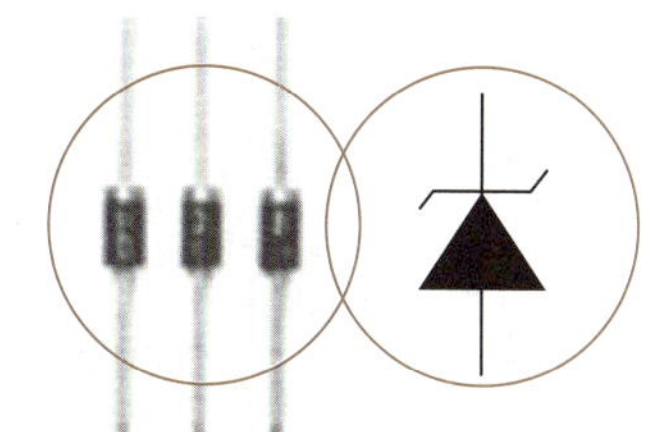

|그림 1-45. 제너다이오드와 그 기호|

보통 다이오드는 그림 1-46의 왼쪽 그림과 같이 항복 전압 이상의 역방향 전압을 가하면 파괴되지만 그림 1-46의 오른쪽 그림과 같이 역방향 전압에 대한 강한 성질을 가지도록 만든 것을 제너다이오드라 한다.

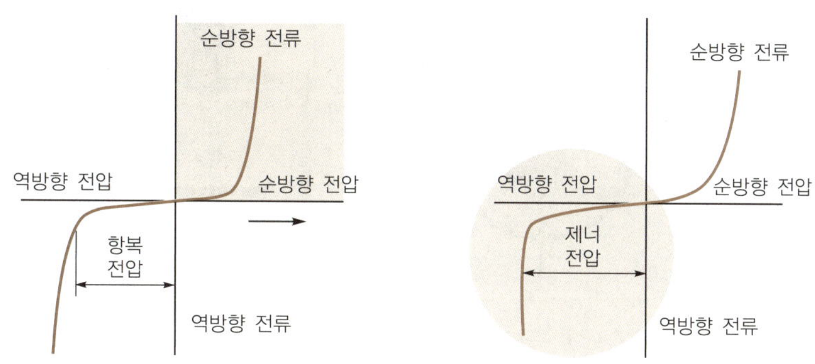

|그림 1-46. 일반 다이오드의 특성과 제너다이오드의 특성|

또 제너 전압보다 높은 역방향 전압을 제너다이오드에 가하면 갑자기 큰 전류가 흐르기 시작하는데, 이를 브레이크다운 전압이라고 한다.

제너다이오드에 제너 전압 이상의 역방향 전압을 가하면 단단한 공유결합을 하고 있던 최외각 전자들이 큰 역방향 전압에 의해 원자핵의 구속력을 이기고 튀어 나오게 되어 자유전자와 정공의 수를 증가시키므로 큰 전류가 흐르게 된다.

그러나 제너다이오드에는 제너 현상이 발생하는 전압 이상의 높은 전압을 가했을 경우에는 전류는 급격히 증가하지만 전압은 일정하게 유지되는데, 이를 정전압 작용이라 한다. 제너다이오드는 역방향 전압을 가했을 때 정전압 작용을 하므로 일정한 전압을 필요로 하는 자동차의 전자제어 회로에서 널리 사용되고 있으며, 특히 자동차의 전자제어 점화 장치(회로 보호용), AC 발전기의 전압 조정기(발생 전압 조정), ECU(정전압 발생) 등에도 사용된다.

③ 발광 다이오드(LED ; Light Emitting Diode)

발광 다이오드는 순방향으로 전압을 가하면 빛을 발생하는 것으로, 그림 1-47의 오른쪽 그림과 같은 기호로 표시한다. 발광 다이오드는 전기적 에너지를 빛 에너지로 변환시키는데 특징은 다음과 같다.

㉠ 수명이 전구의 10배 이상으로 반영구적이다.

㉡ 비교적 낮은 전압(2~3V)에서도 잘 작동한다.

㉢ 소비 전력이 0.05W 정도이고, 소비 전류는 10mA 정도이다.

㉣ 점멸 응답성이 10^{-6}sec(초)로 매우 빠르다.

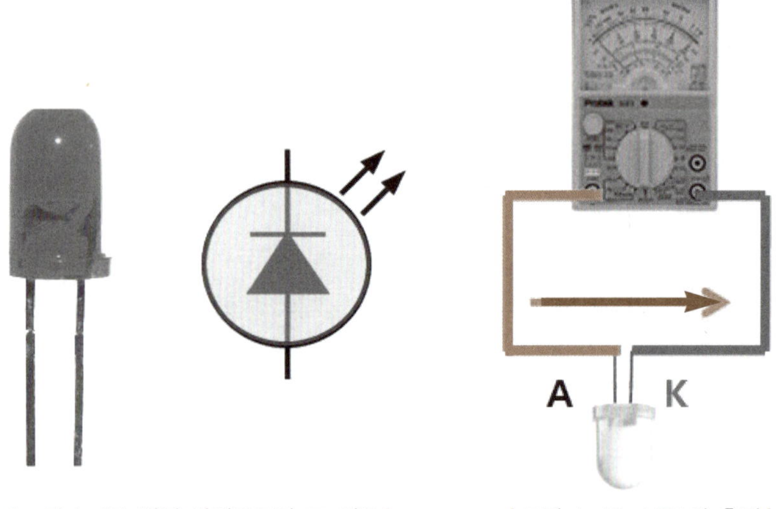

|그림 1-47. 발광 다이오드와 그 기호| |그림 1-48. LED의 측정|

그림 1-47은 요즘 자동차의 등화 장치에 많이 사용되고 있는 발광 다이오드로서, 발광 다이오드의 극성은 그림 1-48과 같이 멀티 테스터를 사용하여 그림 1-42의 다이오드의 확인과 동일한 방법으로 확인할 수 있다.

④ 수광 소자

㉠ 포토다이오드(photo diode) : 포토다이오드는 빛에 민감한 P-N 접합 다이오드로, 빛을 쬐면 미소 전류를 발생하며 빛 에너지를 전기 에너지로 변환시킨다.

그림 1-49에서와 같이 어두워지면 전압을 발생하지 않지만 포토다이오드의 접합부에 빛을 쬐면 발광 다이오드와는 반대로 빛 에너지에 의하여 역방향으로 전류가 흐르는데, 흐르는 전류는 빛의 세기에 비례한다.

이때 역방향은 캐소드(N형 반도체 측)에서 애노드(P형 반도체 측)로 전류가 흐르게 되는 것을 말한다.

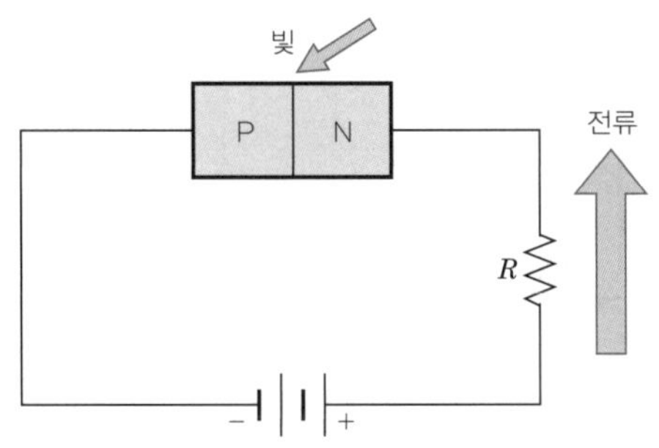

| 그림 1-49. 포토다이오드의 작동 |

ⓒ 포토트랜지스터 : 포토다이오드와 동일한 원리이며, 그림 1-50의 왼쪽 그림에서 트랜지스터의 베이스에 빛을 쬐면 컬렉터 전류(I_c)가 흐르는 원리를 이용한 것이다.

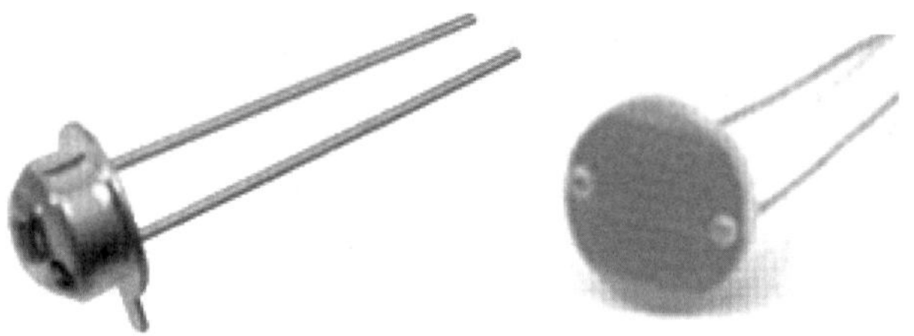

| 그림 1-50. 포토트랜지스터와 CdS |

ⓒ CdS : 그림 1-50의 오른쪽 그림과 같은 CdS(광도전셀) 소자는 빛을 쬐면 저항이 감소하는 특성을 이용한 것이다.

감도는 좋으나 응답 속도가 포토다이오드나 포토트랜지스터에 비해 느리다. CdS 다리는 방향이나 극성이 없다.

CdS는 자동차의 오토 헤드라이트 시스템 등에 적용되고 있으며, 빛의 세기를 감지하여 어두워지면 전조등을 켜게 하는 등의 작동을 한다.

(4) 트랜지스터

① 트랜지스터의 특성

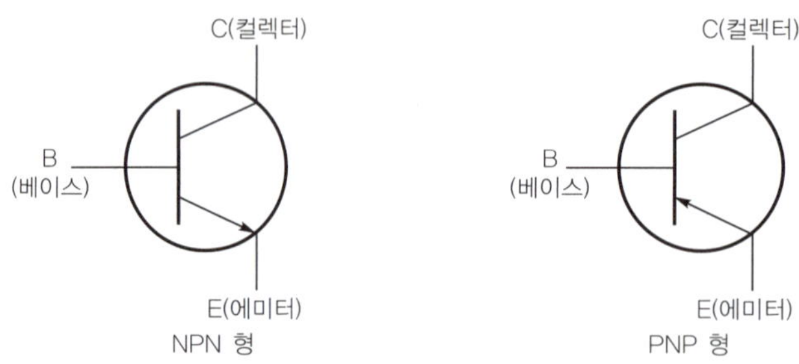

| 그림 1-51. 트랜지스터의 종류 |

일반적으로 트랜지스터는 그림 1-51과 같이 NPN 형과 PNP 형으로 나눌 수 있다.

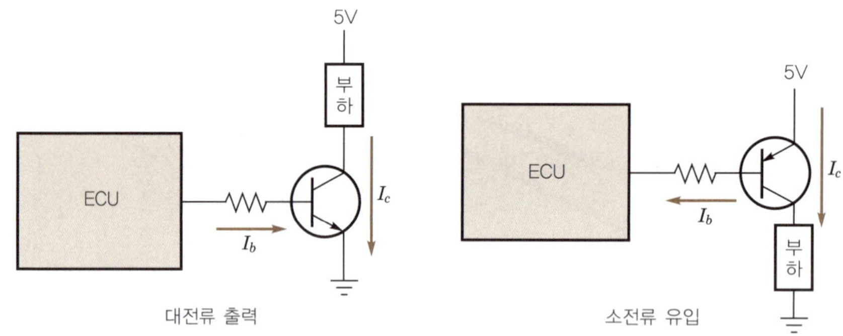

| 그림 1-52. 트랜지스터의 작동 |

각각의 트랜지스터는 그림 1-52와 같이 작동을 하며, 사용되는 용도에 따라서 그림 1-53과 같이 다양한 종류가 있다.

| 그림 1-53. 트랜지스터의 외관 |

② 트랜지스터의 기능

㉠ 스위칭 작용 : 그림 1-54에서와 같이 베이스 전류 I_b를 ON, OFF 제어함으로써 컬렉터 전류(I_c), 이미터 전류($I_e = I_b + I_c$)를 ON, OFF할 수 있어 릴레이(relay)와 같은 작동을 하며, 또한 일반 릴레이와는 달리 접점을 사용하지 않으므로 스위칭 작동이 빠르고 채터링(chattering) 현상이 없어 안정된 동작을 할 수 있다.

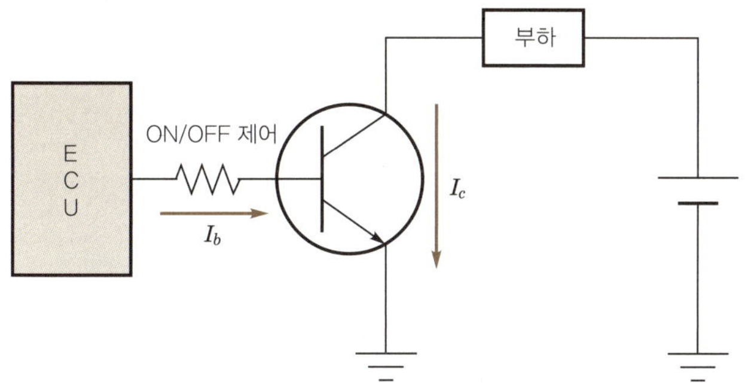

|그림 1-54. 트랜지스터의 스위칭 작용|

㉡ 증폭작용 : 그림 1-55에서와 같이 작은 베이스 전류 I_b로 비교적 큰 컬렉터 전류 I_c를 제어한다. 이때 컬렉터 전류 I_c와 베이스 전류 I_b의 비를 전류 증폭률이라 한다. 그림 1-55에서 전류 증폭률은 다음과 같이 나타낼 수 있다.

$$h_{FE} = \frac{I_c}{I_b} = \frac{100}{1} = 100$$

따라서 트랜지스터가 증폭작용을 할 때 컬렉터 전류 I_c는 h_{FE}와 I_b에 의해 결정되며, 대부분의 전류가 I_c로 흐르게 된다.

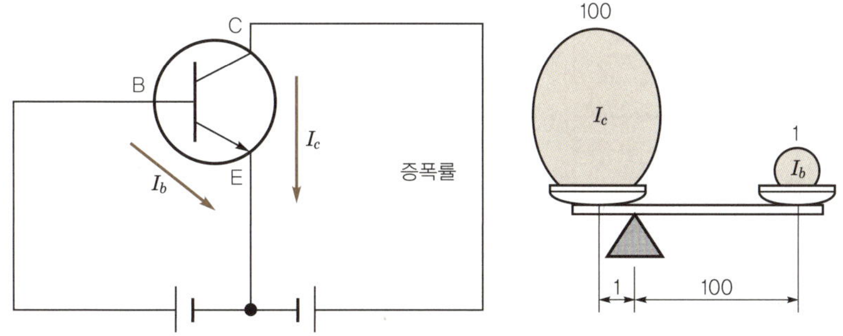

|그림 1-55. 트랜지스터의 증폭작용|

③ 센서 출력전압 변환

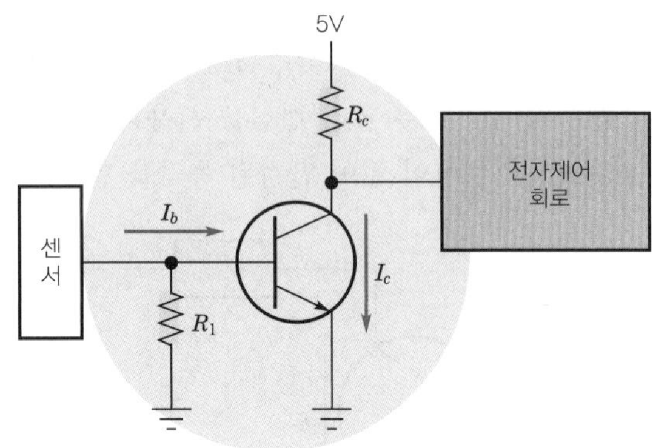

|그림 1-56. 센서 출력전압 변환|

자동차의 각종 센서로부터의 출력전압이 낮아 전자제어 회로(ECU)의 직접 입력으로 사용하기에 부적절할 경우 그림 1-56과 같이 트랜지스터를 사용하여 전압을 증폭해서 사용한다.

(5) FET(Field Effect Transistor)

① FET의 종류

　㉠ FET는 접합형(J-FET)과 절연 게이트형(MOS-FET)이 있고, MOS-FET는 각각 그림 1-57과 같이 N 채널형과 P 채널형으로 나눈다.

　㉡ 단자명은 드레인(D : Drain), 소스(S : Source) 및 게이트(G : Gate)의 3단자이다.

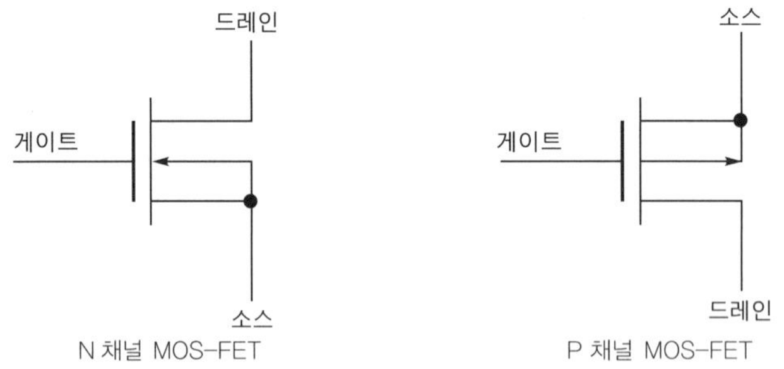

|그림 1-57. N 채널형과 P 채널형 MOS-FET|

② FET의 작동

접합형(junction) 전계 효과 트랜지스터(J-FET)에서 작은 게이트 전압의 변화(입력)를 더 큰 전압의 변화(출력)로 바꾸어 주며, 이때 트랜지스터는 신호 증폭 기능을 수행한다.

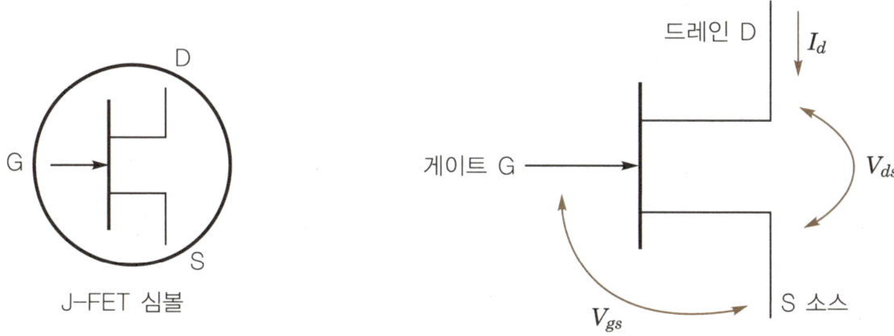

|그림 1-58. J-FET 심볼과 출력 인터페이스 회로에서 작동|

그림 1-58에서 V_{ds}가 작을 때 I_d는 V_{ds}에 비례하나 V_{ds}가 어느 값 이상으로 커지면 I_d는 V_{ds}에 그다지 영향을 받지 않고 포화되어 V_{gs}에 의해 크게 변화된다. 즉, FET의 게이트(gate)에 5V의 전압이 가해지면 FET의 드레인(drain)과 소스(source)가 도통하게 된다.

(6) 전력 제어 소자

전압과 전류를 제어하여 부하에 공급되는 전력을 제어하는 것을 전력 제어라고 하며, 전력 제어는 전력 제어 변환기에 의하여 이루어진다.

일반적으로 AC 전력을 DC 전력으로 변환하는 것을 컨버터(converter)라 하고, 반대로 DC 전력을 AC 전력으로 변환하는 것을 인버터(inverter)라고 한다.

① **전력 제어 소자의 종류**

전력 전자 분야에서 사용되는 반도체 소자의 종류는 다음과 같다.

㉠ 다이오드(diode)

㉡ 바이폴러 트랜지스터(bipolar transistor)

㉢ 전력용 MOS-FET(Power Metal Oxide Semiconductor Field Effect Transistor)

㉣ IGBT(Insulated Gate Bipolar Transistor)

㉤ SCR(Silicon Controlled Rectifier)

㉥ 트라이액(triac or AC thyrister)

② **주요 전력 제어 소자의 특성**

㉠ 전력 MOS-FET(Power MOS-FET) : 게이트(gate) 단자에 인가되는 작은 전압에 의하여 드레인(drain)과 소스(source) 사이에 흐르는 전류를 제어할 수 있도록 되어 있다.

이것은 바이폴러 트랜지스터에 비하여 제어하기가 쉬우나 정격 전압과 용량을 크게 하기가 어렵고, 트랜지스터에 비하여 ON-OFF 스위칭 속도가 빠르다.

ⓒ IGBT(Insulated Gate Bipolar Transistor) : IGBT는 내부 구조가 바이폴러 트랜지스터(bipolar transistor)와 전력 MOS-FET(Power MOS-FET)가 결합되어 있는 구조를 가지고 있다. 이것은 MOS-FET의 제어하기 쉬운 특성과 고속의 스위칭 속도를 이용하고, 바이폴러 트랜지스터의 고압-대용량의 특성을 살리기 위하여 고안된 전력 제어 소자로서, 최근 자동차에서도 점화 제어 등의 대용량 전력 제어 소자로 많이 사용되고 있다. 그림 1-59는 IGBT의 심볼을 나타내었다.

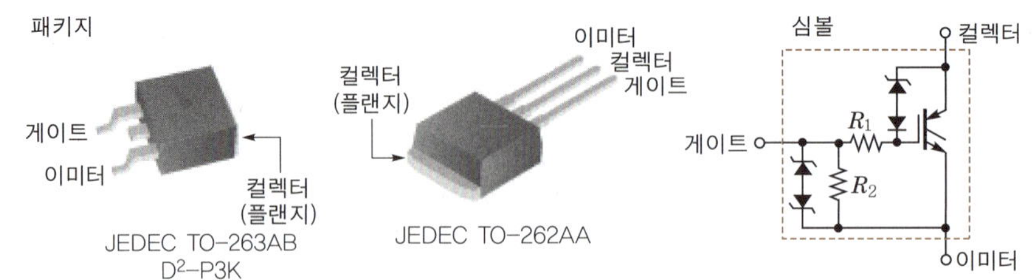

| 그림 1-59. IGBT 내부 구조 |

ⓒ 사이리스터(SCR) : 사이리스터는 전력 제어용 스위칭 소자를 총칭한다.
보통의 스위칭 트랜지스터의 단점을 보완하여 고역전압, 대전력용 스위칭 소자로 개발된 것이 그림 1-60과 같이 4층 구조와 3개 단자를 갖는 SCR(Silicon Controlled Rectifier)이다. 이것은 사이리스터(thyrister, SCR)라고도 한다.

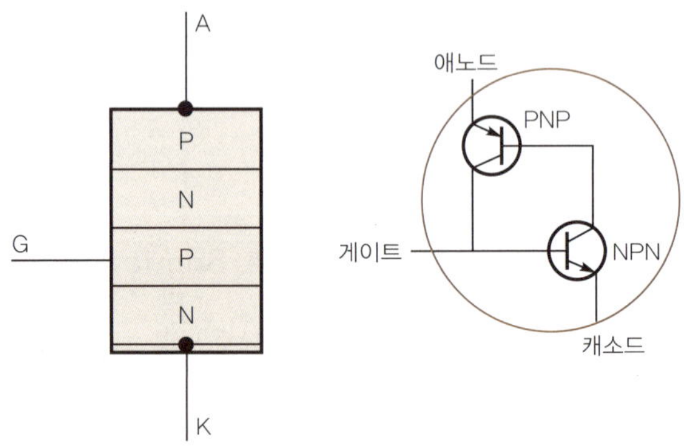

| 그림 1-60. 사이리스터의 구조 |

• 트랜지스터의 단점 : ON-OFF 제어의 경우 일반적으로 트랜지스터를 많이 사용한다. 그러나 부하를 ON/OFF 제어하는 데에는 두 가지 단점이 있다.
하나는 트랜지스터는 역방향 ON/OFF에는 매우 약한 성질이 있어서 교류전원을 사용할 수 없다는 것이다.

또 다른 하나는 트랜지스터가 스위칭 동작을 하기 위해서는 입력 전압이 중간값을 갖지 않는 높은 전압(H)이나 낮은 전압(L) 중 어느 한쪽의 값을 가져야 하는 것이다. 왜냐하면 중간값의 입력 전압을 가하면 스위칭 동작을 할 수 없게 되기 때문이다.

따라서 이러한 트랜지스터의 단점을 극복하기 위해 스위칭 동작 전용의 반도체 소자로써 SCR(사이리스터)이나 트라이액 등이 사용되고 있다.

• 사이리스터의 특성 : SCR은 반도체 스위칭 소자의 일종으로, 그림 1-61과 같은 그림 기호로 표시하고, 애노드(A), 캐소드(K), 게이트(G)라고 하는 3개의 단자를 가지며, 애노드(A)와 캐소드(K) 사이가 스위치의 접점 작용을 한다.

따라서 전원과 부하를 SCR의 애노드(전원)와 캐소드(부하)에 연결하면 게이트에 의해 부하를 ON, OFF 제어할 수 있다. 특히 게이트 신호가 소멸되더라도 ON 상태를 계속 유지할 수 있는 특성이 있다.

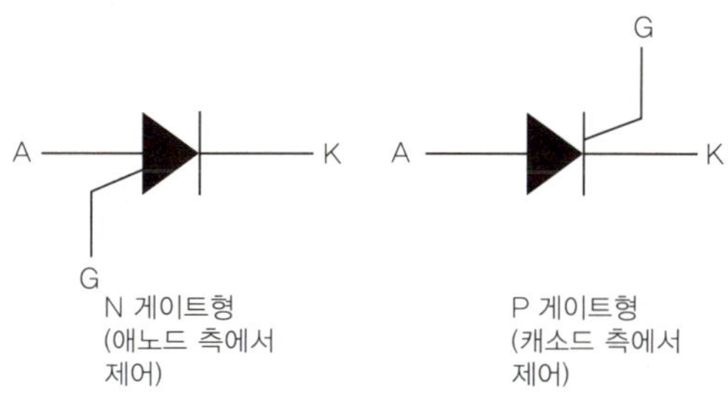

그림 1-61. 사이리스터의 심볼

㉣ 트라이액 : 트라이액(triac)이란 Triod AC Switch의 약자로서, SCR과 같이 3개의 단자를 갖는 교류 쌍방향 스위칭 소자이다. 트라이액은 그림 1-62와 같이 그림 기호로 표시하고 T_1, T_2, G의 3개의 단자를 가지고 있다. 그리고 T_1, T_2 사이가 스위치의 접점 작용을 한다.

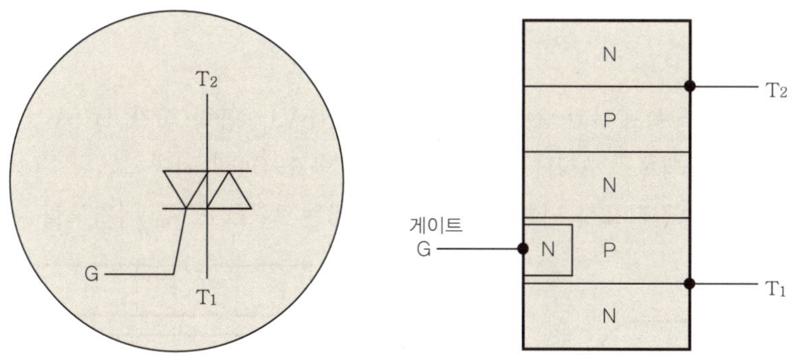

그림 1-62. 트라이액의 기호와 구조

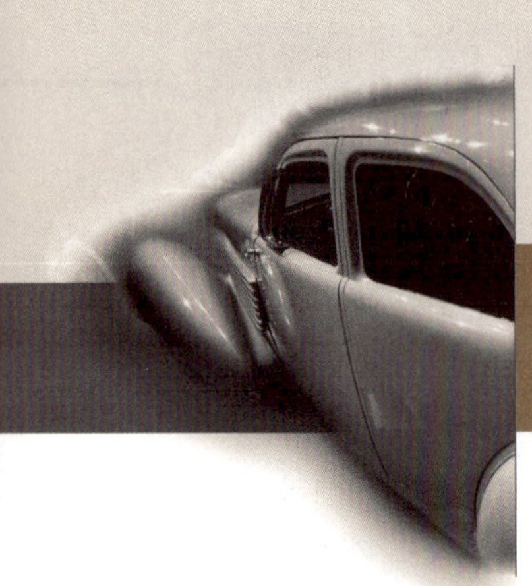

1.4.1 타임 차트(time chart) 

그림 1-63과 같이 x축에는 시간, y축에는 입·출력의 전압 상태를 나타냄으로써 회로의 작동을 표시하는 것을 타임 차트라 한다.

논리회로의 입력 신호는 전압의 크기로 나타내는데, 5V 전압이 가해질 때를 '1'이나 'ON' 또는 'H'로 표시하며, 0V 전압이 가해질 때 '0'이나 'OFF' 또는 'L'로 표시한다.

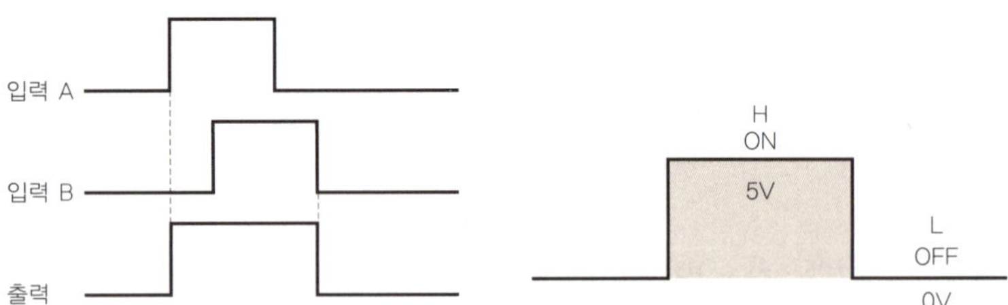

|그림 1-63. 타임 차트(좌)와 신호 표시(우)|

1.4.2 논리회로 

(1) AND 회로

그림 1-64의 오른쪽에서와 같이 입력 A가 H(5V), 입력 B가 H(5V)일 때만 출력이 H(5V)가 되는 논리 회로를 AND 회로라 하며, 그림 1-64의 왼쪽 그림은 7408 AND IC의 기호, 오른쪽 그림은 진리표를 나타내며 그림 1-65는 AND IC 핀 배치도를 나타내고 있다.

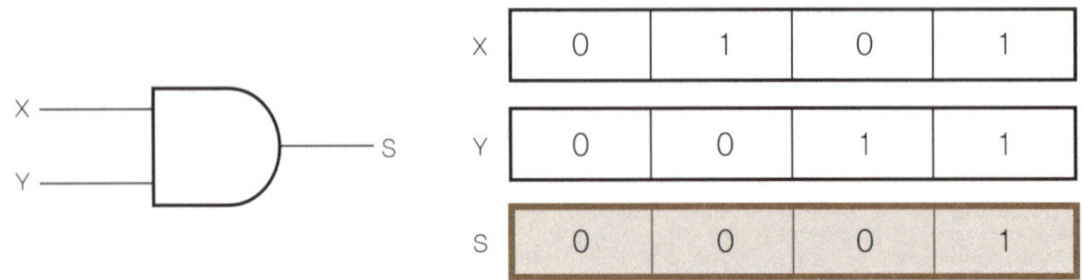

X	0	1	0	1
Y	0	0	1	1
S	0	0	0	1

|그림 1-64. AND 기호와 동작 상태|

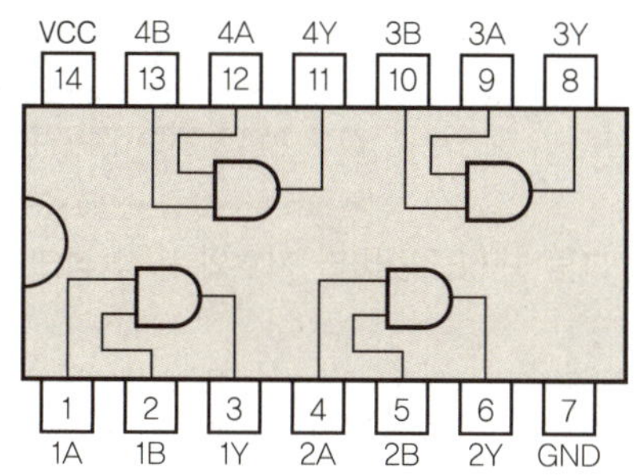

| 그림 1-65. 7408 AND 게이트 핀 배치도 |

(2) OR 회로

그림 1-66의 오른쪽 그림과 같이 입력 단자 A가 H(5V) 또는 단자 B가 H(5V)일 때 출력에 H(5V)를 내는 논리회로를 OR 회로라 한다. 그림 1-67은 OR IC 핀 배치도를 나타낸다.

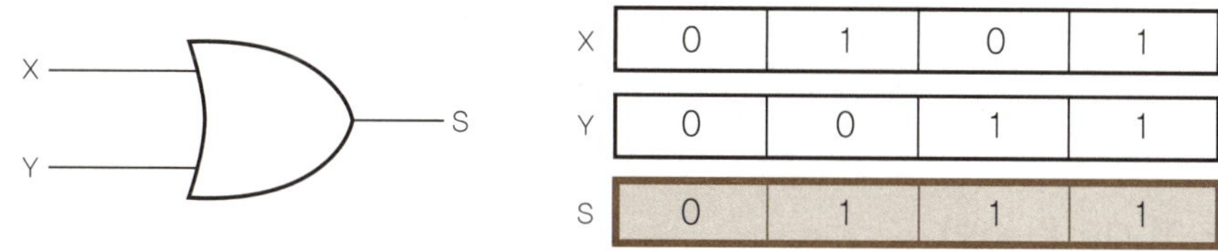

| 그림 1-66. OR 기호와 동작 상태 |

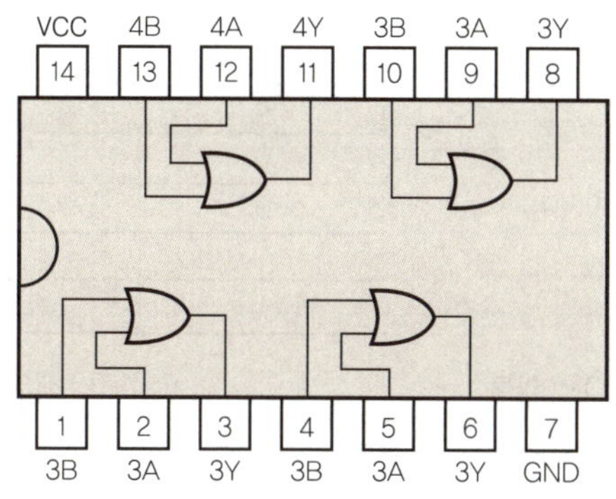

| 그림 1-67. 7432 OR 게이트 핀 배치도 |

(3) 인버터(inverter, NOT)

그림 1-68에서 L(0V) 입력을 H(5V)로, H(5V) 입력을 L(0V)로 반전시키는 기능을 갖는 회로를 인버터라 한다. 이를 진리표로 나타내면 그림 1-68의 오른쪽 그림과 같이 나타낼 수 있다.

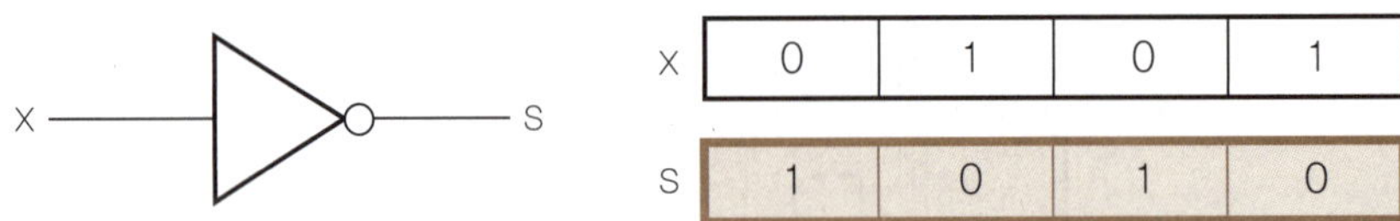

|그림 1-68. 인버터 기호와 동작 상태|

NOT 는 인버터(Inverter)라고 불리는 1입력 1출력의 소자로, 출력은 항상 입력을 반전한 값이 되며, 그림 1-69는 인버터 IC의 핀 배치도이다.

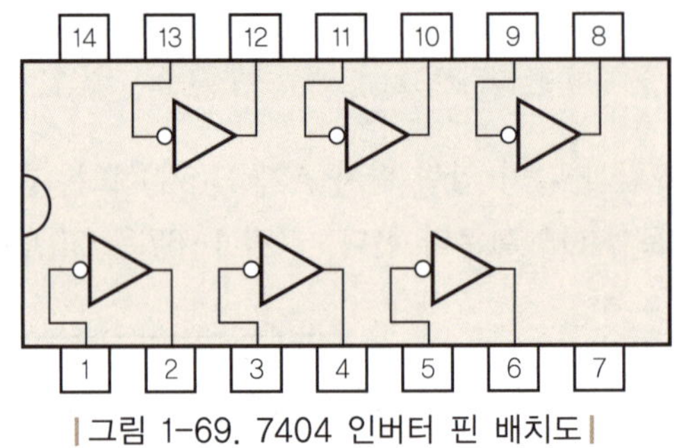

|그림 1-69. 7404 인버터 핀 배치도|

(4) 배타적 OR(X-OR)

그림 1-70은 서로 다른 입력에 대해서만 출력 1을 내는 논리연산의 심볼이며, 그림 1-71은 배타적 OR IC 핀 배치도를 나타낸다.

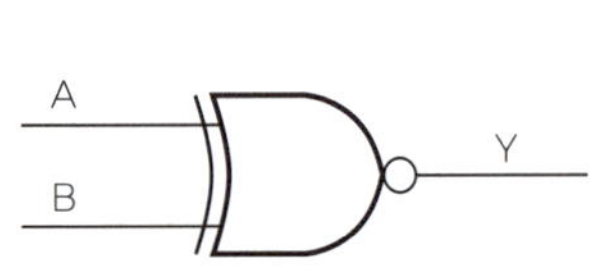

|그림 1-70. 배타적 OR 심볼|

A	B	Y
0	0	0
0	1	1
1	0	1
1	1	0

|표 1-3. 배타적 OR 진리표|

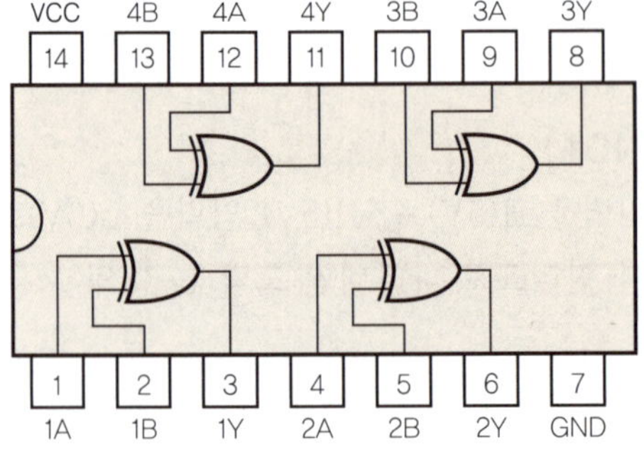

|그림 1-71. 7486 X-OR 게이트 핀 배치도|

배타적 OR의 진리표는 표 1-3과 같이 표시하는데, 입력이 같으면 출력은 '0'이고, 입력이 다르면 출력은 '1'이다.

(5) 슈미트 트리거(schmitt trigger) 회로

슈미트 트리거란 파형 정형 회로이다. 디지털 회로에는 'H', 'L'의 구분이 확실한 신호만 존재하는 것이 아니며, 아래 그림 1-72와 같이 노이즈(noise)가 섞인 상태의 신호가 있을 수 있다. 노이즈가 혼합되어 있는 상태로는 ECU의 디지털 신호를 입력으로 사용할 수 없기 때문에 슈미트 트리거를 이용하여 깨끗한 파형을 만들어 내게 된다.

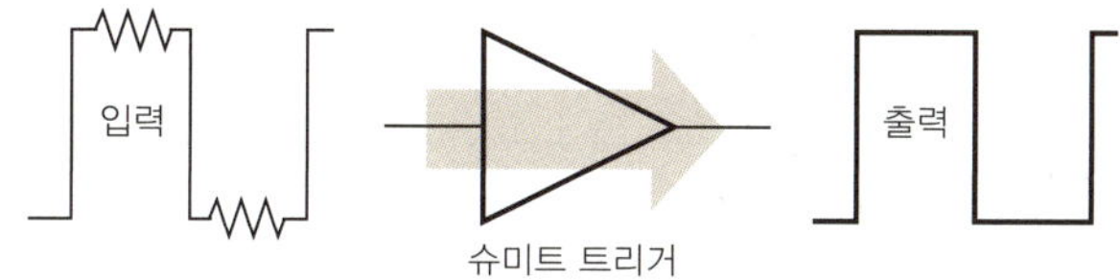

│그림 1-72. 슈미트 트리거의 기능│

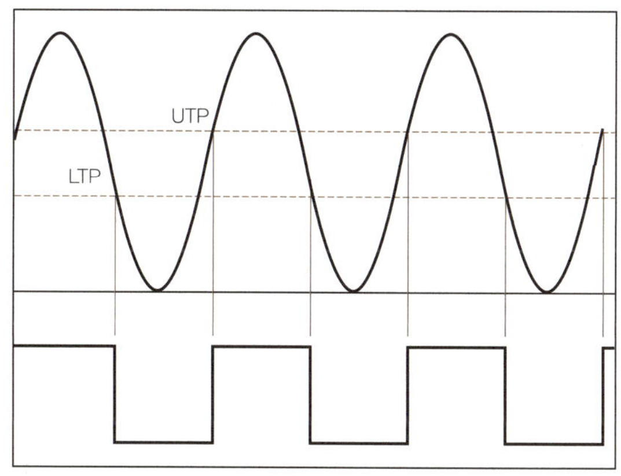

│그림 1-73. 슈미트 트리거 회로의 기본 파형│

그림 1-73에서와 같이 구형파가 아닌 입력 파형을 연결하면 그 전환 레벨에 해당되는 펄스 폭의 직사각형 파를 얻을 수 있다. 슈미트 트리거 회로는 입력 전압값에 따라 민감하게 동작하는 회로로서, 2개의 서로 다른 트리거 전압값에서 출력 상태가 변환된다. 즉, 낮은 트리거 전압값(LTP;Low Trigger Point)과 높은 트리거 전압(UTP;Upper Trigger Point)에서 동작한다.

(6) 상태 표시 기호

'H' 입력을 받아서 논리회로를 능동 상태로 하는 입력 단자를 'H 능동 입력 단자'라 하고, 'L' 입력을 받아서 논리회로를 능동 상태로 하는 입력 단자를 'L 능동 입력 단자'라 한다.

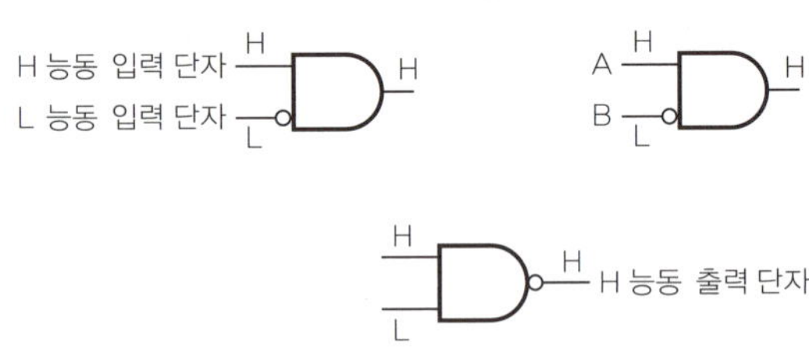

|그림 1-74. 상태 표시 기호|

L 능동 입력 단자에는 그림 1-74에서와 같이 'O' 표시를 붙이는데 이것을 '상태 표시 기호'라 한다. L 능동 입·출력 단자는 기호 표시 위에 바(−)를 붙여 표시하기도 한다.

1.4.3 ▷ TTL IC와 CMOS IC의 비교 

(1) TTL IC

① TTL IC의 종류

논리 게이트를 내장한 IC는 많이 있지만 그 중에서도 그림 1-75와 같은 TTL 시리즈가 널리 사용되고 있다.

TTL은 Transistor-Transistor-Logic의 약자로, 여러 개의 트랜지스터에 의해 논리 게이트를 구성하고 있다.

|그림 1-75. TTL IC|

같은 74374라도 74LS374, 74AS374 등이 있으며, 표 1-4와 같은 종류들이 있다.

시리즈명	TTL 설명
74	표준
74L	저전력
74H	고속
74S	Schottky
74LS	저전압 Schottky
74AS	Advanced Schottky
74ALS	저전력, Low power

|표 1-4. TTL 종류|

가장 많이 쓰이는 종류는 74LS 시리즈이나 최근에는 74HC 시리즈가 많이 쓰인다.

② TTL IC의 논리 레벨

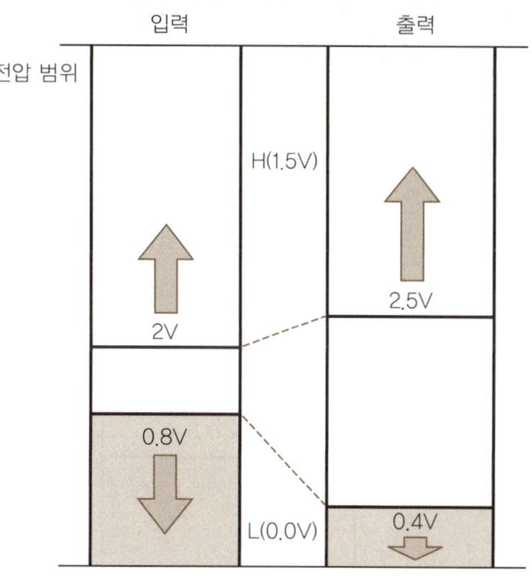

| 그림 1-76. TTL IC의 논리 레벨 |

디지털 회로에 있어서 신호는 'H'나 'L'의 조합으로 구성되어 있으며 여러 가지 특성상 TTL IC는 'H'와 'L'의 경계를 2.5V로 하여, 2.5V 이하는 L, 2.5V 이상은 H로 구분하나 명확하게 동작되지는 않는다. 실제로는 그림 1-76과 같이 H, L에 상한과 하한이 정해져 있다. 그림 1-76과 같은 TTL에서 고전압 레벨 잡음 여유는 2.5V−2V=0.5V가 되고, 저전압 레벨 잡음 여유는 0.8V−0.4V−0.4V가 된다.

(2) CMOS IC

① CMOS IC의 특징

CMOS란 Complementary Metal Oxide Semiconductor의 약자로, '금속 산화막 반도체'라고 불린다. CMOS는 FET를 기본 소자로 하고 있다.

CMOS는 N채널 MOS-FET와 P채널 MOS-FET를 접속한 것으로서, 소비 전력과 잡음 여유 등에서 우수한 특성을 가지고 있다. 그림 1-77은 CMOS IC 제품이다.

TTL이 74 시리즈로 잘 알려져 있는 것처럼 CMOS 역시 400 시리즈로 잘 알려져 있다. CMOS의 대표적인 특성은 다음과 같다.

㉠ 대체로 소비하는 전력이 매우 작다.

㉡ 입력 임피던스(input impedance)가 비교적 높다.

㉢ 잡음 여유(noise margin)가 크다.

㉣ 동작 전압의 범위가 넓다.

㉤ 내부 IC 소자의 집적도가 높다.

|그림 1-77. CMOS IC|

② CMOS IC의 논리 레벨

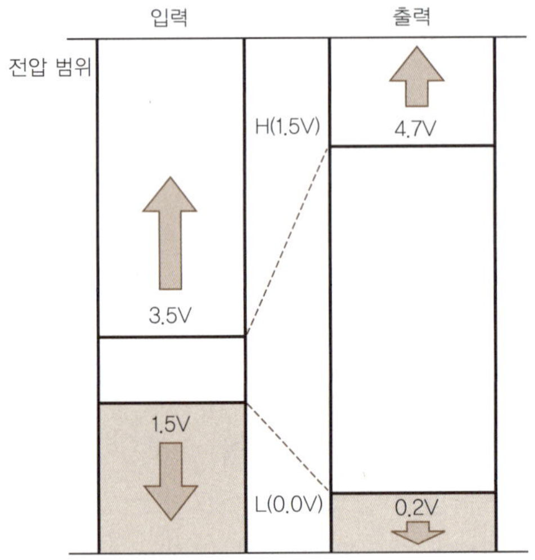

|그림 1-78. CMOS IC의 논리 레벨|

CMOS 역시 TTL과 마찬가지로 'H'와 'L'을 명확히 인식하는 전압의 범위가 정해져 있으며, 그림 1-78과 같이 표시할 수 있다.

그림 1-78의 CMOS에서 고전압 레벨 잡음 여유는 4.7V−3.5V=1.2V가 되고, 저전압 레벨 잡음 여유는 1.5V−0.2V=1.3V가 된다.

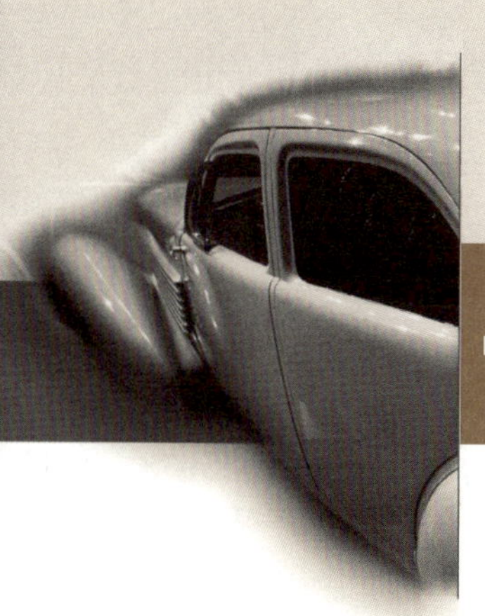

1.5.1 ▷ 저항을 이용한 회로의 이해 

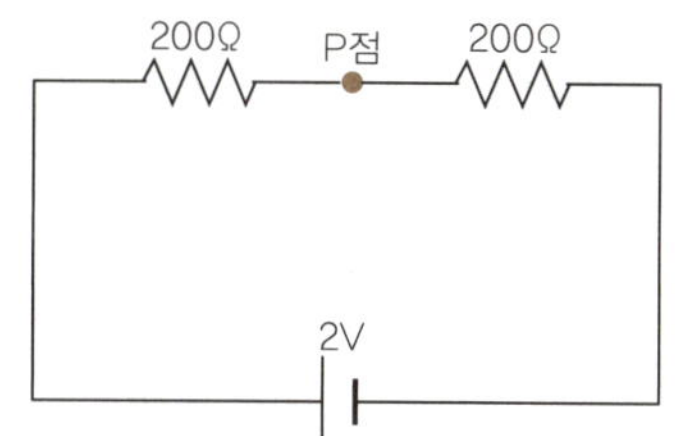

|그림 1-79. 저항의 기능 이해|

그림 1-79에서와 같이 연결한 회로의 P점에서 측정한 전압은 200Ω 저항에 의한 전압 강하로 1V의 전압값을 나타낸다. 그러나 아날로그 테스터의 측정값이 디지털 테스터 측정값보다 약간 낮은 값으로 측정된다. 이것은 아날로그 테스터는 전압 측정 원리가 코일에 전류가 흘러 바늘이 회전하는 구조로 되어 있어 전압 측정값이 낮아지는 것이다.

이에 반해 디지털 테스터는 콘덴서에 충전되는 시간을 계측하고 이를 기준으로 전압을 측정하는 방식이므로, 아날로그 테스터의 1/100 정도의 전류밖에 흐르지 않는다. 따라서 전자 제어 장치에 의해 작동되는 회로(자동차 산소 센서)의 전압을 측정할 경우, 정밀한 측정을 위해서는 그림 1-80과 같이 높은 정밀도의 디지털 테스터를 사용하는 것이 유리하다.

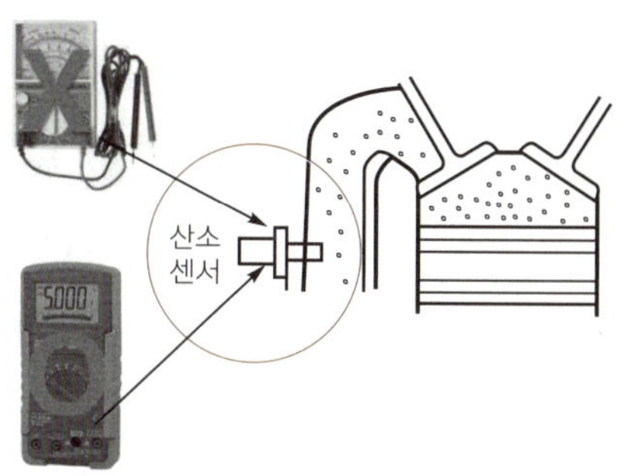

|그림 1-80. 정밀 측정이 요구되는 회로의 전압 측정|

1.5.2 다이오드를 이용한 회로의 이해

(1) 발광 다이오드(LED)의 연결

LED는 자동차용 전구의 1/30~1/50의 작은 전류에 의해 점등되므로 큰 전류가 흐르게 되면 파손될 염려가 있다.

따라서 LED를 점등 할 때에는 그림 1-81과 같이 저항을 직렬로 연결하여 사용한다.

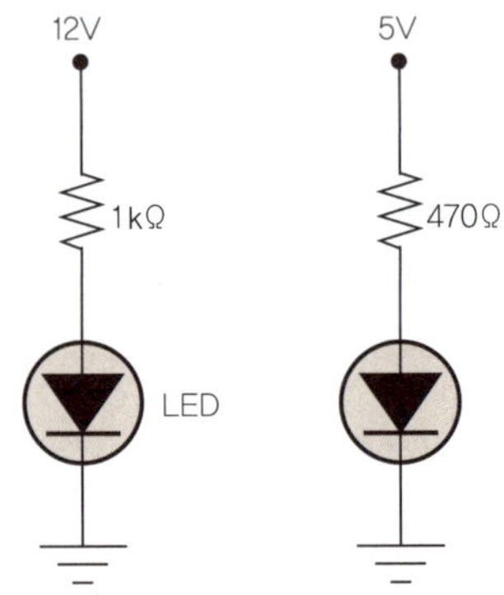

|그림 1-81. LED의 연결|

다음과 같이 LED, 2단자 스위치, 저항(470Ω), 배터리를 사용하여 스위치를 ON하면 LED가 점등되고, 스위치를 OFF하면 LED가 소등되는 회로를 연결해 보자.

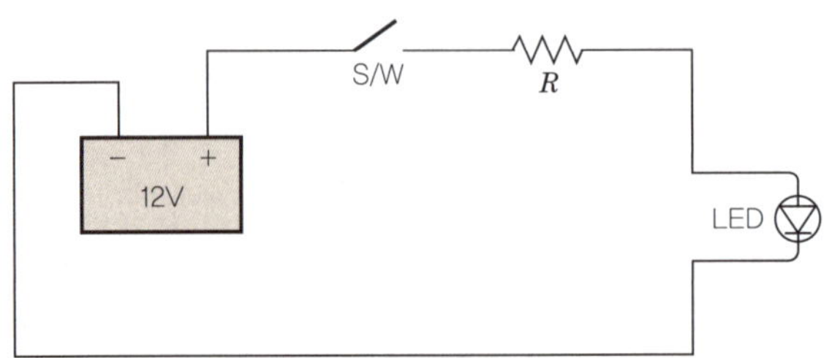

|그림 1-82. 발광 다이오드를 이용한 스위치 회로|

그림 1-82의 회로에서 S/W 대신에 ECU, LED 대신에 인젝터를 연결한다면, ECU의 ON-OFF 신호에 의해 인젝터를 작동시킬 수 있는 자동차 연료분사 회로를 그림 1-83과 같이 만들 수 있다.

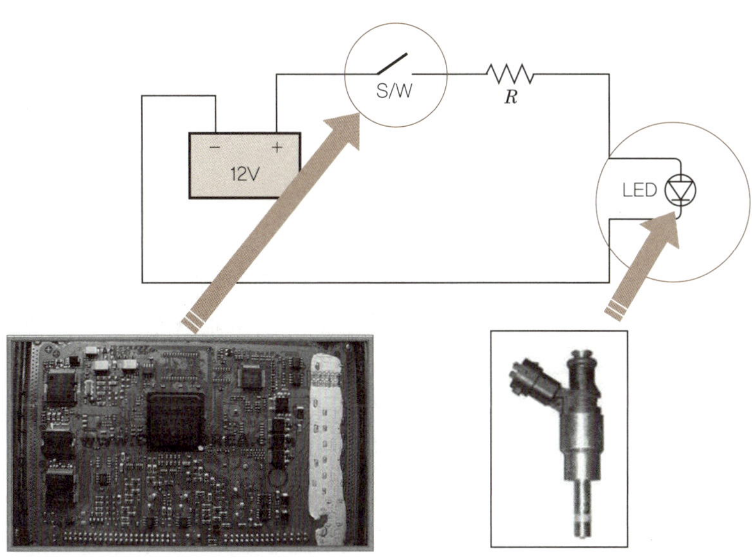

| 그림 1-83. 기본 인젝터 작동 회로 |

(2) 제너다이오드의 이해

그림 1-84는 제너다이오드의 심볼을 표시하고 있다. 그림 1-86에서 사용되는 트랜지스터 C1213의 각 단자는 그림 1-85와 같이 구별할 수 있다.

제너다이오드는 순방향으로는 일반 다이오드와 특성이 동일하지만 역방향으로는 제너 전압 이상에서 전류가 흐르는 특성을 가지고 있다.

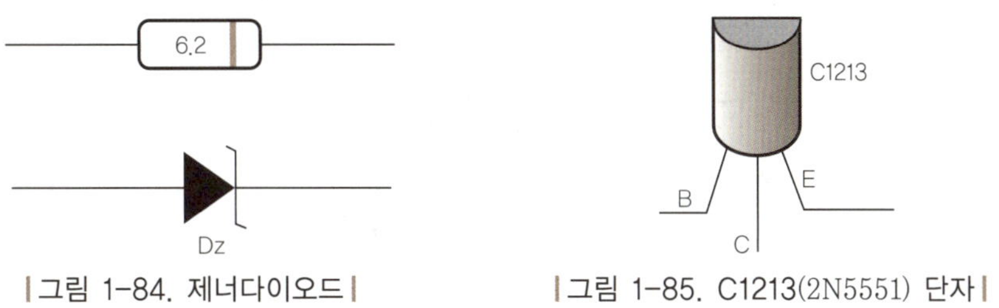

| 그림 1-84. 제너다이오드 | | 그림 1-85. C1213(2N5551) 단자 |

그림 1-86과 같은 회로에서 반고정 가변저항의 저항을 변화시켜 P점의 전압을 0~12V까지 변화시키면서 제너 전압 6.2V 이상에서 전류가 흐르는지 확인할 수 있다.

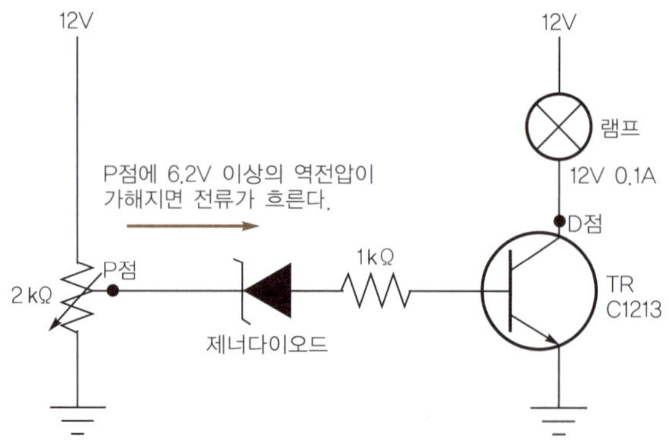

|그림 1-86. 제너다이오드의 작동 실험|

반고정 가변저항(2kΩ)을 조정하여 P점의 전압이 6.2V 이상이 되면 제너다이오드를 거쳐 트랜지스터 C1213의 베이스로 가해져 컬렉터와 에미터가 도통하게 되고 D점의 전압은 12V에서 0V로 변화되어 전류가 흐르게 되므로 전구가 점등된다.

1.5.3 ▷ 콘덴서를 이용한 회로의 이해 

(1) 콘덴서의 특성 이해

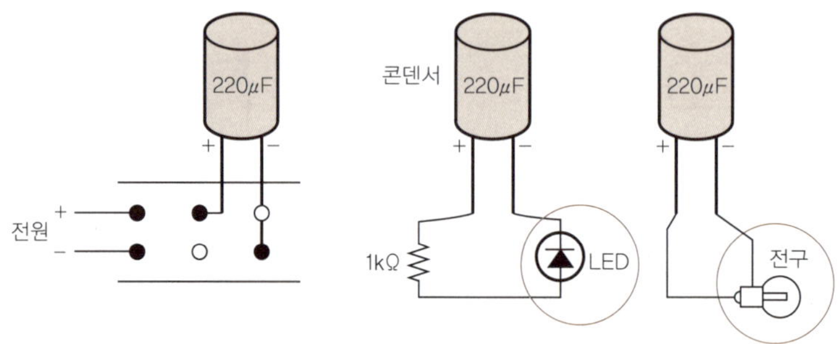

|그림 1-87. 콘덴서의 충전 및 방전|

그림 1-87의 왼쪽과 같이 콘덴서에 배터리 전압을 가하여 충전 후, 그림 1-87의 오른쪽과 같이 LED와 램프를 연결하면 비교적 큰 전류를 소모하는 램프의 경우는 점등되지 않으나 작은 전류를 소모하는 LED의 경우는 콘덴서에서 흐르는 미세 전류에 의해 점등된다.

(2) LED를 사용한 간단한 키홀 조명등 회로 이해

그림 1-88에서 도어 스위치를 ON하면 12V 전원이 연결되어 접지되므로 먼저 콘덴서가 충전되고 충전이 완료되면 즉시 전류가 LED로 흘러 LED(키홀 조명등)가 점등된다. 도어

스위치를 OFF하면 콘덴서에 충전되어 있던 전기가 저항을 거쳐 LED로 흐르게 되므로 콘덴서에 저장된 전기가 다 소모될 때까지 LED가 점등된다.

따라서 도어를 열면(도어 스위치를 ON하면) LED가 점등되고, 도어를 닫으면(도어 스위치를 OFF하면) 일정 시간 동안 LED가 점등을 유지한 후 소등된다.

다시 설명하면, 운전자가 도어를 열면 키홀 조명등이 점등되며, 운전석에 앉은 후에 도어를 닫더라도 일정 시간 동안 키홀 조명등의 점등이 유지된다.

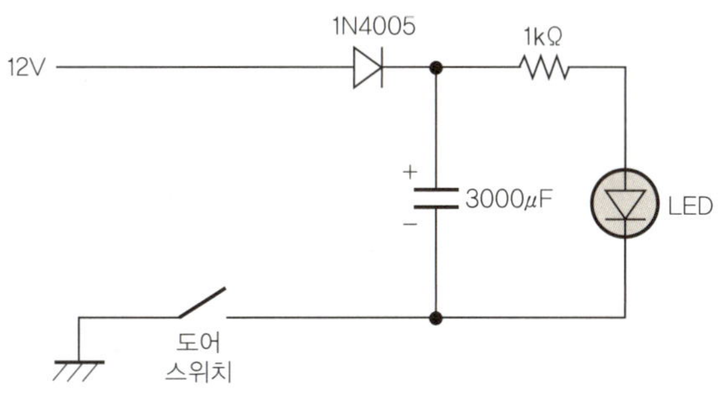

| 그림 1-88. 키홀 조명등 회로 |

사용 재료는 저항 1kΩ, 콘덴서 3000μF(35V), 5ϕ 고휘도 LED, 다이오드 1N4005, 도어 스위치 등이다.

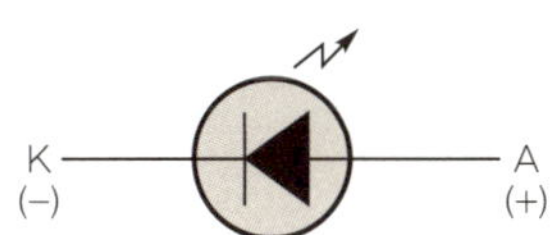

| 그림 1-89. 발광 다이오드(LED) 심볼 |

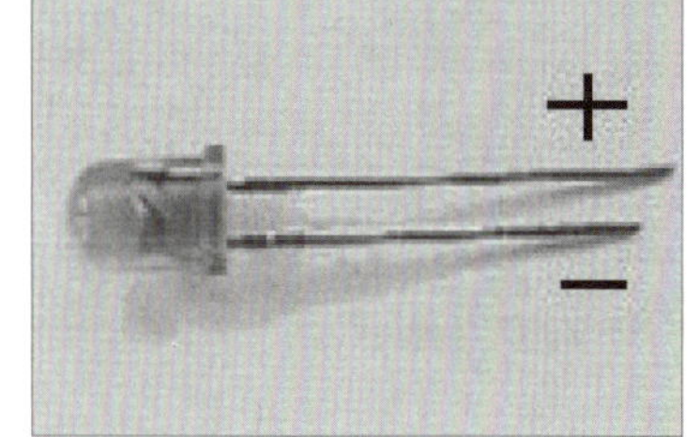

| 그림 1-90. 발광 다이오드 |

LED의 실제 모양과 기호는 그림 1-89와 그림 1-90에서 표시한다.

1.5.4 ▷ 트랜지스터를 이용한 회로의 이해 

(1) 증폭작용의 실험

그림 1-91과 같이 가변저항을 연결하여 C1213(증폭률 약 100, 또는 2N5551)의 베이스 전류(I_b)를 변화시키면 전류 증폭률 h_{FE}에 따라 컬렉터 전류(I_c)가 변화되어 전구의 밝기가 변화된다. 전류 증폭률은 다음과 같이 나타낼 수 있다.

$$h_{FE} = \frac{I_c}{I_b}$$

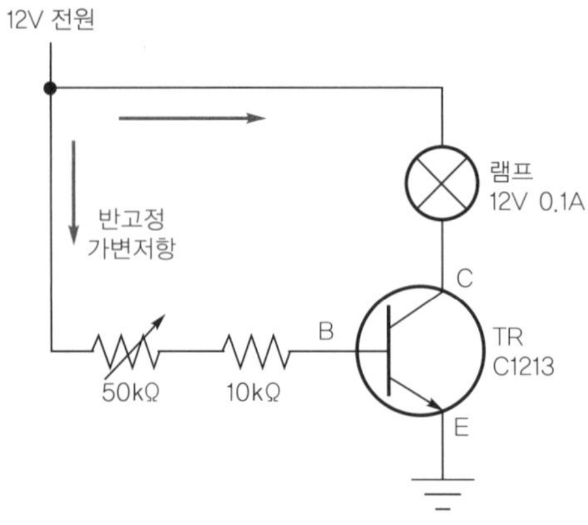

|그림 1-91. 트랜지스터의 증폭작용|

그림 1-92와 같이 트랜지스터를 달링턴 접속하면 보다 큰 증폭률을 얻을 수 있다. 이때 전류 증폭률은 $100 \times 100 =$ 약 10000배로 증가한다.

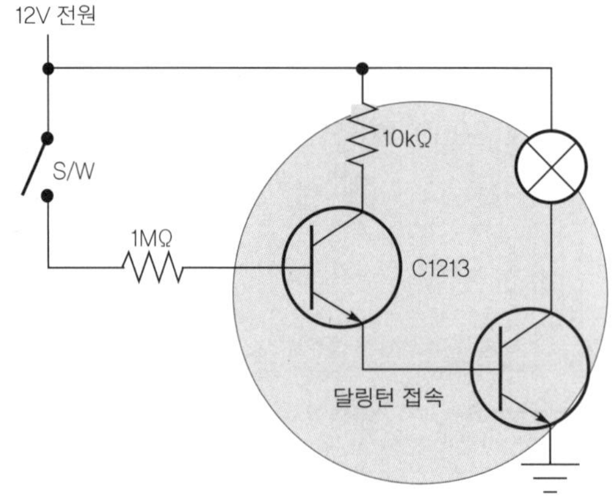

|그림 1-92. 달링턴 접속|

(2) 손가락 접촉 시 점등되는 회로

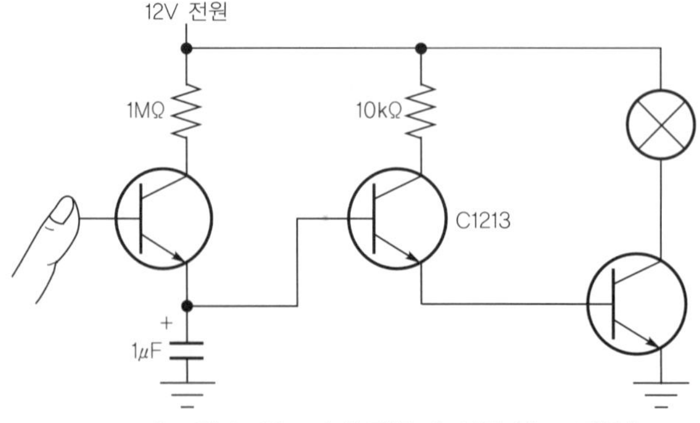

|그림 1-93. 미세 전류에 의한 램프 점등|

그림 1-93과 같이 손가락을 통해 전달되는 맥박에 의해 발생되는 미세 맥류를 트랜지스터의 증폭작용을 이용하여 12V의 전원에 의해 전구를 작동시킬 수 있다. 전구를 연결할 때 점등에 약간의 시간이 걸릴 수 있다.

5V의 전원을 연결하고 전구 대신 LED를 사용하여 만능기판에서 그림 1-94와 같이 확인할 수도 있다. 트랜지스터 한 개에 LED를 연결하여 이때의 밝기와 증폭(트랜지스터 3개 연결)시켰을 때의 밝기를 비교해 보자.

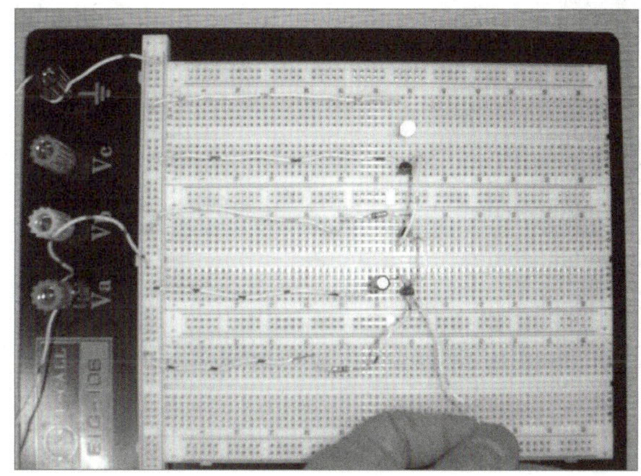

|그림 1-94. 미세 전류(맥박)에 의한 LED 점등|

(3) 오토라이트 회로

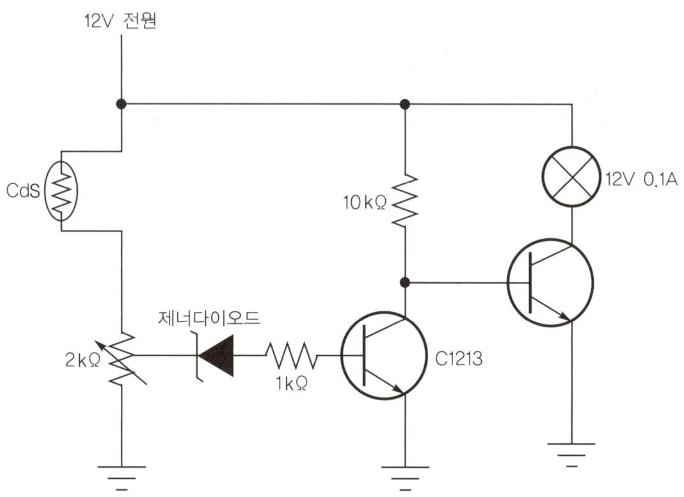

|그림 1-95. 오토라이트 회로|

그림 1-95의 회로에서 반고정 저항을 변화시키면 제너다이오드는 일정 전압 크기 이상일 때 작동하게 되므로 빛의 세기가 어느 정도 이하로 약해졌을 때(어느 정도 컴컴해졌을 때)를 감지하는 역할을 한다.

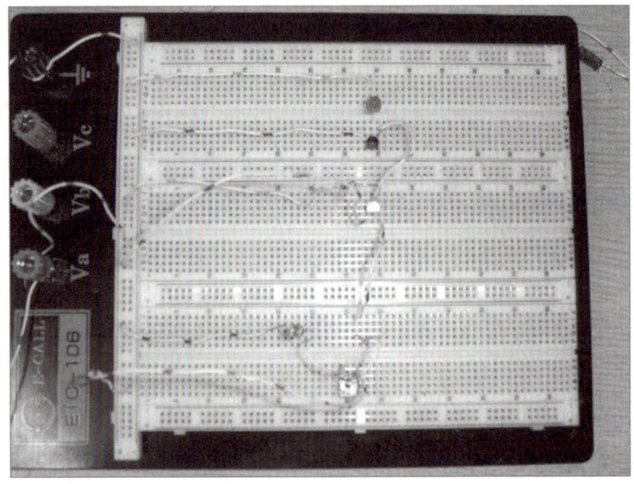

|그림 1-96. CdS에 의한 소등(빛이 비칠 때 LED 소등)|

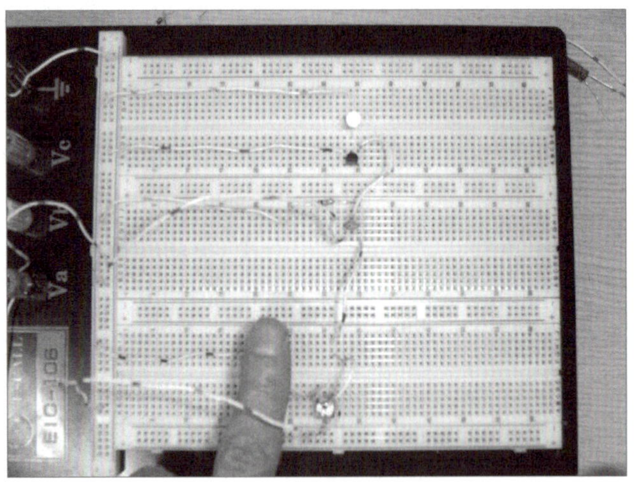

|그림 1-97. CdS에 의한 점등(빛이 비치지 않을 때 LED 점등)|

그림 1-96은 CdS에 빛이 비칠 때, 그림 1-97은 CdS에 빛이 비치지 않을 때 LED의 점등 변화를 나타낸다.

1.5.5 논리회로의 이해 

(1) AND 게이트

그림 1-98에서 램프는 스위치 OFF되고, CdS에 빛이 가해지지 않는 2가지 조건이 만족되면 점등된다. 이때 회로를 구성하기 위해 그림 1-99와 같은 AND IC를 사용한다. 회로 연결 시 7408 IC의 전원(14번 핀)과 접지(7번 핀)를 빠짐없이 연결하여야 한다.

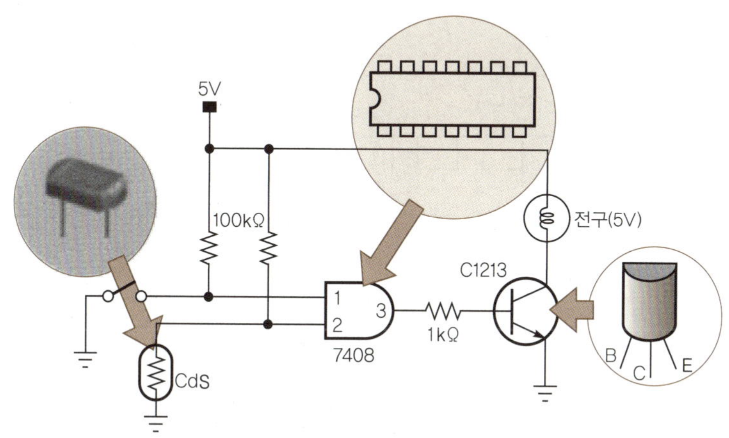

│그림 1-98. AND 게이트를 이용한 라이트 자동 점등 회로│

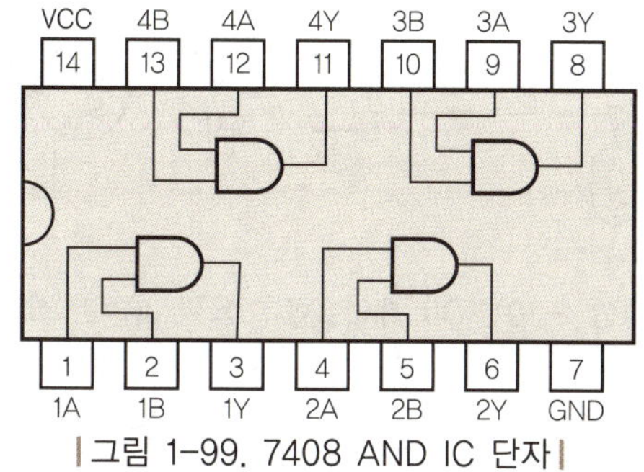

│그림 1-99. 7408 AND IC 단자│

CdS는 빛을 받으면 저항이 감소하고, 빛을 받지 않으면 저항이 증가하는 특성을 가지고 있다는 것을 꼭 기억하자.

(2) OR 게이트

그림 1-101에서 스위치를 OFF하거나 어두워지면 자동적으로 점등되는 회로를 그림 1-100과 같은 OR IC를 사용하여 만들 수 있다.

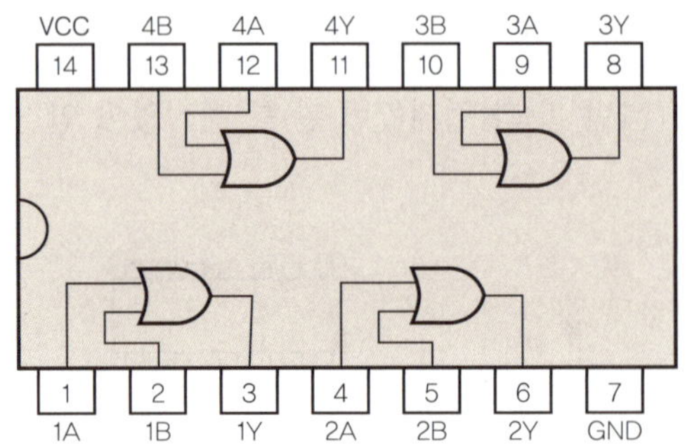

| 그림 1-100. 7432 OR IC 단자 |

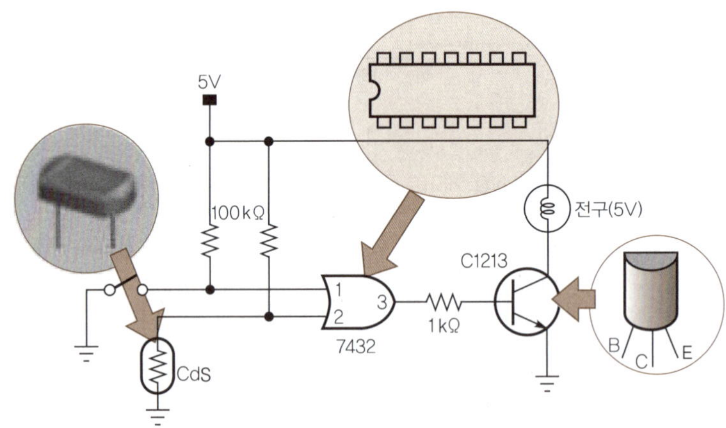

| 그림 1-101. OR 게이트를 이용한 라이트 회로 |

그림 1-101에서 어두워지면 CdS의 저항이 증가하여 5V에 가까워지므로 7432의 OR 게이트 2에 걸리는 전압이 증가하여 스위치의 작동과 관계없이 출력 단자 3에서 5V가 출력되므로, TR C1213의 베이스에 5V가 가해져 트랜지스터의 컬렉터와 이미터가 도통하므로 컬렉터에 연결되어 있는 전구가 작동하게 된다.

이때도 회로 구성 시 그림 1-100의 7432 OR IC에서 7번 단자는 접지, 14번 단자는 전원(5V)을 반드시 연결해 주어야 OR IC가 정상적으로 작동하게 된다.

(3) NAND 게이트

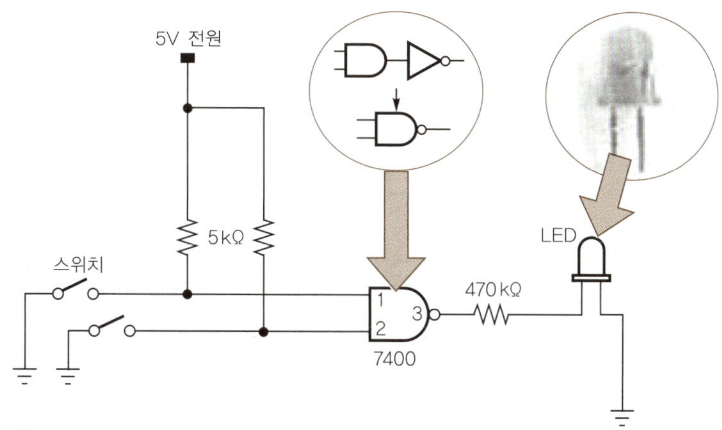

|그림 1-102. NAND 게이트를 이용한 회로|

입 력		출력(LED)
1	2	
0	0	1
1	0	1
0	1	1
1	1	0

|표 1-5. NAND 진리표|

그림 1-102는 그림 1-103과 같은 NAND 게이트를 이용한 회로를 나타내며, 그 진리표
는 표 1-5와 같이 나타낸다.

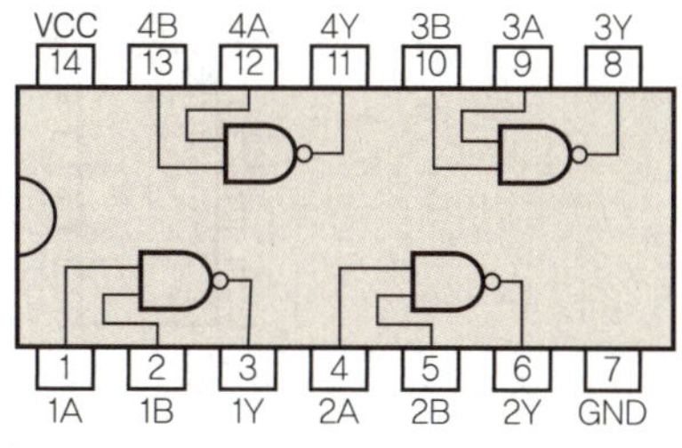

|그림 1-103. 7400 NAND IC 단자|

그림 1-104는 회로에서 NAND 게이트의 입력은 그림 1-105와 같이 풀업 저항이 연결되
어 있어 스위치가 ON 시 '0'(0V)이 되고, OFF 시 '1'(5V)이 된다.

입력인 스위치 2개를 모두 OFF하면 입력이 모두 '1'로 되어 NAND 게이트의 출력은 '0'이 된다.

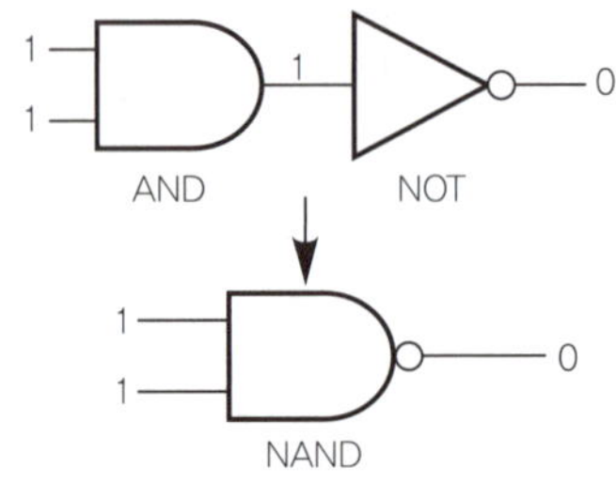

| 그림 1-104. NAND 게이트의 입 · 출력 |

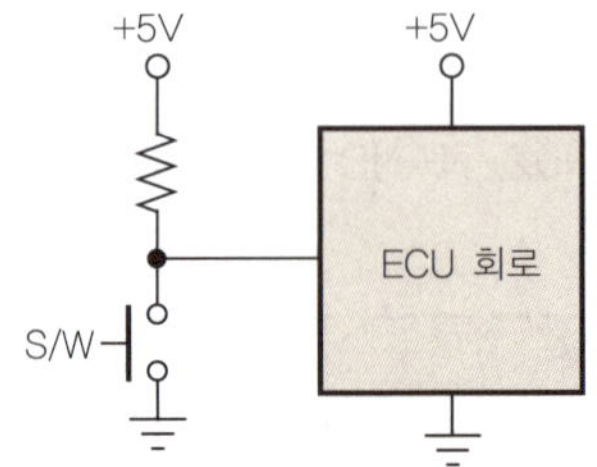

| 그림 1-105. 풀업 저항의 연결 |

그림 1-105와 같이 풀업 저항을 연결하면 회로에서 S/W OFF 시에 'H' 레벨을 유지하게 된다.

스위치가 ON/OFF 시에 IC 단자로 입력되는 값이 어떻게 변화하는지 확인해 보자.

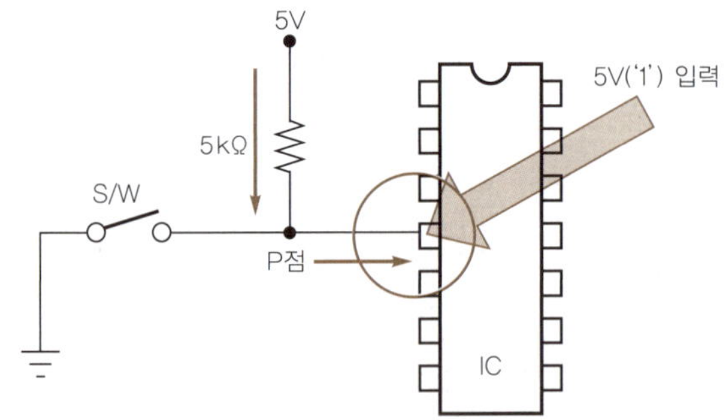

| 그림 1-106. 스위치가 OFF일 경우 IC 단자 입력 |

그림 1-106에서 스위치가 OFF되면 접지가 되지 않으므로, P점의 전위는 5V가 되어 IC 입력 단자에는 5V의 전압이 가해지게 된다.

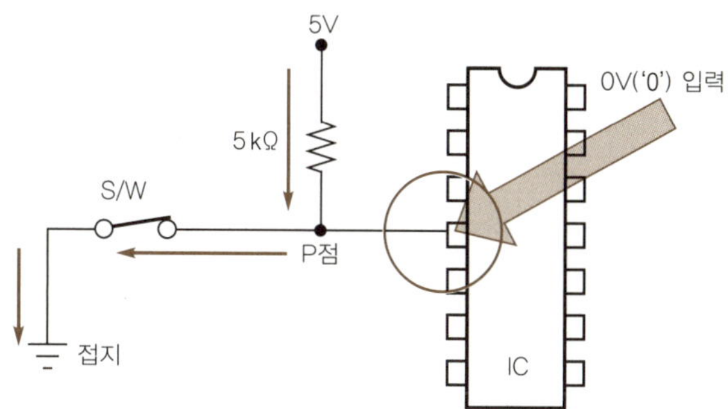

|그림 1-107. 스위치가 ON일 경우의 IC 단자 입력|

그림 1-107에서 스위치가 ON되면 접지가 되므로, P점의 전위는 0V가 되어 IC 입력 단자에는 0V의 전압이 가해지게 된다. 따라서 실제 AVR ATmega8535의 경우 그림 1-108과 같이 회로가 연결되어 입력을 받는다면 각각의 해당 비트에 데이터가 입력되게 된다.

실제 자동차 전자제어 ECU와의 연결에서 데이터를 입력받는 단자의 포트가 PORT B(포트 B)에 속해 있고, PORT B의 5번째 단자(PB4 비트)로 입력받는다면 아래 그림 1-108과 같이 나타낼 수 있다.

① 스위치가 OFF일 때

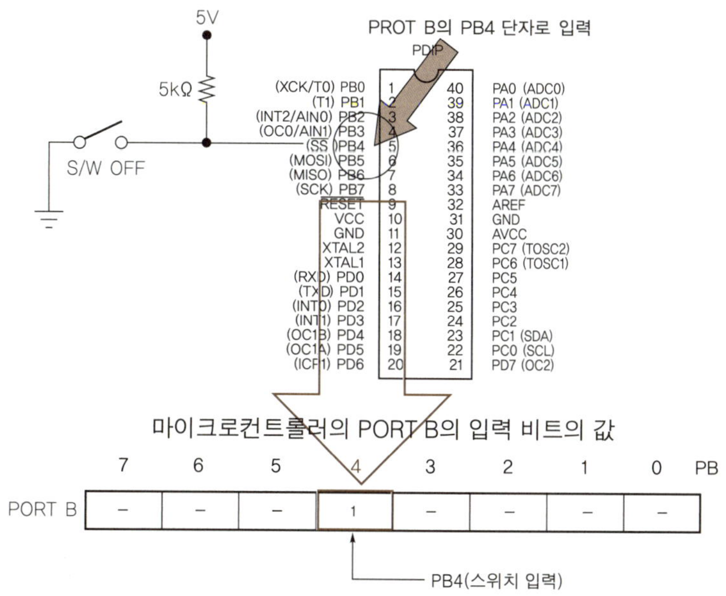

|그림 1-108. 스위치가 OFF일 때 입력 비트 값|

스위치가 OFF이면 그림 1-108과 같이 PB4 단자로 '1'이 입력되어 그림과 같이 데이터가 저장된다.

② 스위치가 ON일 때

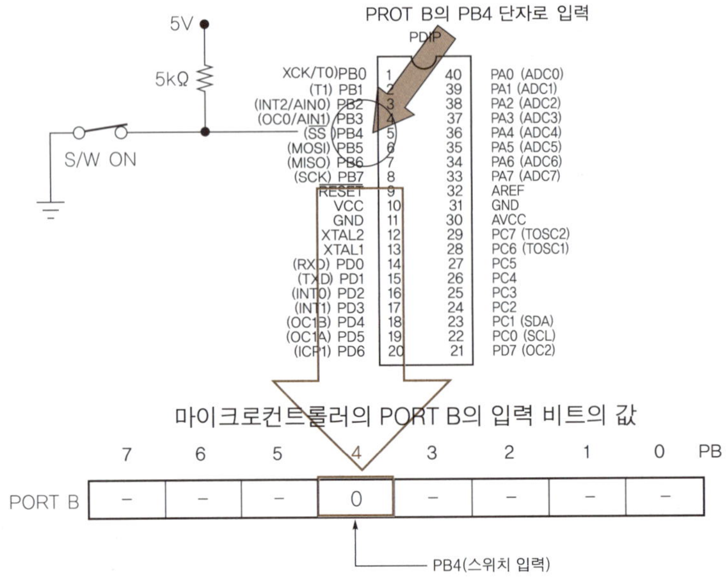

│그림 1-109. 스위치가 ON일 때 입력 비트 값│

스위치가 ON되면 그림 1-109와 같이 PB4 단자로 '0'이 입력되어 그림과 같이 데이터가 저장된다.

02

AVR 마이크로 컨트롤러의 이해

2.1.1 마이크로컨트롤러 개요 

마이크로컨트롤러는 그림 2-1과 같은 마이크로칩으로 마이크로프로세서(microprocessor)라고 불리기도 한다.

자동차의 ECU(Electronic Control Unit)는 전원이 입력되면 즉시 작동을 하는 일종의 '엔진'으로서 각종 액추에이터(actuator)를 작동하도록 제어하는 컨트롤러(controller)이다. 마이크로컨트롤러는 '레지스터(register)'라고 하는 아주 작은 기억소자와 CPU를 이용하여 산술 및 논리 연산을 수행한다.

마이크로컨트롤러의 대표적인 연산에는 덧셈, 뺄셈, 곱셈, 나눗셈, 비교, 판단 등이 있다. 마이크로컨트롤러는 자동차에 많이 사용되고 있는 ECU의 가장 핵심적인 부품이다.

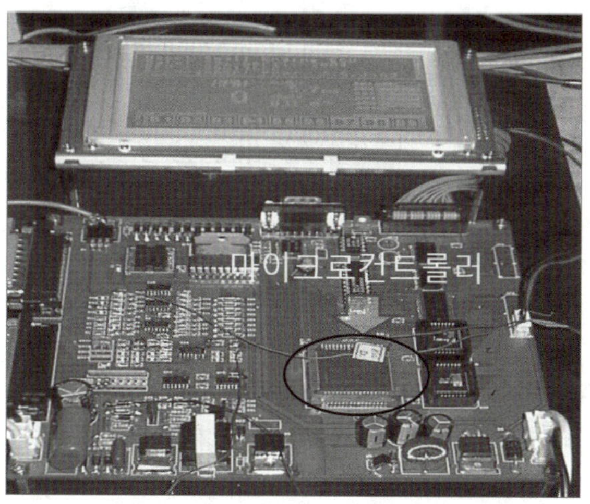

|그림 2-1. 마이크로컨트롤러를 이용한 ECU|

컴퓨터 프로그래밍에서 엔진이란 다른 응용 프로그램들을 위해 가장 핵심적이고 기본적인 기능을 수행하는 프로그램을 지칭하는 전문 용어이다.

엔진은 하나의 목적을 위해 관련된 프로그램의 운영을 제어하는 운영 체계나 응용 프로그램 내의 핵심적인 운용 프로그램이 될 수 있다. 엔진이라는 용어가 가장 많이 사용되는 예는 '검색 엔진'으로서, 이는 주어지는 검색어에 맞는 주제를 찾는 데 이용한다.

2.1.2 ▷ 마이크로컨트롤러의 구조 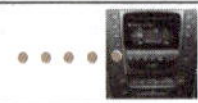

(1) 중앙처리장치(CPU)

① CPU의 의미

　㉠ 좁은 의미에서의 마이크로컨트롤러를 말한다.

　㉡ 명령어의 해석과 실행을 제어하는 컴퓨터 시스템의 한 부분이다.

　㉢ 컴퓨터에서 인간의 두뇌에 해당하는 부분으로, 컴퓨터 시스템 전체를 제어·관리하며 연산 및 논리 작업을 수행한다.

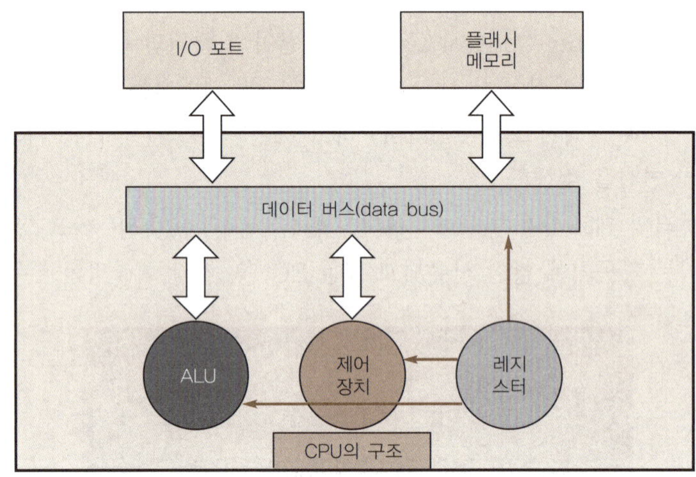

|그림 2-2. 중앙처리장치의 구조|

CPU는 ECU 시스템 전체의 데이터 흐름을 제어한다. 즉, 메모리로부터 프로그램의 각 명령을 판독해 그것을 해석하고 어느 데이터에 어떤 처리를 해야 하는가를 판단해서 그것을 실행하고, 다음에 실행해야 할 명령을 결정한다. 그림 2-2의 하단부에 표시한 것과 같이 CPU는 제어장치, 레지스터, ALU의 3가지 주요 부분으로 구성된다. 이들은 서로 접속되어 있기도 하고, I/O 포트와 메모리 등에 데이터 버스로 접속되어 있다. 그림 2-3은 CPU의 내부 구조를 나타낸 것이다.

VCC
GND
AVCC
AREF
PA0~PA7
PC0~PC7
PORT A Driversbuffers
PORT A Digital Interface
PORT C Driversbuffers
PORT C Digital Interface
MUX & ADC
ADC Interface
TWI
Timers Counters
Oscillator
Program Counter
Stack Pointer
Program Flash
SRAM
Internal Oscillator
Instruction Register
General Purpose Registers
X
Y
Z
Watordor Timer
Oscillator
XTAL1
XTAL2
CPU
Instruction Decoder
MCU CTRL & Timing
RESET
Control Lines
ALU
Interrupt Unit
Internal Calibrated Oscillator
AVR CPU
Status Register
EEPROM
Programming Logic
SPI
USART
COMP Interface
PORT B Digital Interface
PORT D Digital Interface
PORT B Driversbuffers
PORT D Driversbuffers
PB0~PB7
PD0~PD7

| 그림 2-3. CPU의 구조 |

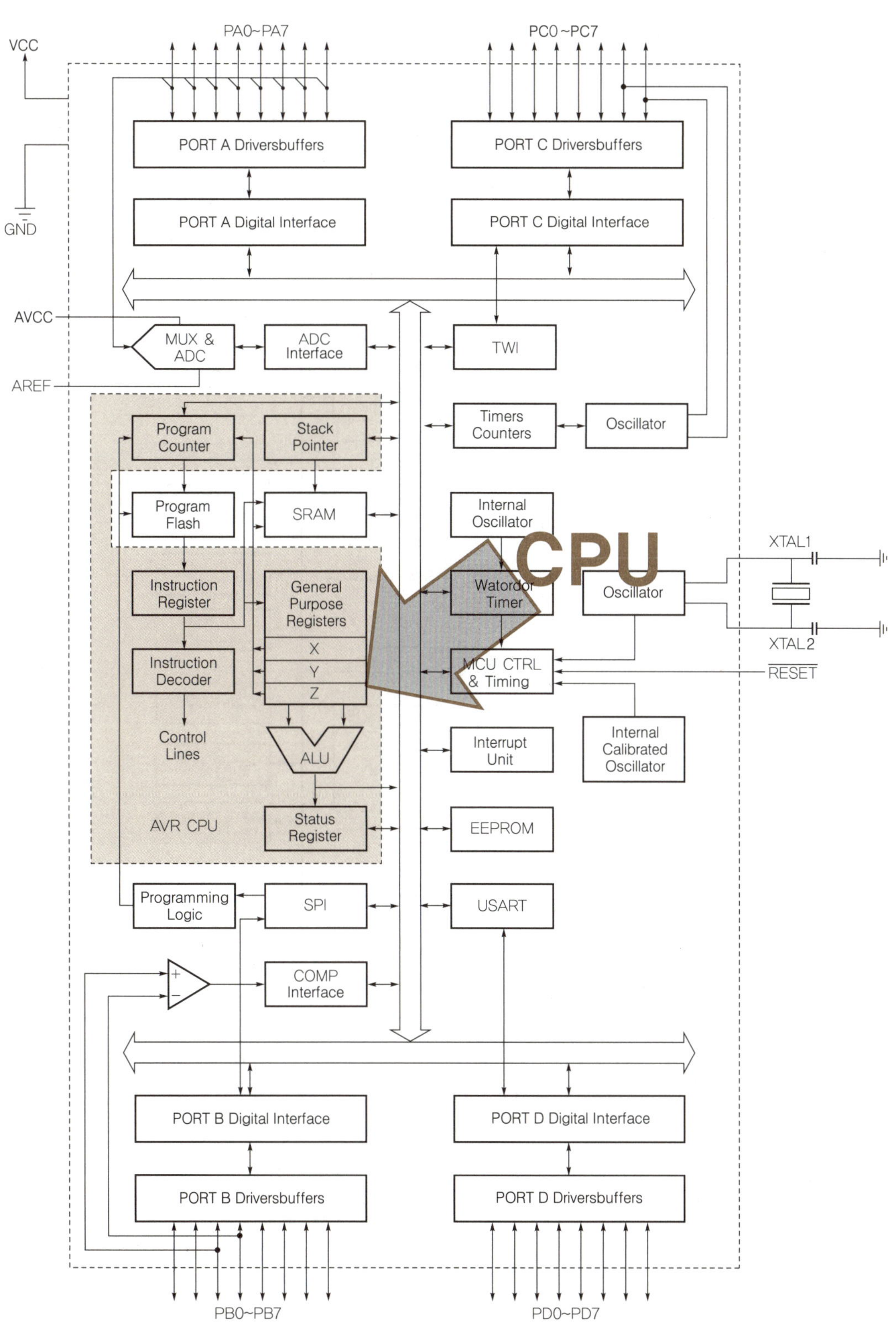

② **중앙처리장치의 주요 장치**

    ㉠ 산술 논리 연산장치(ALU;Arithmetic Logic Unit) : ALU는 그림 2-4와 같이 마이크로컨트롤러 내부에서 산술연산(덧셈, 뺄셈, 곱셈, 나눗셈)과 논리연산(비교, 판단)을 담당하는 장치로서, 사칙연산 등을 처리하고 결과에 따라 PSW(Program Status Word)를 변화시킨다.

    또한, 레지스터 내의 하나 또는 두 개의 값 사이에서 AND나 OR 등과 같은 논리연산을 행한다.

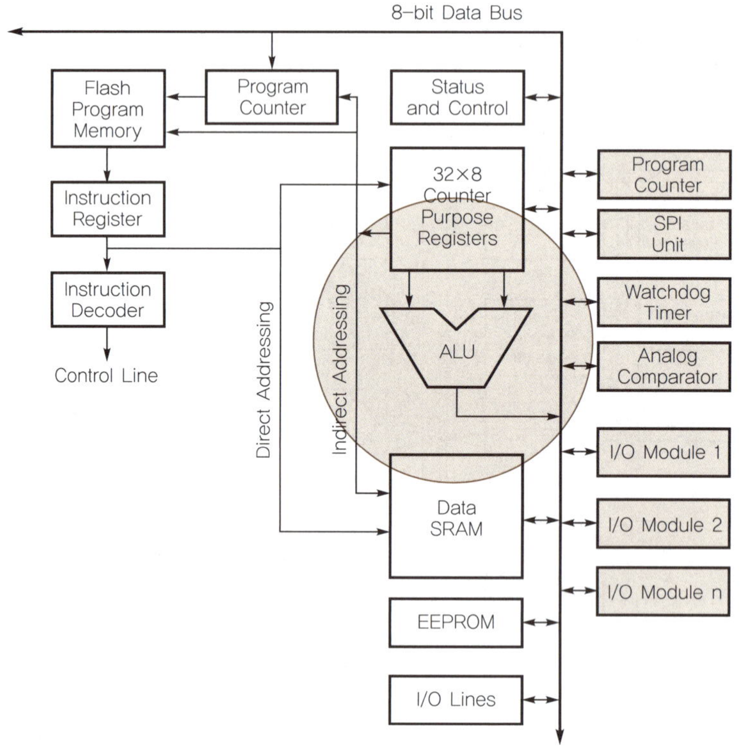

|그림 2-4. ALU의 기능|

    ㉡ 명령어 해독기(instruction decoder) : 그림 2-5와 같이 메모리에 저장된 내용을 읽어와서 그 명령 코드를 분석하는 장치이다.

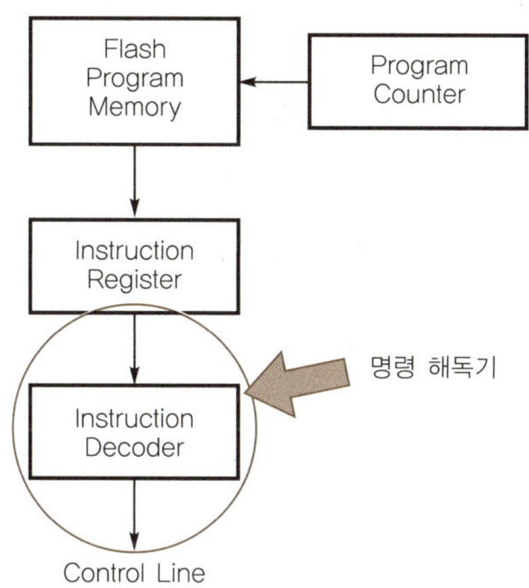

| 그림 2-5. 명령 해독기 |

ⓒ 레지스터(register) : CPU 내에서 데이터를 일시적으로 보관하는 작은 용량의 메모리로, 프로그램의 실행 중에 사용되며 고속 액세스를 할 수 있다.

- PC(Program Counter) : 그림 2-6의 프로그램 카운터는 마이크로컨트롤러가 다음에 실행시킬 명령어의 주소를 저장하고 있는 레지스터로서 매 명령이 수행됨에 따라 값이 +1씩 증가하고 점프 명령이나 호출 명령을 수행할 때는 특정값으로 변경되기도 한다.

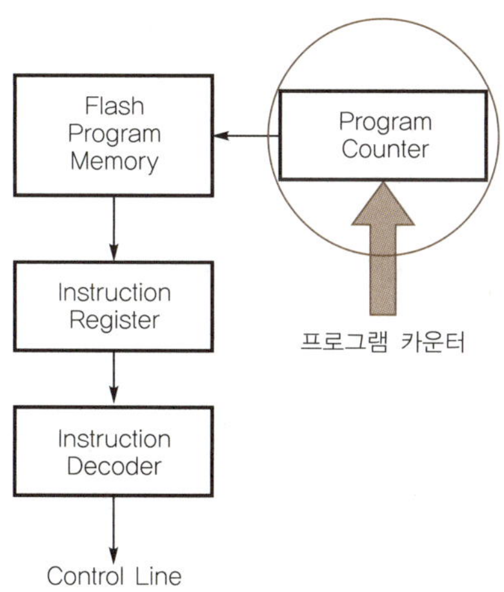

| 그림 2-6. 프로그램 카운터 |

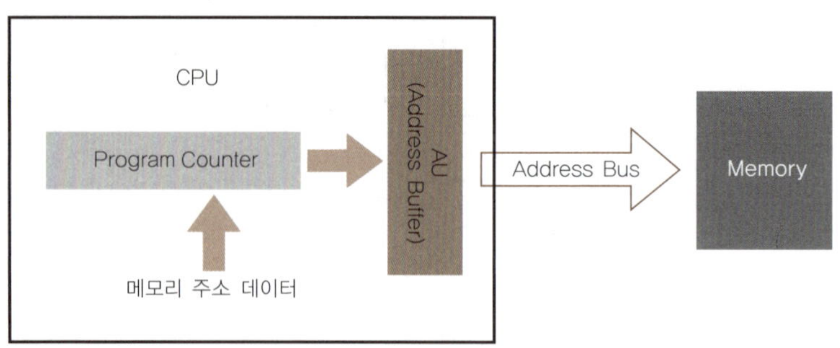

|그림 2-7. PC의 기능|

그림 2-7은 프로그램 카운터의 기능을 나타내는데, 프로그램 카운터는 현재 읽어 올 데이터가 저장되어 있는 메모리의 번지를 지정해 주는 포인터이다.

- IR(Instruction Register) : 그림 2-8의 명령 레지스터는 현재 실행 중인 명령 코드를 저장하고 있는 레지스터이다.

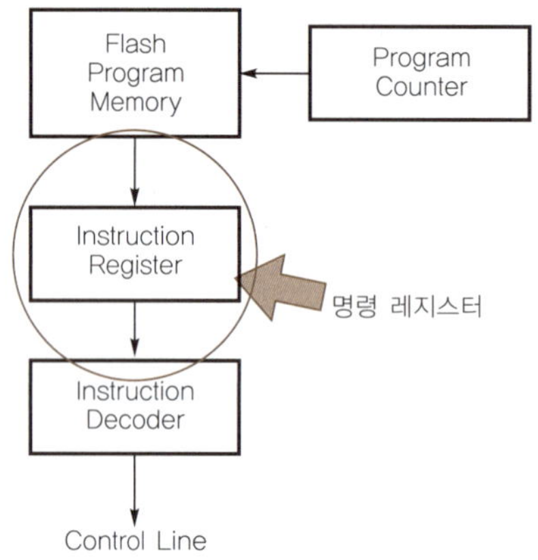

|그림 2-8. 명령 레지스터|

- 범용 레지스터(universal register) : 사용자가 임의의 목적으로 사용할 수 있는 레지스터로서, 그림 2-9와 같이 마이크로컨트롤러 안에 존재하기 때문에 접근 속도가 빠르고 연산의 중간 결과값을 저장하기 위해 사용하기도 한다.

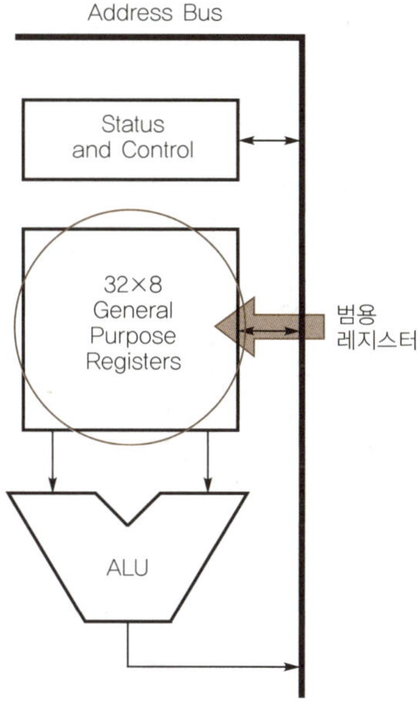

|그림 2-9. 범용 레지스터|

- 상태 레지스터(PSW;Program Status Word) : 마이크로컨트롤러 내부에서 연산 결과에 대한 상태 등의 시스템 상태를 나타내는 레지스터로서, AVR ATmega 8535에서는 State Register인 그림 2-10의 SREG가 있다.

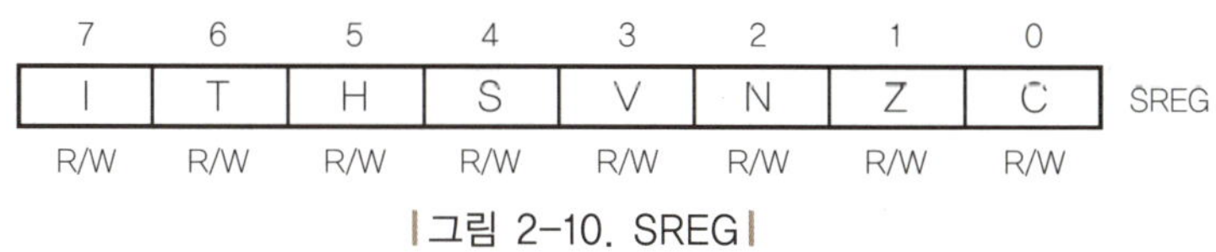

|그림 2-10. SREG|

＊상태 레지스터는 산술연산 명령어가 실행될 때마다 최근의 값으로 변하는 레지스터로서, 인터럽트를 실행할 때 자동으로 Push되거나 Pop되지 않으므로 사용자가 이를 소프트웨어(software)로 처리하여야 한다.

- 스택 포인터(stack pointer) : 스택이란 임시 데이터, 국소 변수, 인터럽트 또는 서브 루틴을 실행할 때 리턴(복귀) 주소를 지정하기 위한 영역으로 마이크로컨트롤러가 사용하는 임시 저장 장소를 말하며, 해당 스택의 위치를 가리키는 레지스터가 그림 2-11에 표시한 스택 포인터이다.

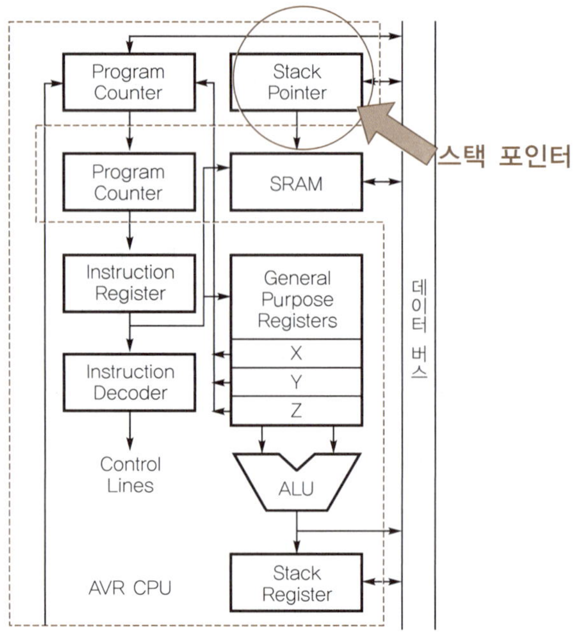

|그림 2-11. 스택 포인터|

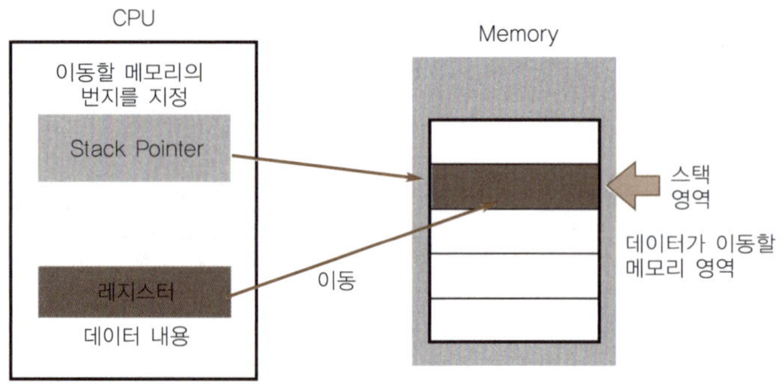

|그림 2-12. 스택 포인터의 기능|

그림 2-12의 스택 포인터는 서브 루틴 콜 명령 시 또는 인터럽트 명령 시에 메모리의 스택 영역에 이동시킬 데이터가 저장되는 번지를 지정하고 기억한다.

• 누산기(accumulator) : 산술·논리 연산을 할 수 있는 레지스터로서, 계산된 결과가 그 자리에 남는 특성이 있다.

(2) 내부 메모리

① 마이크로컨트롤러 내부에 ROM 또는 RAM을 내장하고 있다.

② 원 칩으로 회로를 간단히 구성할 수 있는 장점이 있다.

③ 작은 용량의 메모리가 제공된다.

(3) 주변장치

주변장치는 그림 2-13과 같이 통신용 컨트롤러, 각종 인터페이스, 입·출력 포트 등을 포함한다. I/O 포트는 마이크로컨트롤러와 외부 입·출력 장치 간의 정보 교환을 하는 역할을 한다. 마이크로컨트롤러는 입·출력 장치로부터의 정보와 입·출력 장치의 상태를 받기도 하고 제어 신호나 정보를 주기도 한다.

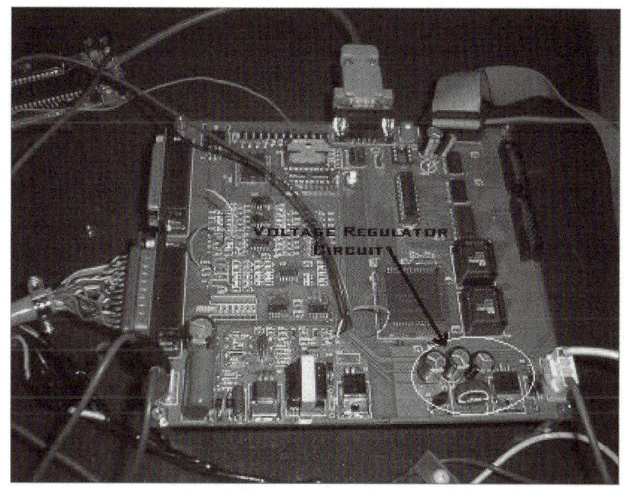

| 그림 2-13. 마이크로컨트롤러 주변장치 |

2.2.1 특징 

① 8bit RISC(Reduced Instruction Set Computer) 구조로 명령어가 간단하며 동작 속도가 빠르다.

② 1MHz당 약 1MIPS(Million Instruction Per Second)의 성능을 가진다.

③ 소비 전력이 적다.

④ 10bit ADC(A/D Converter)를 내장하고 있다.

⑤ 플래시 메모리(flash memory)가 내장되어 있다.

⑥ 512byte EEPROM을 내장하고 있다.

⑦ C언어를 사용하여 구동하기에 적합하다.

⑧ UART, SPI(Serial Peripheral Interface), PWM(Pulse Width Modulation) 등을 내장하고 있다.

⑨ 8bit 및 16bit 타이머를 내장하고 있다.

참고 

- RISC : 명령어 축약형 CPU로서, 주소 지정 모드와 명령어 종류(명령어 수)가 적어 프로그래밍이 어려우나 많은 수의 레지스터로 처리 속도가 빠르다.
- MIPS : 초당 처리 가능한 명령 횟수를 나타내는 연산 단위로서, 16MIPS는 초당 1600만 개의 명령어를 처리할 수 있는 능력을 나타낸다.
- SRAM(Static RAM) : 재충전이 불필요하며 DRAM보다 속도가 빨라 캐시 메모리(cache memory)로 사용된다.
- DRAM(Dynamic RAM) : 기억된 내용을 유지하기 위해 일정 시간마다 재충전이 필요하며 PC의 주기억장치로 사용된다.
- EPROM(Erasable Programmable ROM) : 자외선을 이용하여 기록한 데이터를 제거할 수 있는 ROM을 말한다.
- EEPROM(Electrical Erasable Programmable ROM) : 전기적인 신호를 이용하여 기록된 데이터를 제거할 수 있는 ROM을 말한다.
- 1kHz＝1000Hz, 1MHz＝1000kHz, 1GHz＝1000MHz

그림 2-14는 하나의 칩에 CPU, I/O 포트, 플래시 메모리, ADC 등이 내장된 원칩 마이크로컨트롤러(one-chip microcontroller)를 나타낸다.

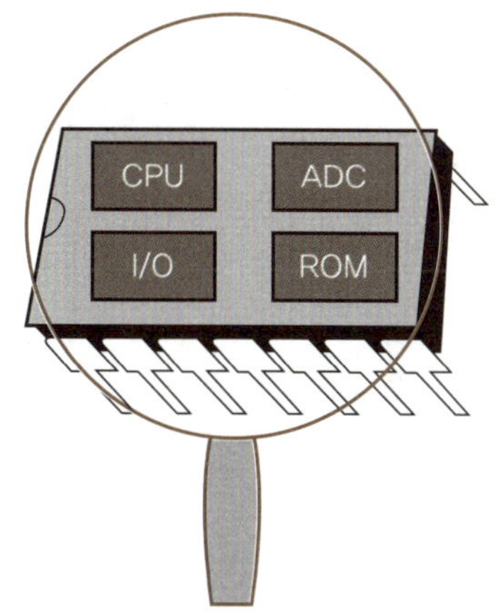

|그림 2-14. 원칩 마이크로컨트롤러|

(1) 고성능, 저전력의 RISC 구조

① 130개의 명령어

② 32×8bit 범용 레지스터

③ 16MIPS(16MHz에서)까지의 명령 처리 속도

(2) 데이터 및 비휘발성 메모리

① 8kbyte의 ISP 방식 플래시 메모리 내장

   예 ATmega128(128kbyte)

② 512byte의 SRAM, 512byte의 EEPROM

   예 ATmega128(4kbyte)

③ 64kbyte의 외부 메모리 영역

＊ 휘발성 메모리 : 전원이 차단되면 데이터가 사라지는 기억장치

(3) 주변장치

① 40개의 I/O 핀(ATmega128은 53개)

② 21개의 인터럽트 소스(ATmega128은 35개)

③ 2개의 8bit 타이머/카운터(0, 2)

④ 1개의 16bit 타이머/카운터(1)

⑤ 4개의 8bit PWM 채널

⑥ 8채널 10bit A/D 컨버터, 아날로그 비교기

＊ PWM(Pulse Width Modulation) : 파형 발생 기능

(4) AVR 패밀리

① Tiny 시리즈

RAM이 없거나 적은 모델이 대부분이며 핀 수 또한 적어서 간단한 애플리케이션에 적합하다.

② AT90S 시리즈

RAM의 크기는 8051과 비슷하거나 더 나은 성능을 제공한다.

③ Mega 시리즈

플래시 메모리와 램의 용량이 크고, 핀 수가 많아서 복잡한 애플리케이션에 적합하다.

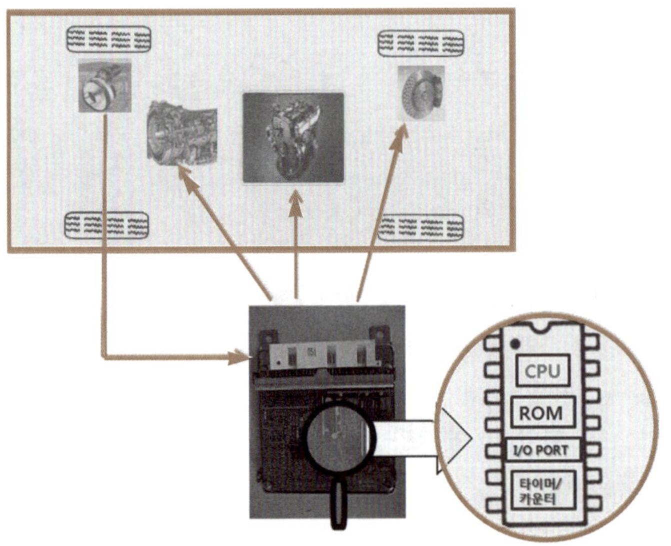

|그림 2-15. 마이크로컨트롤러의 응용(지능형 자동차 전자제어 시스템)|

그림 2-15는 자동차에 응용되고 있는 마이크로컨트롤러를 이용한 제어 시스템을 나타낸다. 배출가스 규제 강화, 편의 장치 및 안전장치 도입, 무인화, 통신 시스템의 적용 등으로 자동차에는 이러한 시스템이 적게는 수십 개, 많게는 백여 개가 적용되고 있다.

2.2.2 핀 구조 

```
                          PDIP

        (XCK/T0) PB0    1          40    PA0 (ADC0)
            (T1) PB1    2          39    PA1 (ADC1)
     (INT2/AIN0) PB2    3          38    PA2 (ADC2)
      (OC0/AIN1) PB3    4          37    PA3 (ADC3)
            (SS) PB4    5          36    PA4 (ADC4)
          (MOSI) PB5    6          35    PA5 (ADC5)
          (MISO) PB6    7          34    PA6 (ADC6)
           (SCK) PB7    8          33    PA7 (ADC7)
               RESET    9          32    AREF
                 VCC   10          31    GND
                 GND   11          30    AVCC
               XTAL2   12          29    PC7 (TOSC2)
               XTAL1   13          28    PC6 (TOSC1)
           (RXD) PD0   14          27    PC5
           (TXD) PD1   15          26    PC4
          (INT0) PD2   16          25    PC3
          (INT1) PD3   17          24    PC2
          (OC1B) PD4   18          23    PC1 (SDA)
          (OC1A) PD5   19          22    PC0 (SCL)
          (ICP1) PD6   20          21    PD7 (OC2)
```

| 그림 2-16. ATmega8535 핀 구조 |

ATmega8535는 그림 2-16과 같이 40개의 핀을 가지고 있다.

2.2.3 핀 기능

표 2-1은 ATmega8535 마이크로프로세서의 핀 기능을 나타낸다.

번 호	명 칭	핀 번호	기 능
1	VCC	10	전원
2	GND	11.31	접지
3	AREF	32	ADC 참조 전압
4	PORT A	33~40	A/D 변환기, 8비트 양방향성 I/O 포트, 비트별로 내부 풀업 저항 연결
5	PORT B	1~8	내부 풀업 저항 연결, 8비트 양방향성 I/O 포트
6	PORT C	22~29	내부 풀업 저항 연결, 8비트 양방향성 I/O 포트
7	PORT D	14~21	내부 풀업 저항 연결, 8비트 양방향성 I/O 포트
8	RESET	9	리셋
9	XTAL1	13	오실레이터 클록 연결

| 표 2-1. ATmega8535 핀의 기능 |

2.2.4 내부 구조

AVR은 32개의 범용 레지스터와 풍부한 명령어를 가지고 있다.

모두 32개의 레지스터는 그림 2-17에서와 같이 ALU와 직접 연결되어 있으며, 한 클록 사이클에 실행되는 한 개의 명령어에서 2개의 독립된 레지스터를 처리할 수 있다.

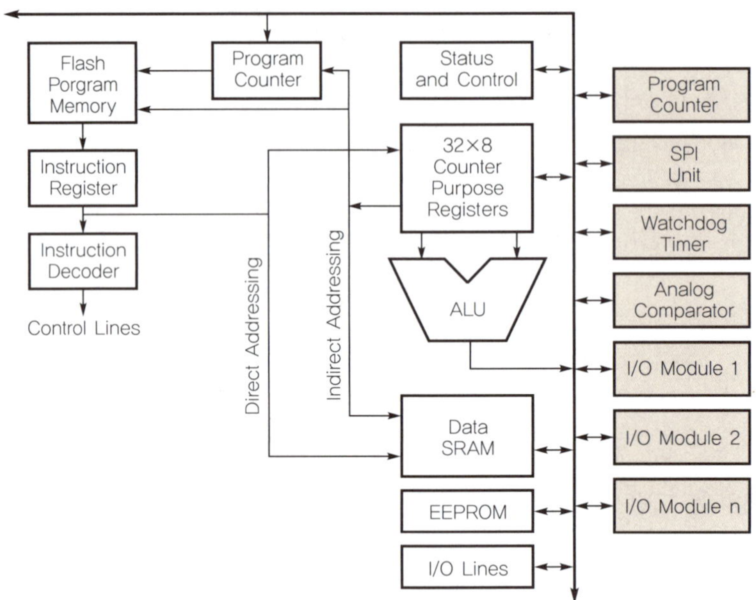

|그림 2-17. ATmega8535의 ALU 코어|

한 클록 사이클 동안 레지스터 파일에서 2개의 오퍼랜드가 출력되는 동시에 오퍼랜드는 실행되고 결과는 다시 레지스터 파일에 저장된다.

컴퓨터에서 오퍼랜드(operand), 즉 피연산자는 처리될 데이터 그 자체 또는 데이터를 지정하는 컴퓨터 명령어의 일부를 의미한다. 원래 컴퓨터 명령어는 덧셈, 뺄셈 등 연산을 나타내고, 오퍼랜드는 그 연산의 대상이 되는 것이다.

```
MOV    A,  10
명령어    오퍼랜드
```

그림 2-17에서는 AVR CPU CORE만 나타냈다. 이 CPU 코어는 ATmega8535의 중요 부분으로서 PC(프로그램 카운터, Program Counter)가 지시하는 플래시 메모리 번지에서 명령을 인출(페치, fetch)하고 해독(디코드, decode)하는 부분과 ALU, 32개의 범용 레지스터, 상태 레지스터(SREG), SP(스택 포인터, Stack Pointer) 등의 명령처리 관련 부분과 데이터 메모리 및 인터럽트 처리기 등으로 이루어져 있다.

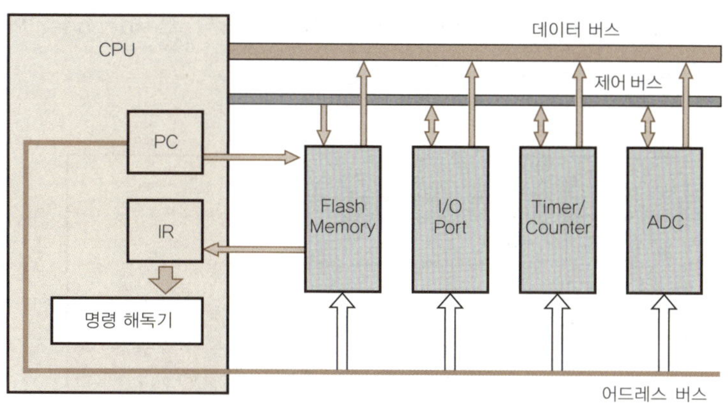

| 그림 2-18. ATmega8535 구성 |

그림 2-18의 ATmega8535 구조에서 CPU가 프로그램을 제어하는 과정을 살펴보면, 그림 2-19에서 PC(Program Counter)가 지시하는 메모리의 번지를 읽기 위해 어드레스 버스를 통해 프로그램 주소를 전달하고 해당 메모리 내에 저장된 데이터를 읽는다.

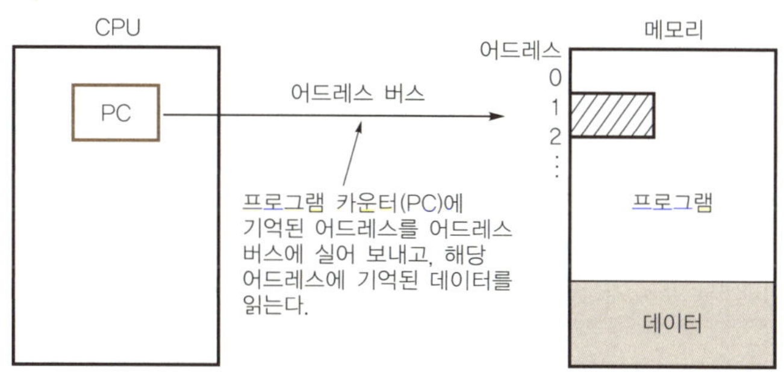

| 그림 2-19. 메모리의 데이터 페치 |

그림 2-20에서와 같이 메모리에서 페치(fetch, 읽어 온)한 프로그램 명령을 데이터 버스를 통해 CPU 내의 명령 레지스터(IR; Instruction Register)에 일시적으로 저장한다.

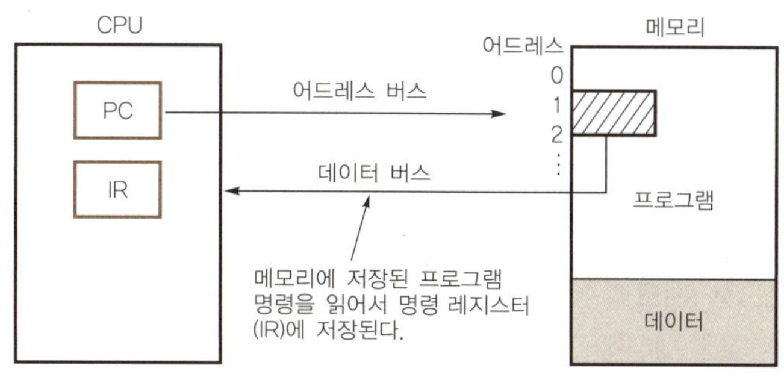

| 그림 2-20. IR에 저장 |

그림 2-21에서와 같이 명령 레지스터에 기억된 데이터를 디코더(decoder)에서 그 내용을
해독(decode)하여 제어 신호를 발생한다.

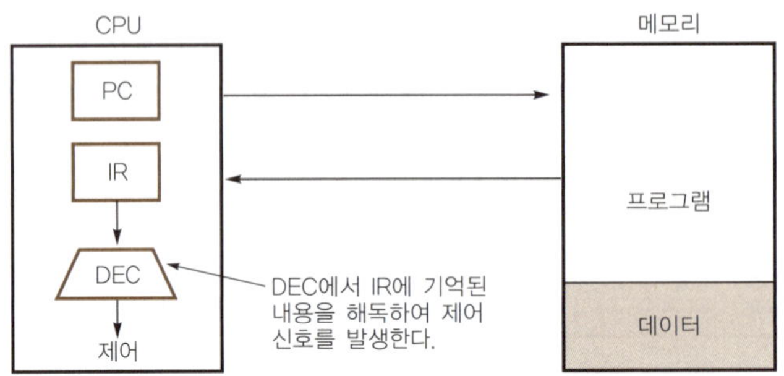

|그림 2-21. 디코더에서의 명령어 해독|

그림 2-22에서 PC는 다음에 실행될 명령을 메모리에서 페치하기 위해 +1을 하고, 그 후
에 지금까지와 같은 방식으로 사이클이 반복된다. 자동차의 전자제어 시스템에서도 동일한
방식으로 마이크로컨트롤러에서 제어가 이루어지고 있다.

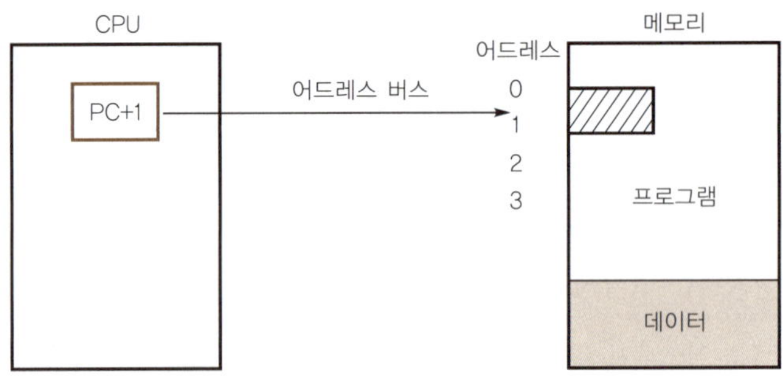

|그림 2-22. 반복 실행|

＊ 마이크로프로세서를 일반적으로 CPU라 부르는데 CPU는 크게 ALU, 제어장치, 레지스터의 3부분
으로 되어 있다.

(1) ALU(Arithmetic Logic Unit)

ATmega8535의 ALU는 32개의 범용 레지스터와 직접 연결되어 있다.

ALU는 중앙처리장치의 일부로 컴퓨터 명령어 내에 있는 연산자들에 대해 연산과 논리 동
작을 담당하는 것으로서, 1장에서 자세하게 설명하였다.

(2) 플래시 프로그램 메모리

ATmega8535는 프로그램을 저장하기 위해 ISP 기능을 갖는 플래시 메모리 8kbyte를
내장하고 있다.

(3) 데이터 메모리

① 범용 레지스터

AVR ATmega8535는 'register to register' 구조로 되어 있으며, 32개의 8비트 범용 레지스터 R0~R31을 가지고 있다.

이들 32개의 레지스터는 기본적인 사칙연산을 수행할 수 있으며 이미디에이트 데이터 (immediate data)를 사용하는 일부의 연산 명령은 R16~R31에서만 수행된다(그림 2-23 참고).

② I/O 레지스터

I/O 레지스터는 ATmega8535에 내장된 I/O 기능들을 제어하기 위한 레지스터로서, 64개의 영역이 할당되어 있다.

③ 내부 SRAM

내부 SRAM은 데이터 메모리의 0x0060~0x025F 번지의 512*8(512byte)을 가진다.

④ 내부 EEPROM

ATmega8535는 512byte의 일반 데이터 메모리 외에 512byte의 데이터 EEPROM이 내장되어 있으며, 별도의 데이터 영역으로 구성되어 바이트 단위로 읽거나 쓸 수 있다.

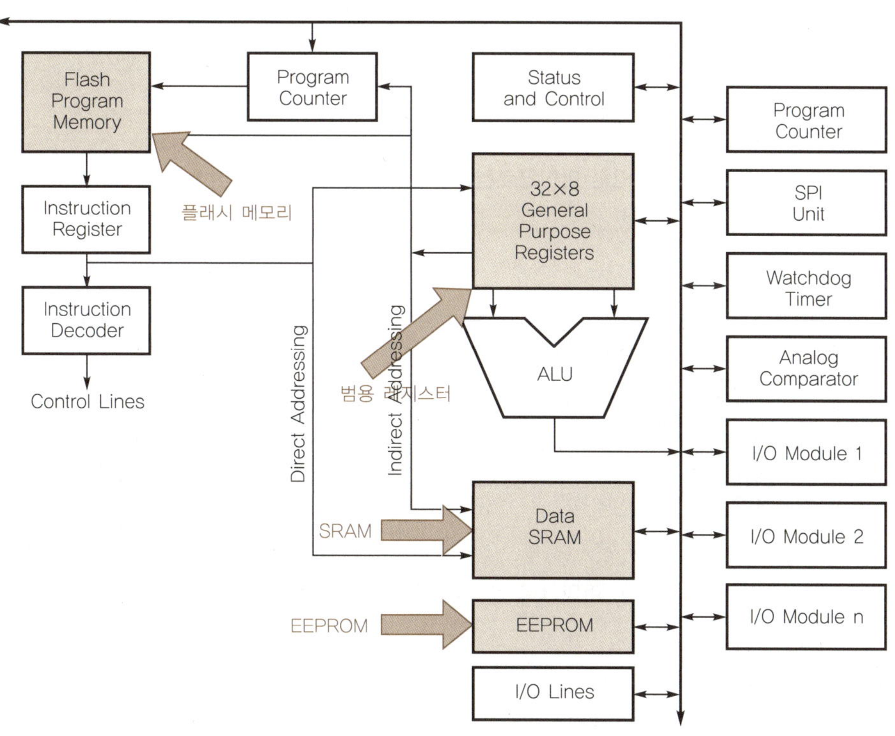

┃그림 2-23. 데이터 메모리의 구조┃

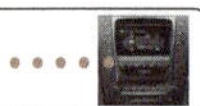

2.2.5 I/O 포트

(1) I/O 포트 구조

ATmega8535에는 8비트 양방향 I/O 포트 4개(A, B, C, D)로 40개의 I/O 핀을 가지고 있다. 각 포트에는 관련된 레지스터를 3개씩(PORTx, DDRx, PINx) 가지고 있다.

I/O 포트는 CPU와 외부 장치를 연결하는 역할을 한다. 외부 장치를 CPU에 연결할 때 외부 장치와 CPU는 동작 속도나 전압 레벨에 차이가 있으며, 전송 사이클도 다르기 때문에 직접 연결할 수가 없다.

따라서 외부 장치와 CPU 사이에는 그림 2-24와 그림 2-25와 같은 완충 작용을 하는 장치가 필요한데 이것이 입·출력 인터페이스이다.

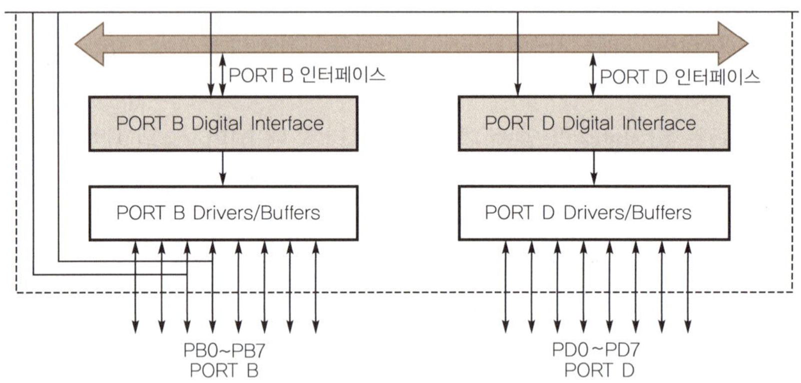

| 그림 2-24. 마이크로컨트롤러 내부 포트 인터페이스 |

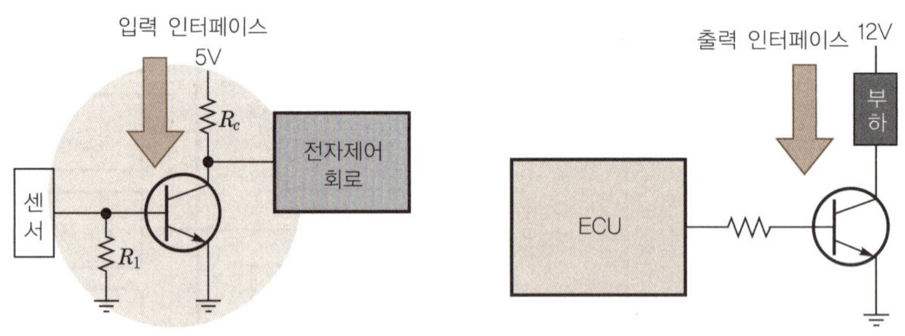

| 그림 2-25. 마이크로컨트롤러 외부 입·출력 인터페이스 |

ATmega8535 I/O 포트는 모두 양방향 내부 풀업의 I/O 포트이다.

ATmega8535 I/O 포트의 입력은 슈미트 트리거(schmitt trigger)이고, 출력은 버퍼 (buffer)로 되어 있다. AVR I/O 포트는 DDR 레지스터와 PORT 래치, PIN으로 구성되어 있으며, 입력이나 출력의 결정은 DDR 래치(DDRx)로 하고 출력은 PORT 래치(PORTx)로 한다. 그리고 입력은 PORT를 거치지 않고 PIN에서 직접한다.

(2) 소스와 싱크 전류

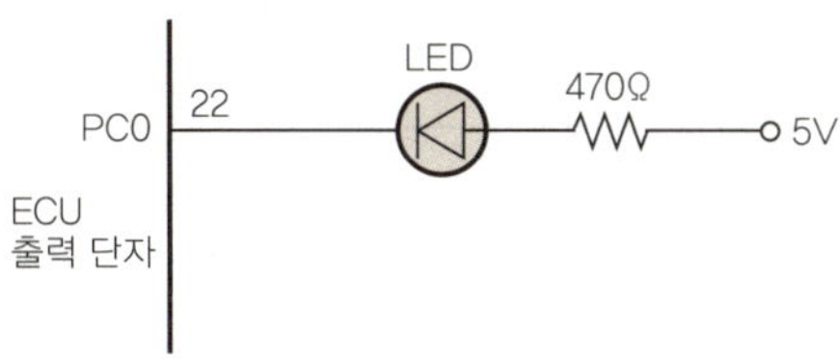

|그림 2-26. 출력회로|

그림 2-26과 같은 ECU의 출력회로에서 소스와 싱크 전류를 이해해 보자.

① 소스 전류(source current)

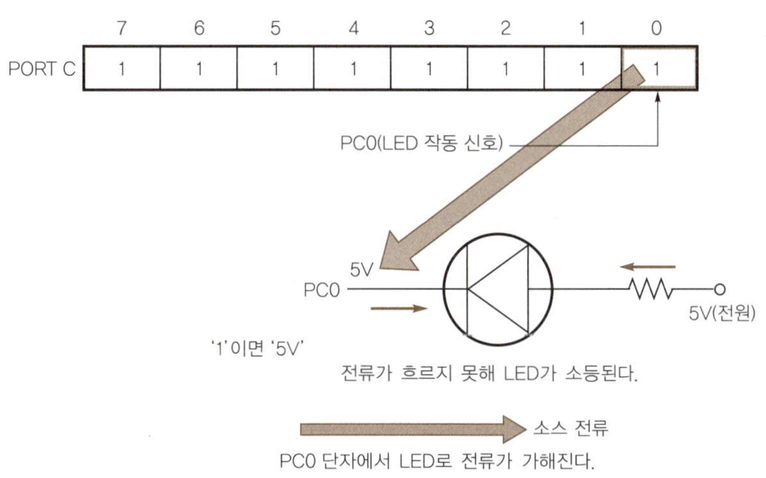

|그림 2-27. 소스 전류|

입·출력 포트가 출력 포트로 사용되어 PC0 단자를 통하여 '1'을 출력할 경우는 그림 2-27과 같이 PC0 핀에서 전류가 흘러나가게 되는데, 이때 나가는 전류를 소스 전류라 한다. 만약 LED의 연결이 그림 2-28과 같다면 이때 LED는 점등하게 된다.

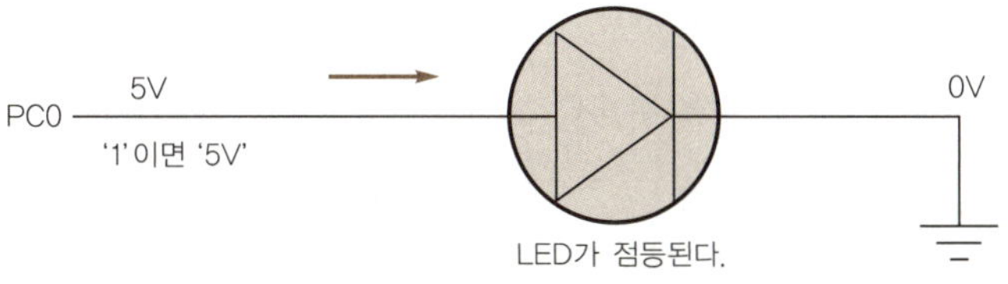

|그림 2-28. 소스 전류의 이해|

② 싱크 전류(sink current)

소스 전류와 반대로 PC0 단자를 통하여 '0'을 출력할 경우는 반대로 외부에서 그림 2-29와 같이 PC0 핀을 통해 IC 내부로 전류가 흐르는데 이 경우를 싱크 전류라 한다.

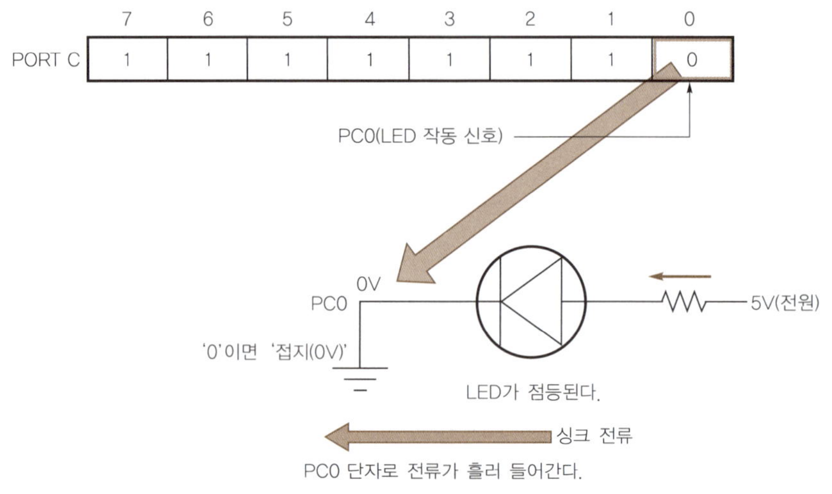

| 그림 2-29. 싱크 전류 |

2.2.6 외부 인터럽트

마이크로프로세서에서 입력을 받아들이는 방법에는 2가지가 있는데, 하나는 입력 핀의 값을 계속 감시하여 변화를 알아내는 방법(폴링, polling)과 다른 하나는 마이크로프로세서 자체가 하드웨어적으로 그 변화를 감지하여 변화 시(하강 에지나 상승 에지 등)에만 일정한 동작을 하는 방법(interrupt)이 있다.

인터럽트 발생에 의한 방법은 인터럽트 발생 시 가서 실행해야 할 장소를 지정해 놓은 특정 번지의 내용을 인터럽트 점프 테이블(interrupt jump table) 또는 인터럽트 벡터 테이블(interrupt vector table)이라 한다. 또 인터럽트 처리 프로그램(함수)을 인터럽트 핸들러(interrupt handler) 또는 인터럽트 서비스 루틴(interrupt service routine)이라 한다.

2.2.7 타이머/카운터

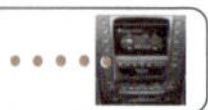

ATmega8535는 2개의 8비트 타이머/카운터0과 2, 1개의 16비트 타이머/카운터1을 가지고 있다.

2.2.8 A/D 변환 

ATmega8535는 10비트 분해능의 A/D 변환기를 8채널 가지고 있다.

2.2.9 ATmega8535와 연결된 인터페이스 

(1) 발진회로

외부 발진회로를 구성하려면 그림 2-30과 같이 XTAL1 단자에 오실레이터를 연결하여 사용하면 된다. 오실레이터에서 발생되는 클록 신호(clock signal)는 CPU가 작동하기 위한 기준 신호로 사용된다. 모든 정보는 이 기준 신호에 의해 동기하여 정보를 CPU로 보내거나 받는다.

✱ 발진회로 : 외부의 입력 없이 회로 자체에서 교류 파형(주파수)을 얻는 회로

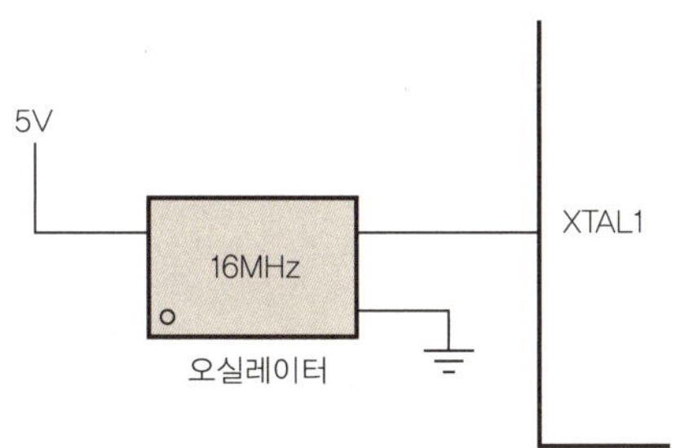

┃그림 2-30. 외부 발진회로의 연결┃

(2) 외부 리셋 회로

AVR을 외부에서 리셋(reset)하기 위해서 리셋 핀에 1.5μs 이상의 low 신호가 인가되면 CPU에 걸리는 리셋을 말한다. 리셋이 되면 시스템이 초기화되어 최초의 상태로 돌아가게 된다.

(3) 외부 메모리 인터페이스

ATmega8535는 외부 메모리 영역에 대해 SRAM, LCD, A/D, D/A 등과 같은 주변장치를 사용할 수 있으며 이를 위한 외부 인터페이스에 사용되는 신호는 다음과 같다.

① AD0~AD7 : 어드레스 하위 및 데이터 신호

② A8~A15 : 어드레스 상위 신호

③ ALE : 어드레스 래치 인에이블 신호

④ $\overline{\text{RD}}$: 외부 메모리 읽기 신호

⑤ $\overline{\text{WR}}$: 외부 메모리 쓰기 신호

AD0~AD7은 어드레스 버스(address bus)와 데이터 버스(data bus)로 사용되기 때문에 데이터 신호는 ALE 신호와 래치(D-플립플롭)를 이용하여 그림 2-31과 같이 외부 메모리에 연결되어 있는 것을 알 수 있다.

이것은 제어 프로그램의 용량이 매우 커서 ATmega8535에 내장된 플래시 메모리에 다 저장을 할 수 없어 확장 메모리를 사용할 경우 활용한다.

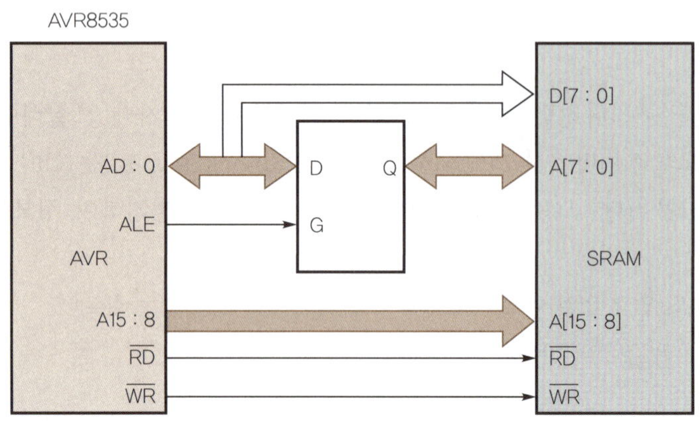

│그림 2-31. 외부 데이터 메모리 연결 인터페이스(래치)│

(4) 통신 인터페이스

프로그램을 ATmega8535의 기억 장치(플래시 메모리)에 저장해 놓는 과정을 프로그램 다운로드(download)라고 한다.

AVR의 경우 플래시 메모리(flash memory)의 프로그램 영역에 마이크로컨트롤러를 동작시킬 프로그램이 저장되며, 롬 라이터(ROM writer)를 이용하는 방법과 개인용 컴퓨터의 직렬 포트(serial port) 혹은 프린트 포트(LPT1)를 이용하여 플래시 메모리에 프로그램 또는 데이터를 저장할 수 있으며, 여기서는 프린트 포트를 이용한 병렬 ISP 케이블 방식을 사용하였다.

① 프린트 포트를 이용한 병렬 ISP 케이블

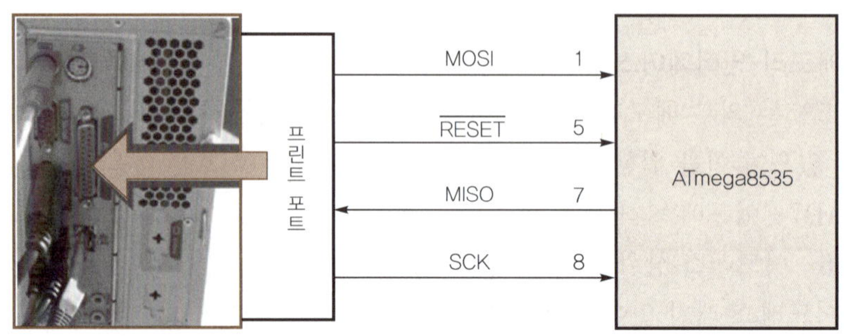

│그림 2-32. ISP를 위한 연결 개념│

그림 2-32와 같은 회로의 연결에 의해 만들어진 그림 2-33의 ISP 케이블을 사용하여 컴퓨터에서 프로그램을 다운로드할 때 프린트 포트를 이용하는 방식을 말한다.

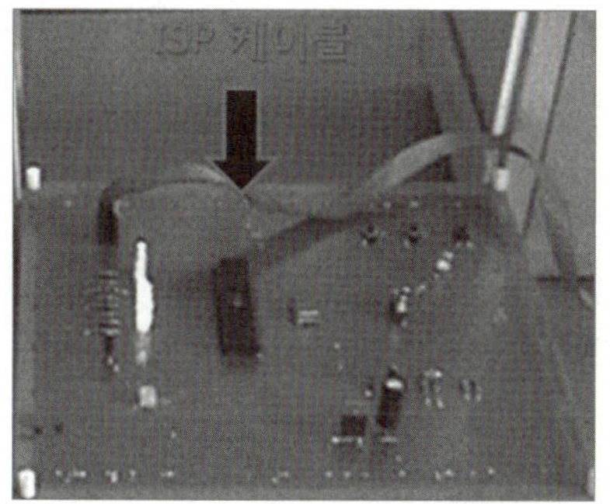

| 그림 2-33. ISP 케이블 |

ISP(In-System Programmer)는 일명 다운로더(down loader)라 하며 AVR 프로그램을 다운로드하기 위한 도구이다.

② **전송 방식**

그림 2-34는 전송 방식의 종류와 형태를 나타낸다.

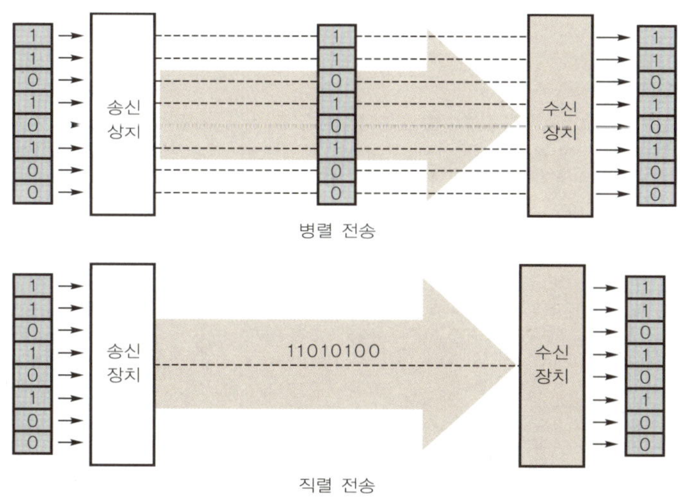

| 그림 2-34. 전송 방식의 종류 |

지금까지 ATmega8535 마이크로컨트롤러의 특성에 대해 알아보았지만 주로 자동차 전자제어를 이해하는 데 꼭 필요한 사항들을 위주로 소개하였다.

ATmega8535에 대해 좀 더 자세한 사항들을 이해하기 위해서는 인터넷으로 매뉴얼을 다운받아 참고하거나 시중에 판매되는 AVR 관련 서적을 구입하여 참고하여야 한다.

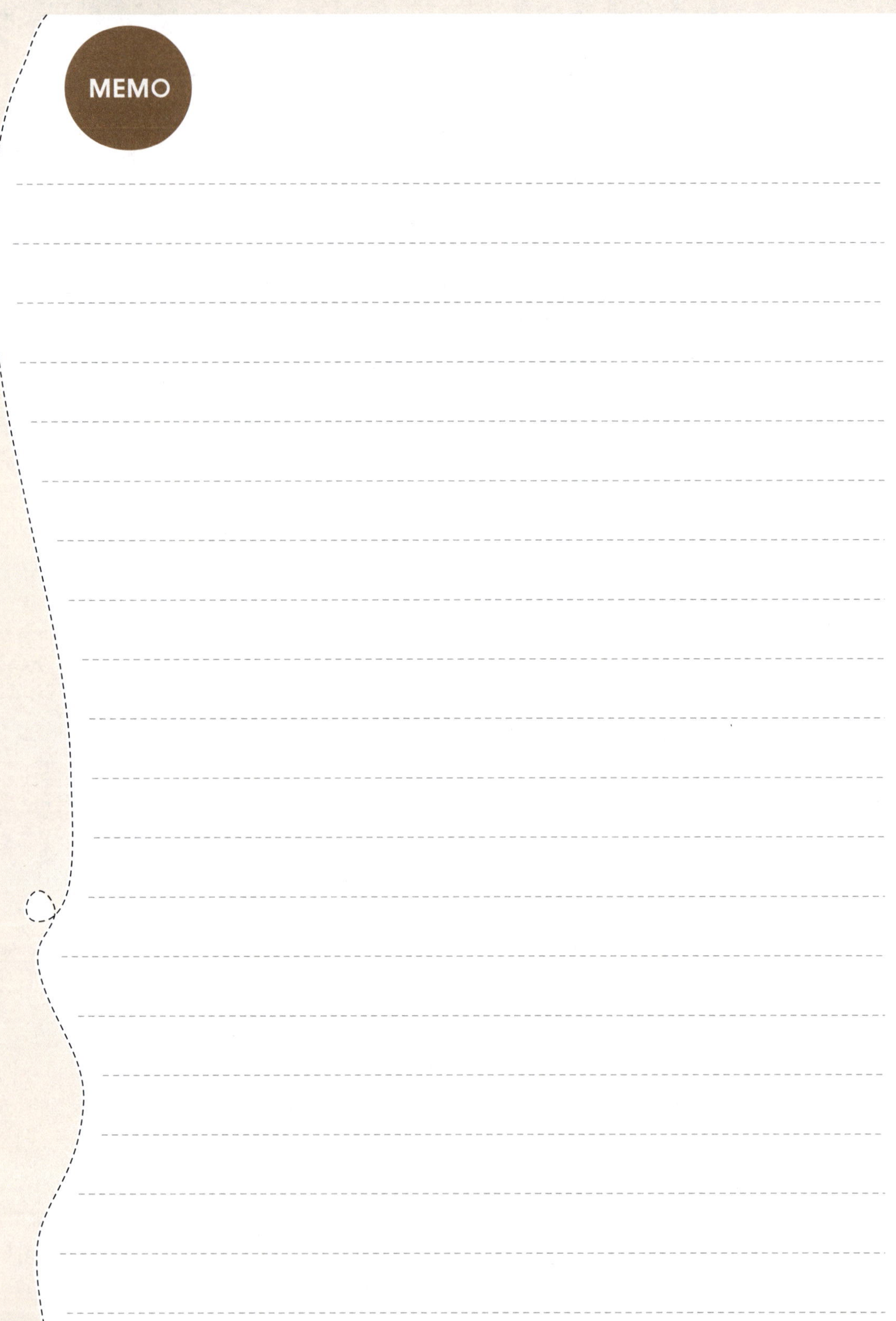
MEMO

03

ATmega8535를 활용한 자작 ECU 기초 제어

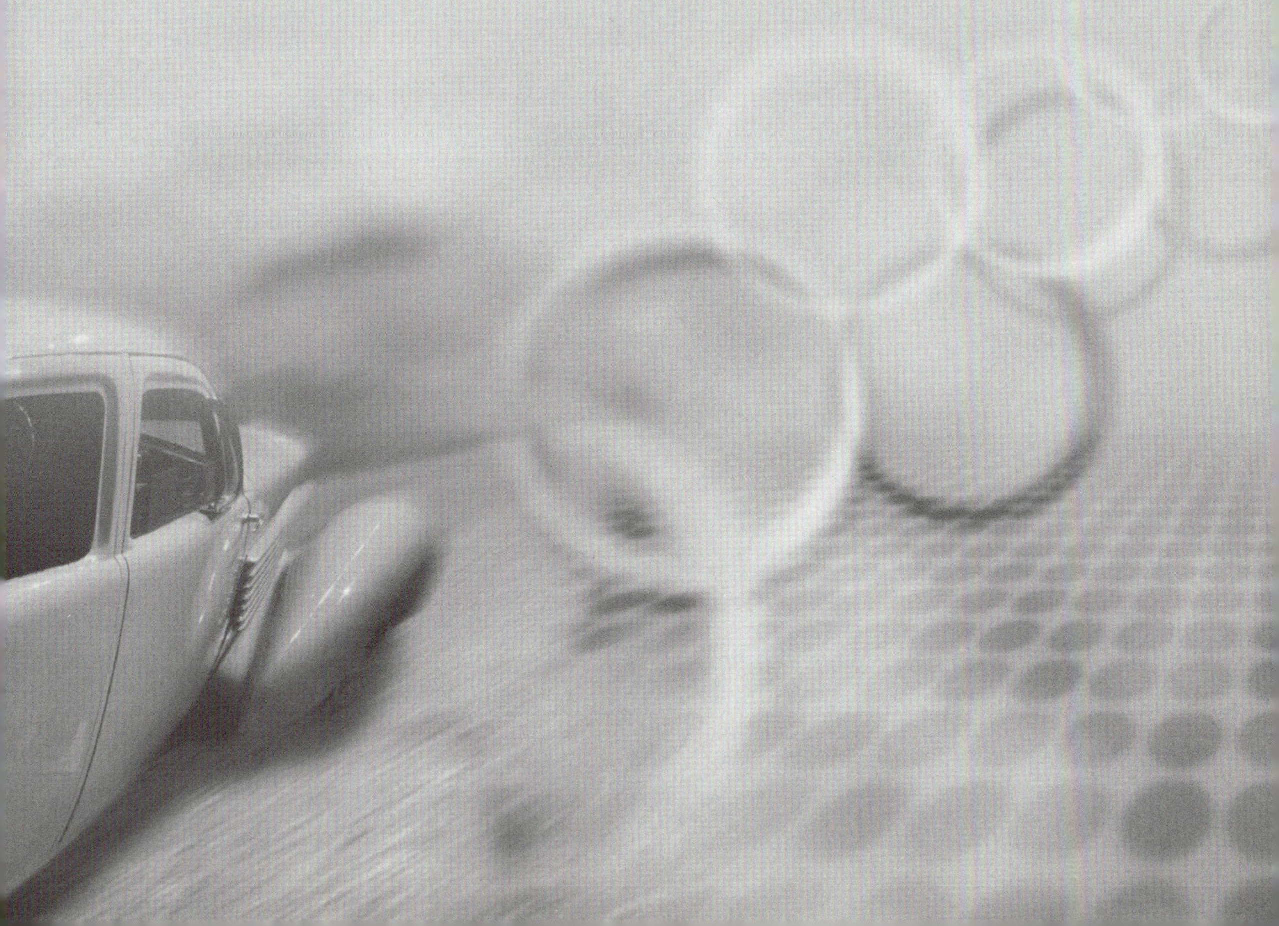

3.1.1 만능기판(브래드보드)의 사용 

(1) 구조 설명

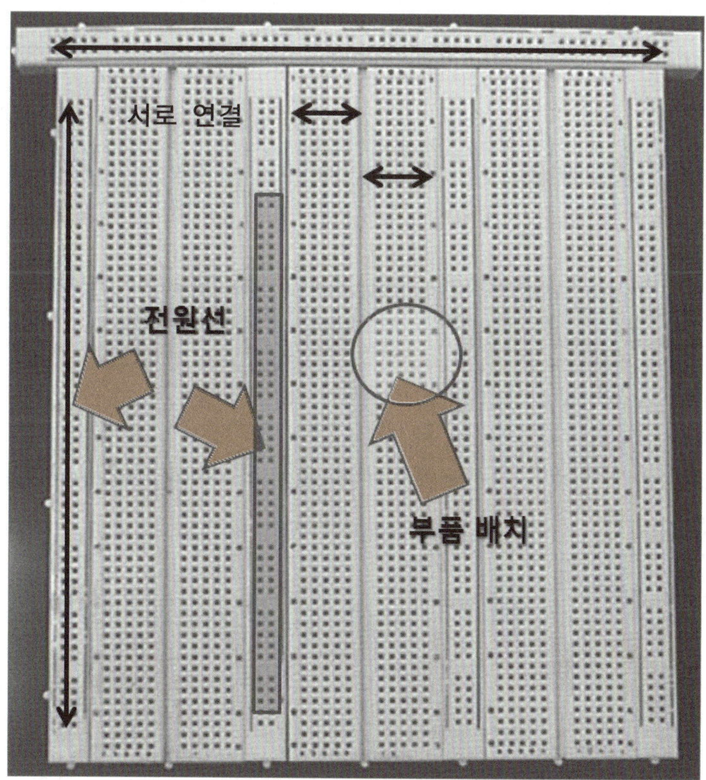

|그림 3-1. 만능기판의 내부 연결|

그림 3-1은 만능기판의 앞면을 나타내고 있다. 가로줄은 서로 연결되어 있어 전류가 통하고, 세로줄은 서로 연결되어 있지 않아 전류가 통하지 않는다. 적색과 청색 세로줄은 전원

연결선으로 회로 제작 시 필요한 입력 전원(12V, 5V 등)으로 사용한다.

(2) 전선의 연결

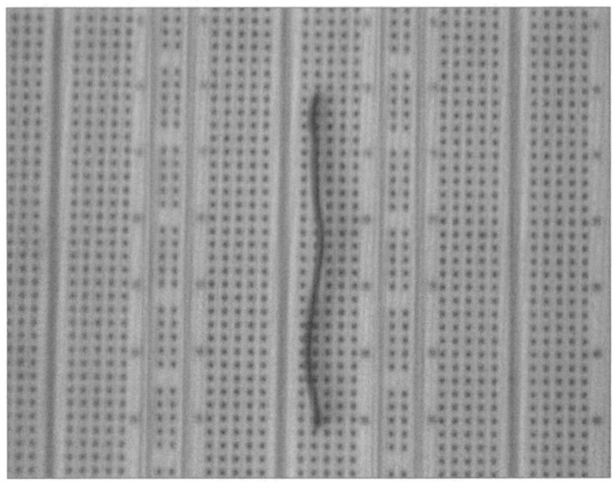

|그림 3-2. 전선의 연결|

만능기판에 전선을 연결할 때에는 그림 3-2와 같이 연결한다.

(3) 저항의 연결

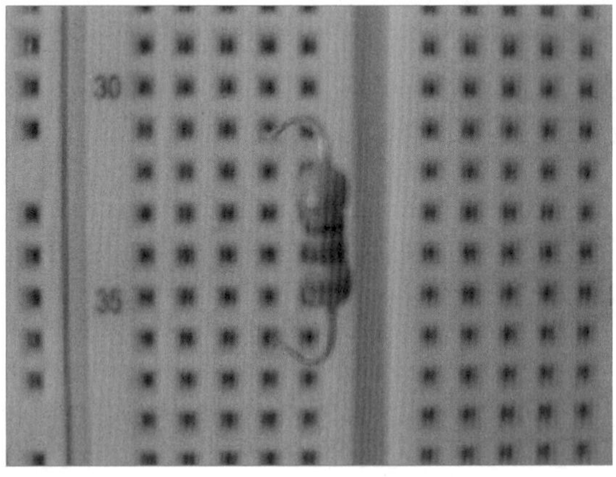

|그림 3-3. 저항의 연결|

저항을 만능기판에 연결할 경우 그림 3-3과 같이 세로로 연결한다.

(4) 다이오드의 연결

|그림 3-4. 다이오드의 연결|

다이오드를 만능기판에 연결할 때 부품 극성에 유의하여 그림 3-4와 같이 세로 방향으로 배치한다.

(5) 콘덴서의 연결(극성 없음)

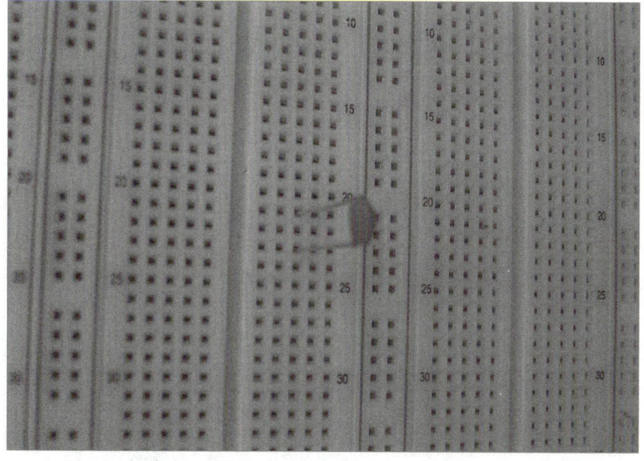

|그림 3-5. 극성이 없는 콘덴서의 연결|

극성이 없는 콘덴서를 만능기판에 연결 시 그림 3-5와 같이 세로로 연결한다.

(6) 콘덴서의 연결(극성 있음)

|그림 3-6. 극성이 있는 콘덴서의 연결|

극성이 있는 콘덴서를 만능기판에 연결할 때에는 극성에 유의하여 그림 3-6과 같이 세로로 연결한다.

(7) LED의 연결

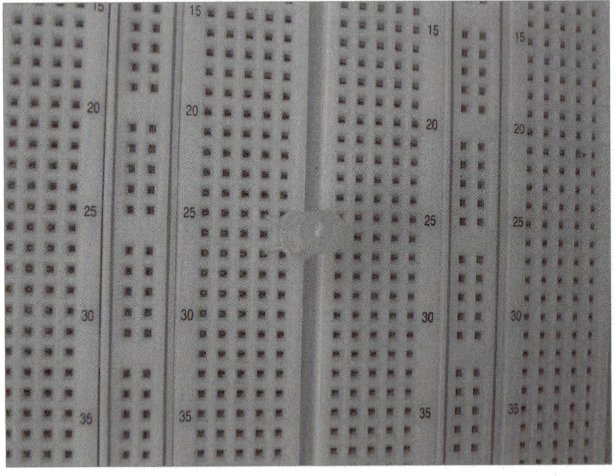

|그림 3-7. LED의 연결|

만능기판에 LED를 연결할 때에는 그림 3-7과 같이 극성에 유의하여 세로 방향으로 연결한다.

(8) 스위치의 연결

|그림 3-8. 스위치의 연결|

스위치를 연결할 때에는 각각의 단자가 독립적으로 분리되도록 그림 3-8과 같이 연결한다.

(9) 파워 트랜지스터의 연결

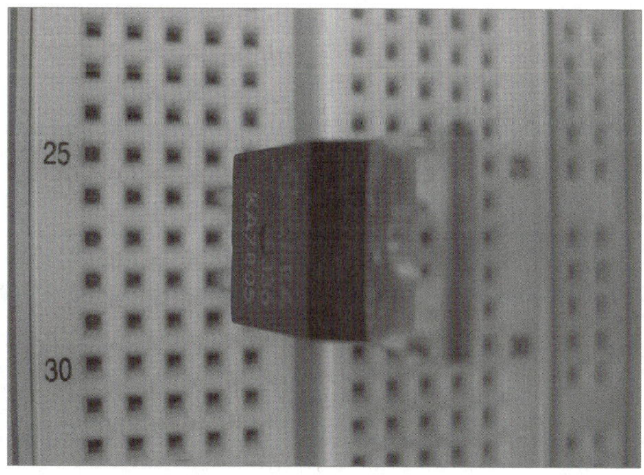

|그림 3-9. 파워 트랜지스터의 연결|

파워 트랜지스터의 경우 그림 3-9와 같이 세로로 연결한다. 전선을 연결할 때 각각의 단자들을 잘 확인하여야 한다.

(10) 소형 트랜지스터의 연결

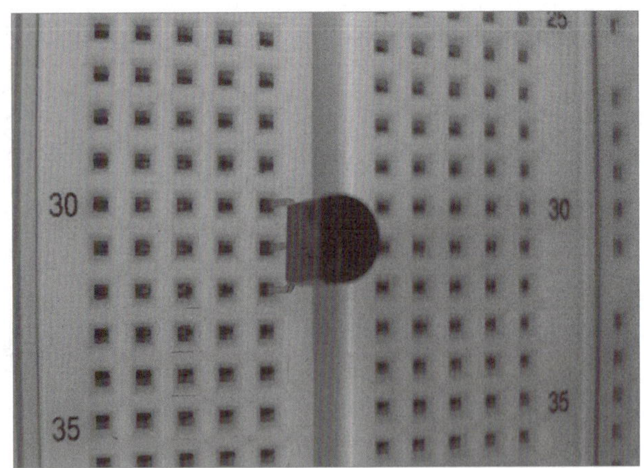

┃그림 3-10. 소형 트랜지스터의 연결┃

소형 트랜지스터를 연결할 때에는 그림 3-10과 같이 다리를 약간 벌려 연결이 쉽게 하고, 부품의 방향을 고려하여 세로로 연결한다.

(11) 마이크로컨트롤러의 연결

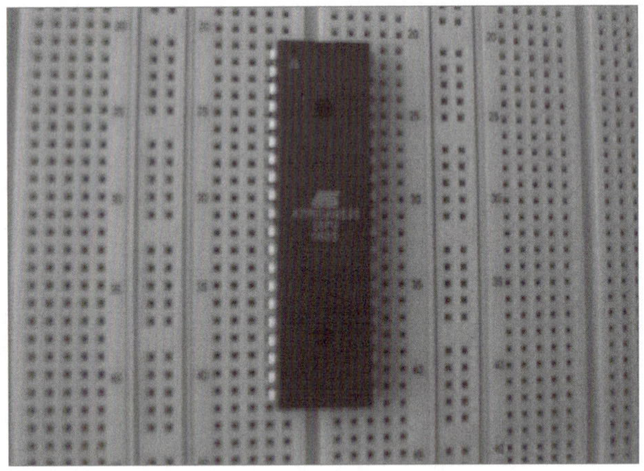

┃그림 3-11. 마이크로컨트롤러의 연결┃

마이크로컨트롤러를 연결할 때에는 그림 3-11과 같이 각각의 단자가 독립적으로 분리되도록 분리 홈을 사이에 두고 연결한다.

(12) 오실레이터의 연결

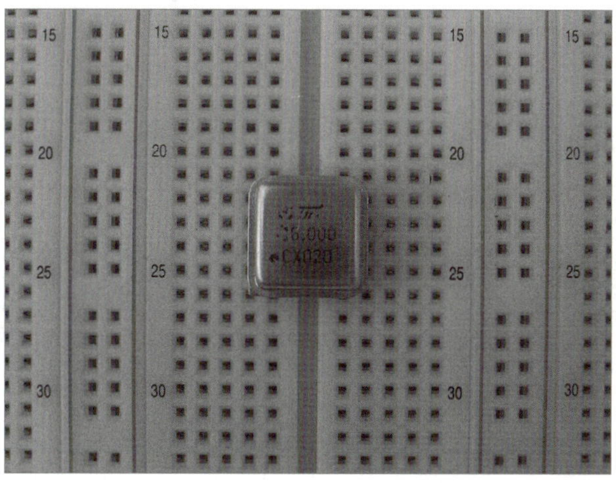

|그림 3-12. 오실레이터의 연결|

오실레이터를 연결할 때에는 그림 3-12와 같이 각각의 단자가 독립적으로 분리되도록 분리 홈을 사이에 두고 연결한다.

3.1.2 자작 ECU 보드 제작 

(1) 납땜 작업 시 사용 공구

① 납땜 인두기

그림 3-13과 같은 납땜 인두기는 저항이나 콘덴서 등을 기판에 납땜할 때 사용한다. 인두기의 팁이 가늘고 뾰족한 것이 작업하기에 좋다.

온도는 약 400℃ 정도가 적당하며, 그림 3-14와 같은 인두기 받침대도 필요하다.

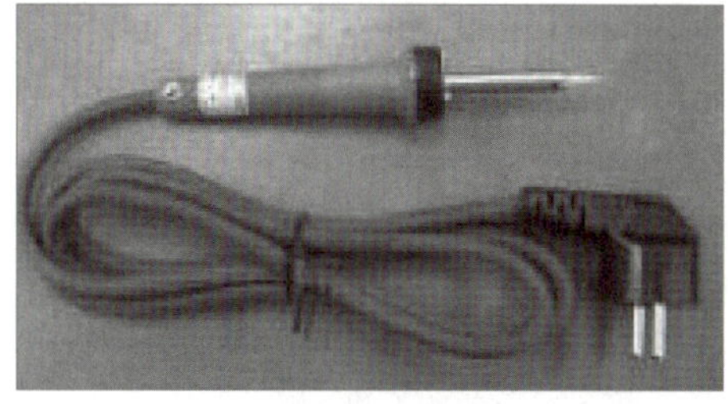

|그림 3-13. 납땜 인두기|

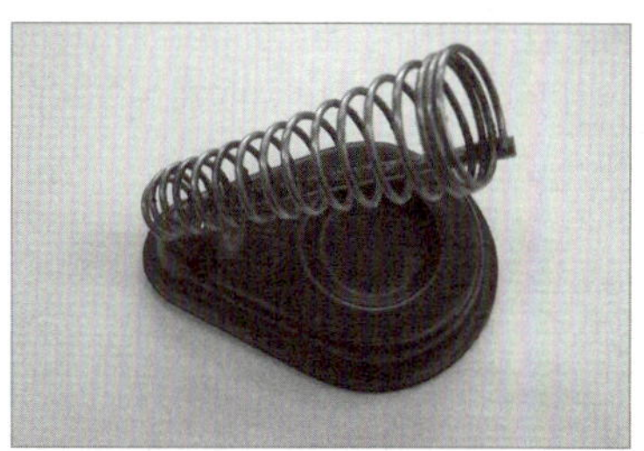

|그림 3-14. 인두기 받침대|

② 납땜 흡입기

그림 3-15와 같이 피스톤형으로 되어 있으며, 압축한 후 위쪽 끝부분의 버튼을 누르면 녹은 납을 강하게 흡입하게 된다.

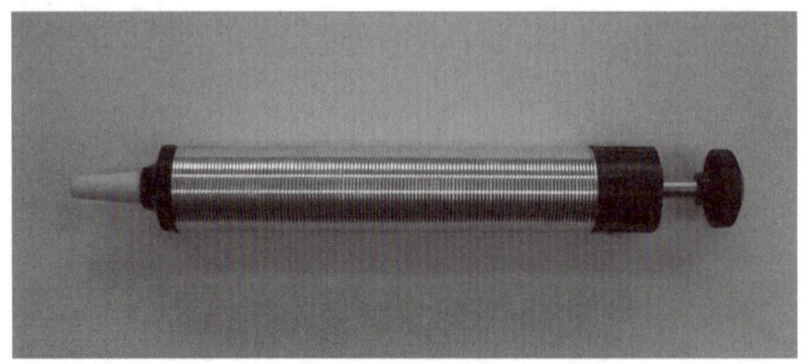

|그림 3-15. 납땜 흡입기|

③ 와이어 스트리퍼(wire stripper)

그림 3-16과 같은 와이어 스트리퍼는 주로 랩핑선(wrapping wire)의 피복을 벗기는 데 사용한다.

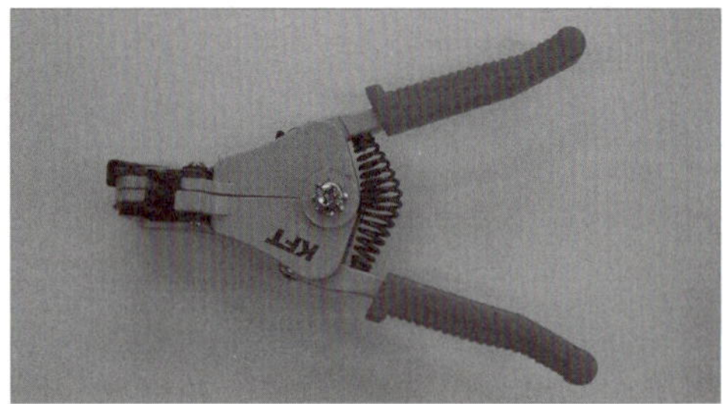

|그림 3-16. 와이어 스트리퍼|

④ 칩 뽑기(extractor)

그림 3-17과 같은 칩 뽑기는 조립된 IC 칩을 뽑을 때 사용한다. 마이크로컨트롤러 등의 IC 칩을 손으로 뽑으면 핀이 구부러지기 쉽기 때문이다.

|그림 3-17. 칩 뽑기|

⑤ Wrapping선

그림 3-18의 랩핑선은 부품과 부품을 잇는 선으로 이용된다. 색상은 종류별로 다양하며, 보통 선의 굵기는 28AWG(0.32mm)가 적당하다.

|그림 3-18. 랩핑선|

|그림 3-19. 땜납|

⑥ 땜납

그림 3-19의 땜납선의 굵기를 잘 선택하여야 한다. 너무 굵으면 납땜할 때에 납이 볼록하게 뭉치게 되므로 보통 0.7mm 정도가 적당하다.

⑦ 테스터

그림 3-20과 같은 멀티테스터는 저항이나 전압, 전류 등을 측정한다.

|그림 3-20. 멀티 테스터|

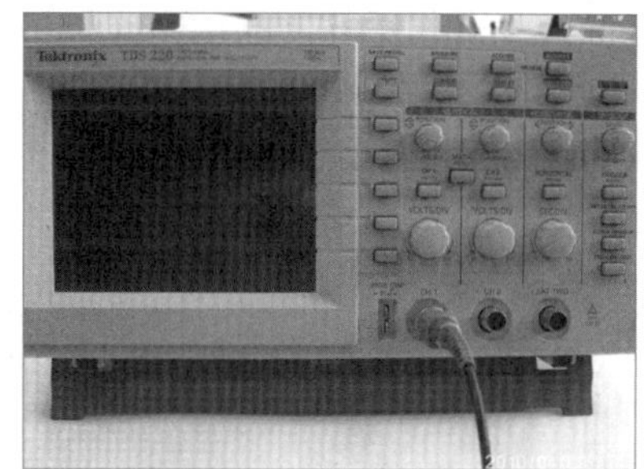

|그림 3-21. 오실로스코프|

⑧ 오실로스코프

그림 3-21의 오실로스코프는 납땜으로 연결한 회로가 정상적으로 작동하는지를 회로에서 출력되는 파형을 관찰하면서 확인할 수 있다.

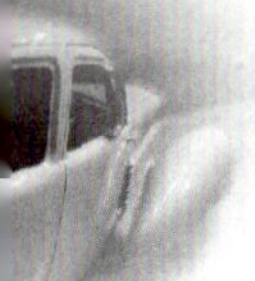

(2) 납땜하기

① 땜납과 인두 잡는 법

납땜 시 우리가 필기할 때 연필을 잡는 것과 같이 가볍게 인두기를 잡고 그림 3-22의 기판에 납땜 작업을 한다.

|그림 3-22. 납땜으로 부품을 설치할 기판|

② 납땜 순서

㉠ 먼저 그림 3-23과 같이 인두 팁과 납을 준비하여 납땜할 곳을 확인한다.

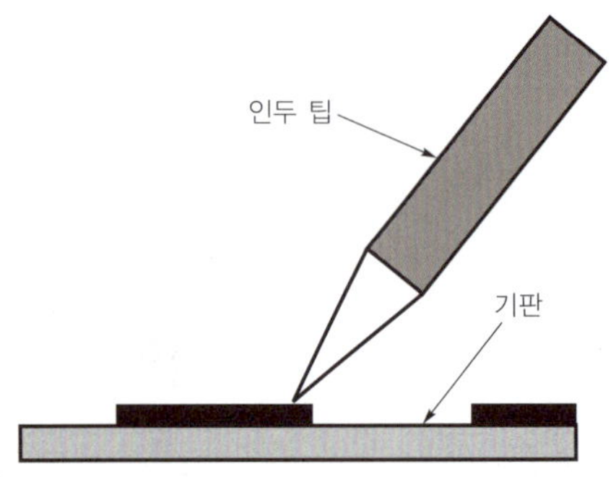

|그림 3-23. 납땜 위치 확인|

㉡ 인두 팁을 모재에 대고 가열한다.

㉢ 그림 3-24와 같이 모재(동판)에 납을 대고 가열하여 납을 녹인다.

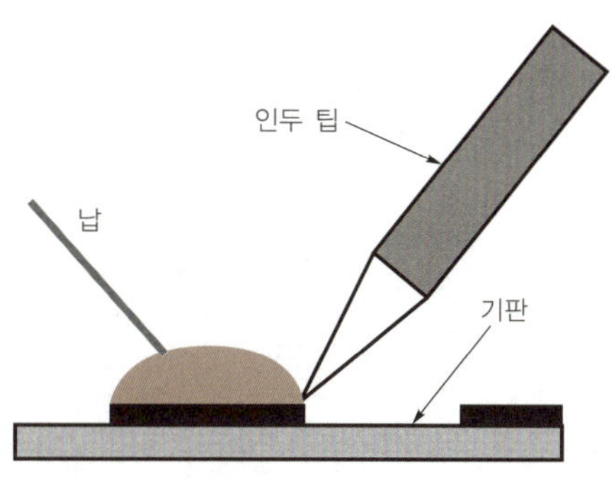

|그림 3-24. 납 용융|

㉣ 그림 3-25와 같이 납이 녹는 정도를 봐가며 먼저 납을 뗀다. 납이 약간 퍼졌을 때가 가장 좋다.

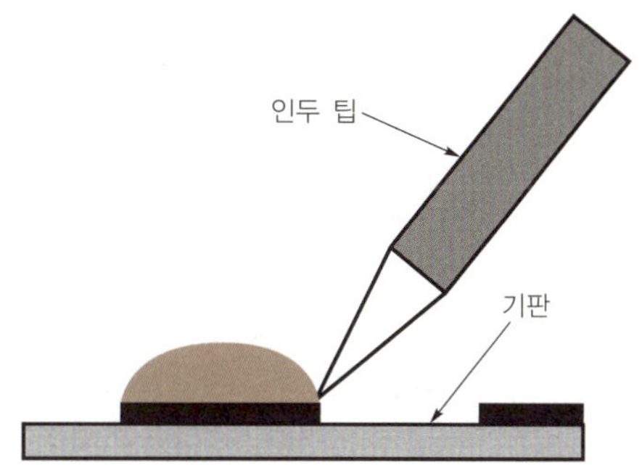

|그림 3-25. 납 제거|

㉤ 그림 3-26과 같이 납땜 인두기를 떼낸다.

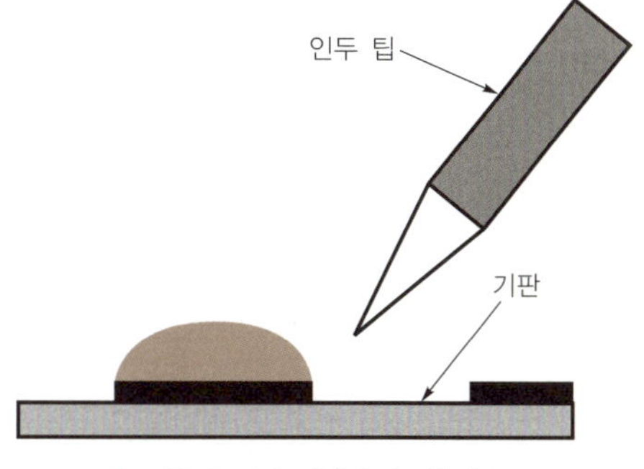

|그림 3-26. 인두기 제거|

(3) 부품의 배치

① 부품 배치 시에는 그림 3-27과 같이 기판 전체를 사용하여 부품을 적절히 배치한다.

② 극성이 있는 콘덴서, 다이오드 등은 극성에 주의하여 작업한다.

③ 입력은 왼쪽, 출력은 오른쪽에 배치한다.

④ '+'선은 기판 위에, '−'선은 기판의 아래쪽에 오도록 배치한다.

⑤ 기판의 중앙에 트랜지스터나 IC 등을 배치한다.

|그림 3-27. 부품의 배치|

(4) 납량

납땜 시의 납량은 그림 3-28을 참고로 한다.

|그림 3-28. 납량|

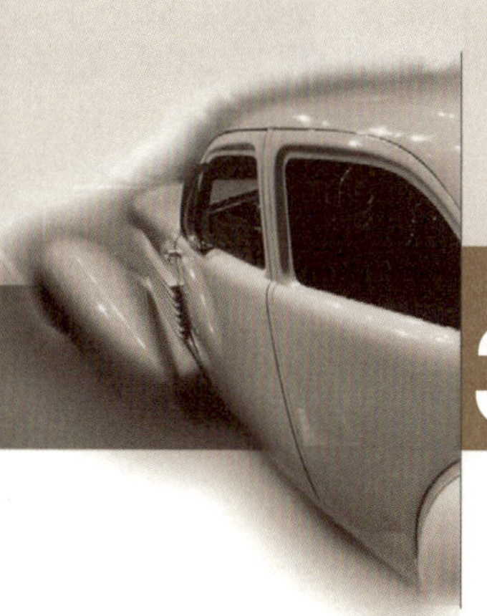

3.2.1 ⇨ 기본적인 ATmega8535 회로 구성 

(1) ATmega8535의 특징

① 핀 구조

PDIP

(XCK/T0) PB0	1	40	PA0 (ADC0)
(T1) PB1	2	39	PA1 (ADC1)
(INT2/AIN0) PB2	3	38	PA2 (ADC2)
(OC0/AIN1) PB3	4	37	PA3 (ADC3)
($\overline{SS}$) PB4	5	36	PA4 (ADC4)
(MOSI) PB5	6	35	PA5 (ADC5)
(MISO) PB6	7	34	PA6 (ADC6)
(SCK) PB7	8	33	PA7 (ADC7)
$\overline{RESET}$	9	32	AREF
VCC	10	31	GND
GND	11	30	AVCC
XTAL2	12	29	PC7 (TOSC2)
XTAL1	13	28	PC6 (TOSC1)
(RXD) PD0	14	27	PC5
(TXD) PD1	15	26	PC4
(INT0) PD2	16	25	PC3
(INT1) PD3	17	24	PC2
(OC1B) PD4	18	23	PC1 (SDA)
(OC1A) PD5	19	22	PC0 (SCL)
(ICP1) PD6	20	21	PD7 (OC2)

│그림 3-29. ATmega8535 핀 구조(PDIP)│

그림 3-29는 ATmega8535의 핀 구조를 나타낸다.

② ATmega8535 특성

㉠ 고성능, 저전력 8비트 마이크로컨트롤러

㉡ 8kbyte ISP 방식 프로그램용 플래시 메모리 내장

㉢ 512byte SRAM, 512byte EEPROM

㉣ 2개의 8비트 타이머/카운터, 1개의 16비트 타이머/카운터 내장

㉤ 8채널, 10비트 A/D 컨버터 내장

ⓑ 4개의 PWM 채널

ⓢ 4.5~5.5V 동작 전압

ⓞ 0~16MHz 동작 클록(clock)

(2) 만능기판을 이용한 간단한 ATmega8535 회로 구성

① 회로 특성

만능기판(브레드보드, bread board)을 이용하여 ATmega8535 마이크로컨트롤러의 PORT C에 연결된 LED가 작동할 수 있도록 회로를 구성한다. 회로에 입력되는 전원은 Power Supply를 통해 5V를 공급하도록 한다.

② 이해 목표

㉠ 만능기판의 구조를 이해하고, 이를 이용하여 ATmega8535를 사용한 가장 간단한 제어 회로를 꾸밀 수 있으며, 더 나아가 자동차 전자제어 시스템을 효과적으로 이해할 수 있다.

㉡ ATmega8535를 작동하기 위한 최소한의 구성 요소를 이해할 수 있다.

㉢ 오실레이터의 회로 연결을 이해할 수 있다.

㉣ 입력과 출력 회로를 이해할 수 있다.

③ 회로의 설계 및 제작

출력 단자 PC0~PC3(4단자)를 사용하여 LED를 작동할 수 있는 간단한 회로를 구성해 보자. 이 회로의 구성 목적은 마이크로컨트롤러를 작동하기 위한 최소한의 회로 구성을 이해하기 위해서이다.

실제 작동은 확인하지 않고 그 연결 구성만 이해해 보자. 현재의 회로 구성으로는 ISP 커넥터가 연결되어 있지 않아 ISP 커넥터를 통해 제어 프로그램이 ATmega8535의 플래시 메모리에 다운로드되지 않기 때문에 LED가 작동하지 않는다.

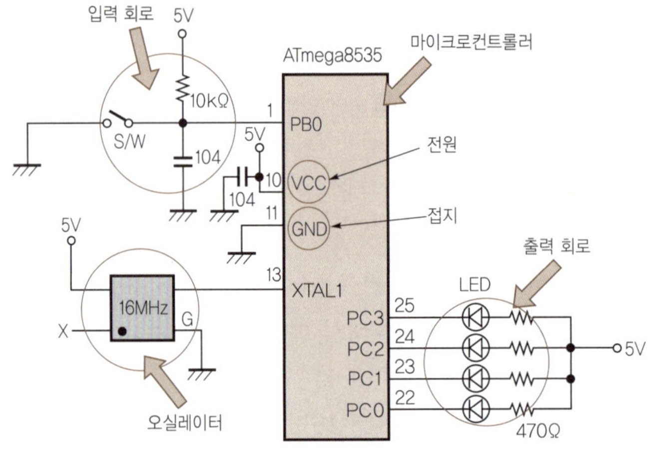

| 그림 3-30. 간단한 ATmega8535 작동 회로 구성 |

이 회로가 작동하기 위해서는 먼저 ATmega8535 내의 플래시 메모리에 프로그램이 다운로드 되어 있거나 ISP 커넥터를 이용하여 제어 프로그램을 다운로드한 후 가능하다. 회로 연결 시 ① 전원(5V)과 접지 연결 ② 오실레이터 연결 ③ 입력회로(스위치) ④ 출력회로(LED)의 연결에 유의한다.

그림 3-30과 같은 회로를 구성하기 위해서는 ATmega8535 1개, LED(5V용) 4개, XTAL 16MHz 1개, 저항 470Ω 4개, 만능기판 1개, 배선 2m, Power Supply(5V 전원용) 1대가 필요하다.

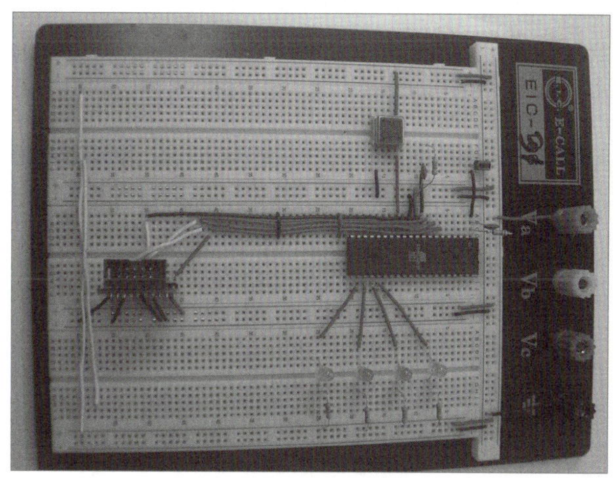

|그림 3-31. 만능기판을 이용한 회로 구성|

그림 3-30의 제어 회로를 만능기판에 연결하면 그림 3-31과 같이 된다.

㉠ 전원과 접지의 연결 : 마이크로컨트롤러를 작동시키기 위한 전원(VCC, 10번 핀)과 접지(GND, 11번 핀)를 그림 3-32와 같이 연결한다.

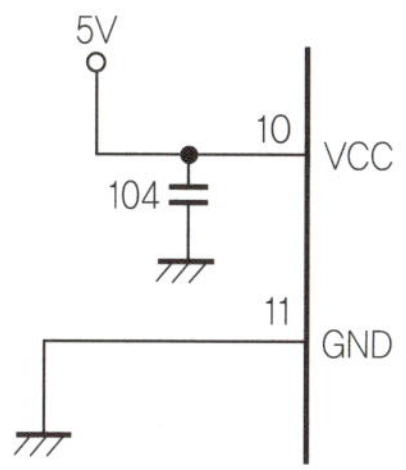

|그림 3-32. 전원과 접지의 연결|

㉡ 오실레이터 연결 : ATmega8535가 작동하기 위해서는 그림 3-33과 같이 16MHz의 오실레이터를 13번 핀에 연결하여야 한다.

컴퓨터의 모든 부품은 제각기 다른 속도로 작동하기 때문에 어떤 통일된 동작을 구현하기 위해서는 기준 신호가 필요하게 된다. 마이크로컨트롤러의 경우 1초 동안에 수백만 번의 계산을 수행한다. 만약 ATmega8535가 1초(주파수 Hz에서 기준 시간은 1초이므로)에 600번의 계산을 수행한다면 ATmega8535는 1/600초 간격으로 한 번씩 계산을 하게 되는 것이다.

따라서 ATmega8535의 계산 속도가 1초에 6000번으로 높아지면 1/6000초 간격으로 계산을 수행하는 것이 되므로, ATmega8535가 일정한 시간 간격으로 빠르게 작동하기 위해서는 우선 시간을 정확한 간격으로 나누어 사용하여야 한다. 마이크로컨트롤러는 기본적으로 시분할 기능이 없으므로 이러한 기능은 외부에 연결된 오실레이터가 담당하게 된다. 예를 들어 1초를 600개로 나누려면 오실레이터에서 1초에 600개의 파형을 발생시키면 된다.

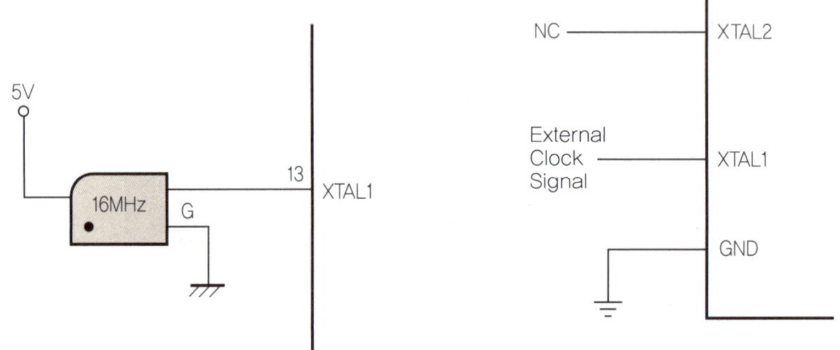

| 그림 3-33. 오실레이터의 연결 |

이와 같이 시간을 나누기 위해 발생시키는 파형을 클록(clock)이라고 하는데, 컴퓨터에서 클록을 발생시키는 장치가 바로 수정 진동자를 이용해 만드는 오실레이터이다. 여기서 우리는 ATmega8535를 구동하기 위한 오실레이터로 16MHz를 사용한다. 이것은 1초에 16×10^6 사이클의 파형을 출력하는 능력을 가지고 있다는 뜻으로 해석하면 된다.

ⓒ 입력 스위치의 연결 : 그림 3-34에서 LED를 제어하기 위한 입력으로 스위치 회로를 연결한다.

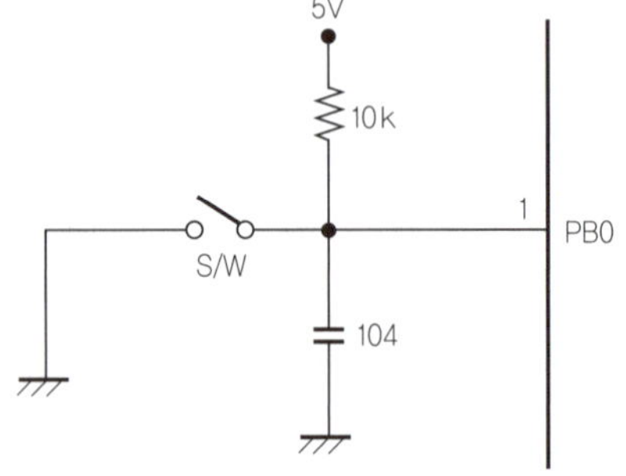

| 그림 3-34. 입력 스위치의 연결 |

㉣ 출력 LED의 연결 : 그림 3-36에서 ATmega8535 마이크로컨트롤러의 PORTC에
출력인 LED를 연결한다. 이때 갑작스런 전압 변화로부터 LED를 보호하기 위해
470Ω 저항을 그림 3-35와 같이 연결한다.

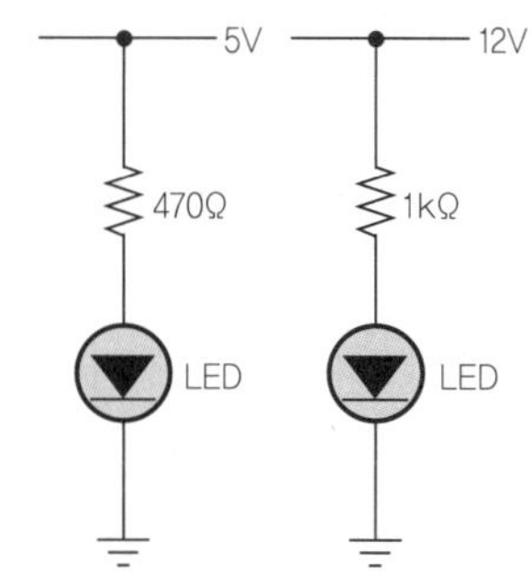

|그림 3-35. LED와 저항의 연결|

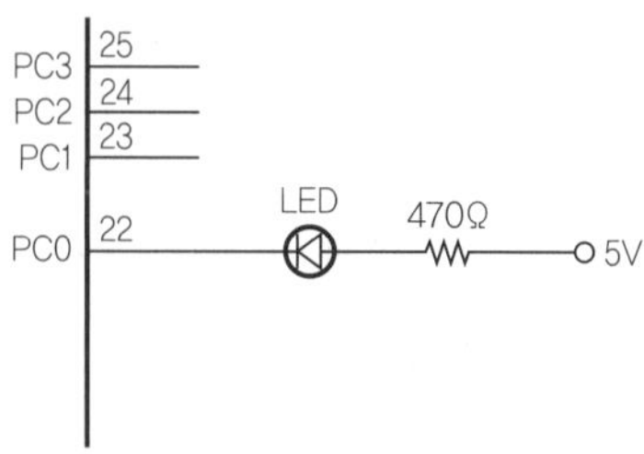

|그림 3-36. LED의 연결|

㉠, ㉡, ㉢, ㉣의 과정을 거쳐 기판에 회로를 납땜하면 그림 3-37과 같은 간단한 자작
ECU 작동 회로를 제작할 수 있다.
여기서는 만능기판을 이용하여 자작 ECU의 기본 회로도를 이해해 보자.

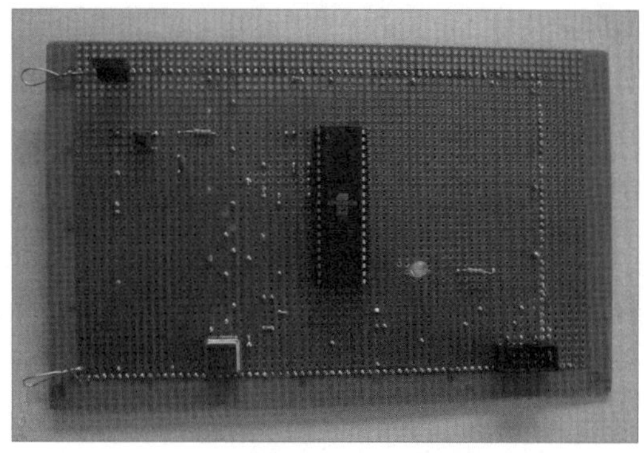

|그림 3-37. 간단한 입·출력 회로의 연결|

(3) 만능기판을 이용한 기본 ATmega8535 회로(자작 ECU)의 설계 및 제작

그림 3-38은 자동차 전자제어 ECU를 이해하기 위해 직접 만능기판에 회로 구성이 가능하도록 설계한 회로도이다. 또 학습자가 기판에 부품을 납땜하여 자작 ECU를 제작하고, ISP 케이블을 연결해 컴퓨터와 통신하여 제어 프로그램을 다운로드할 수 있게 가장 기본적인 회로로 구성한 것이다.

12V 배터리 전압을 직접 자작 ECU에 연결이 가능하도록, 7805를 통해 12V 배터리 전압을 5V 정전압으로 변환하도록 하였다.

또, 자작 ECU가 작동 중 문제가 발생하면 다시 초기화가 가능하도록 리셋 회로를 설치하였으며, 외부 인터럽트 신호에 의해 프로그램 제어가 가능하도록 설계하였다.

자동차 센서들의 기능과 역할을 쉽게 이해할 수 있도록 하기 위해 가변저항에 의해 발생되는 아날로그 신호를 받아 ADC(Analogue Digital Converter)에 의해 프로그램 제어가 가능하도록 회로를 구성하였다.

출력 포트로서 PORT C를 이용하여 연료 분사와 점화 제어를 이해할 수 있도록 8개의 LED를 연결하여 제어하도록 하였다. LED가 연결되도록 설계한 PORT C의 경우 PC0~PC3까지는 연료 분사를 제어하기 위한 것이며, PC4~PC7까지는 점화 제어를 위한 것이다. 그리고 ISP 케이블을 이용하여 PC에서 작성한 프로그램을 자작 ECU로 다운로드할 수 있도록 회로를 설계하였다.

간단한 ATmega8535 회로에 입력과 출력 회로를 추가하여 외부 신호 입력회로, 엔코더 신호를 받는 외부 인터럽트 신호 입력회로를 연결할 수 있도록 설계하였다.

따라서 제3장에서 이제부터 설계할 회로를 기초로 만능기판을 이용하여 자작 ECU를 제작하고 활용한다면 기본적인 엔진 제어와 BCM 제어 알고리즘 및 제어 프로그램을 보다 쉽게 이해할 수 있다.

그림 3-38과 같은 회로를 이용하여 자작 ECU를 제작하기 위해서는 ATmega8535 1개, LED(5V용) 9개, 10핀 ISP 커넥터 1개, 40핀 IC 소켓 1개, XTAL 16MHz 1개, 저항 470Ω 9개, 저항 4.7kΩ 1개, 저항 10kΩ 2개, 10kΩ 가변저항 1개, 7805 정전압 IC 1개, 만능기판 1개, 10μF 콘덴서 2개, 1000μF 콘덴서 1개, 104 세라믹 콘덴서 2개, 배선 2m, 토글 스위치 3개, 푸시 버튼 스위치 1개, 1° 분주 엔코더 1개, Power Supply 1대가 필요하다.

> **∗ 주)** PORT C의 PC0~PC7에 연결된 LED는 자동차에서는 익숙하지 않은 명칭이므로, LED를 대신하여 자동차에 익숙한 인젝터(PC0~PC3)와 점화 코일(PC4~PC7)로 명칭을 바꾸어서 설명하도록 한다.

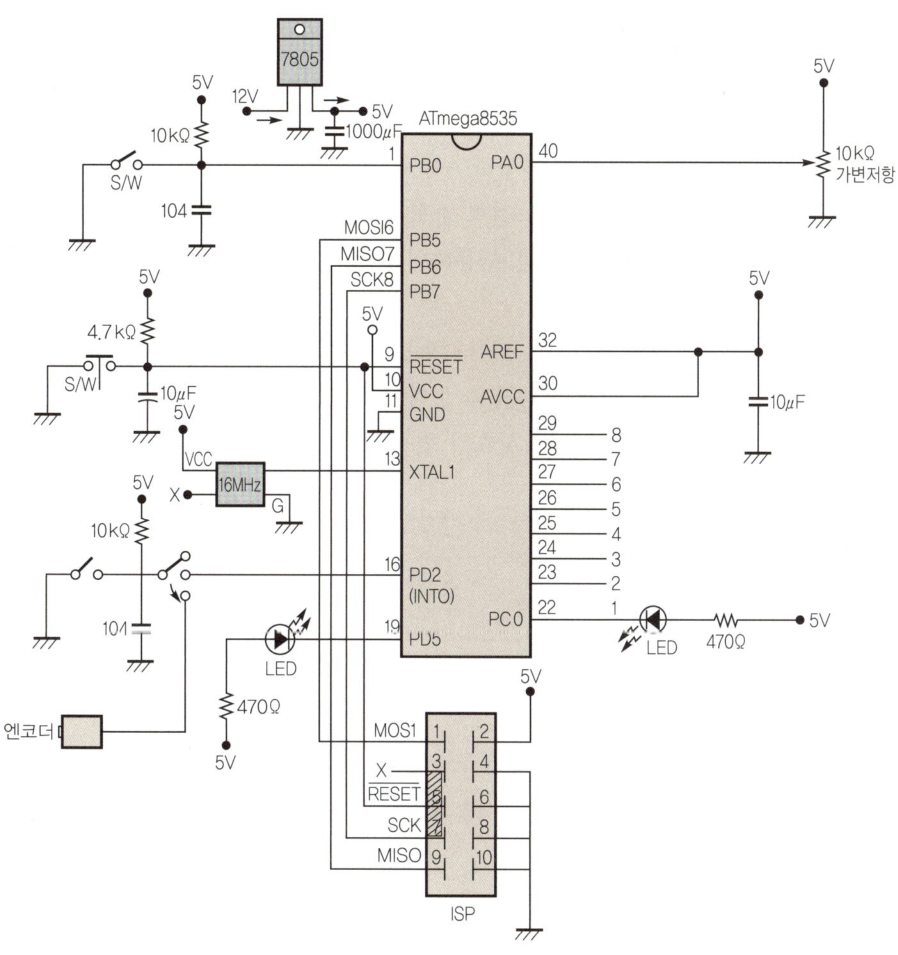

|그림 3-38. 주변 인터페이스를 연결한 ATmega8535 회로도|

① 7805를 이용한 정전압 회로

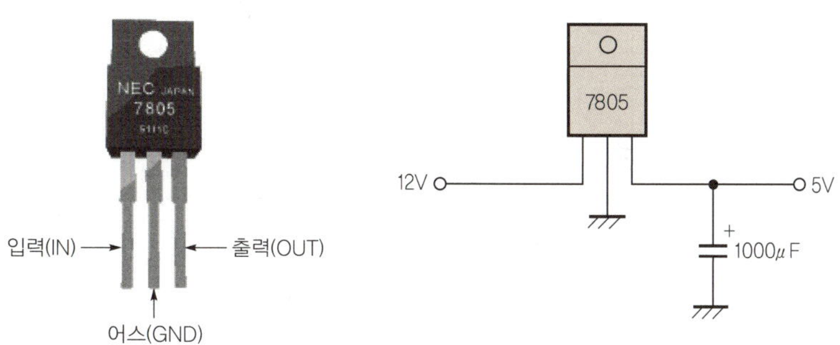

|그림 3-39. 7805 정전압 IC 및 회로 연결|

그림 3-39와 같은 3단자 전압 레귤레이터를 사용함으로써 간단하게 자작 ECU에 필요한 안정된 5V 전압을 얻을 수 있다. 자동차의 배터리와 연결할 경우 배터리 전원이 +12~+14V의 전압이므로 직접 자작 ECU의 IC 등의 전원(5V)으로는 사용할 수 없어 7805를 사용한 정전압 회로를 연결하여야 한다.

자작 ECU의 회로가 복잡해지고, 전력 소모량이 증가하면 안정적인 5V 전원 공급을 위해 좀 더 용량이 큰 정전압 회로를 사용하여야 한다.

② 리셋 회로

그림 3-40의 리셋 신호는 CPU 및 다른 소자들을 초기화시키는 데 사용하는 신호이다. 대부분의 CPU들은 전원을 공급해 준다고 해도 스스로 초기화하지 못하므로, CPU가 정상 작동하기 위해서는 리셋 신호가 필요하다.

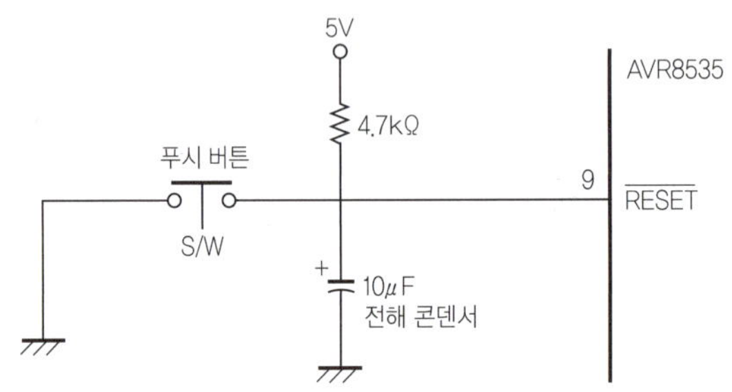

|그림 3-40. 리셋 회로 연결|

③ 외부 신호 입력회로(S/W 사용)

그림 3-41은 외부 신호(스위치 신호)를 입력받아 LED를 작동시키기 위한 회로이다.

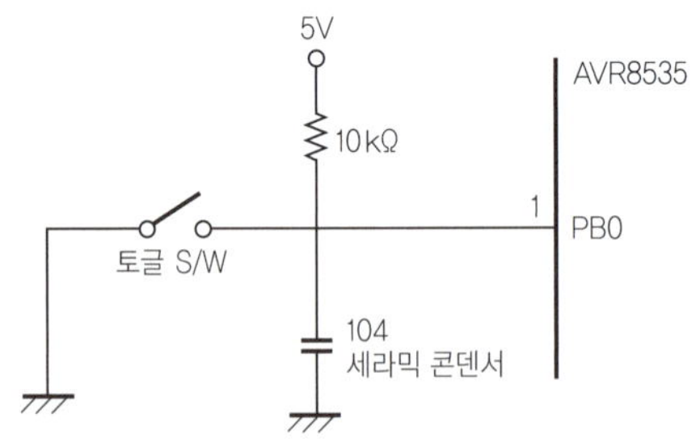

|그림 3-41. 외부 신호 입력회로의 연결|

④ 외부 아날로그 신호 입력회로(가변저항 사용)

그림 3-42의 회로에서 가변저항에 의한 아날로그 신호(수온 센서 등)를 입력받아 LED를 제어하도록 한다.

|그림 3-42. 외부 아날로그 신호 입력회로|

그림 3-42의 오른쪽 회로는 전해 콘덴서가 연결되어 있는데, 이것은 A/D 컨버터 제어에서 기준 전압(AVCC)은 AREF 핀에 외부 커패시터를 붙인 상태에서 입력(Vref= AVCC)되도록 ADMUX 레지스터에서 설정하여 사용하기 때문이다.

⑤ **외부 인터럽트 신호 입력회로(토글 스위치와 엔코더 사용)**

그림 3-43에서와 같이 자작 ECU의 PD2(INT0)로 외부 인터럽트 신호를 주어 이 신호를 이용하여 LED를 제어하도록 한다.

실제 자동차 엔진 제어 시 CPS 신호(외부 인터럽트 신호로 사용) 등을 받아 연료 분사 및 점화 시기를 제어하므로 CPS 신호와 유사한 신호도 이용할 수 있도록 이를 고려하여 설계하였다. 이 회로에서는 토글 스위치 또는 엔코더 신호를 이용하여 LED를 제어하도록 하였으며, 그 선택을 위해 토글 스위치를 연결하였다.

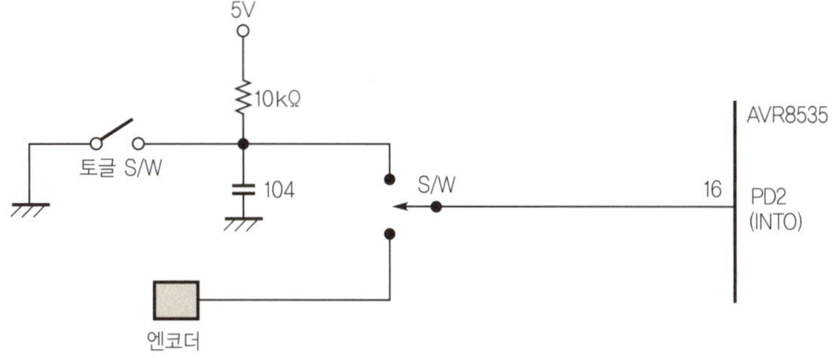

|그림 3-43. 외부 인터럽트 신호 입력회로|

⑥ **오실레이터 회로**

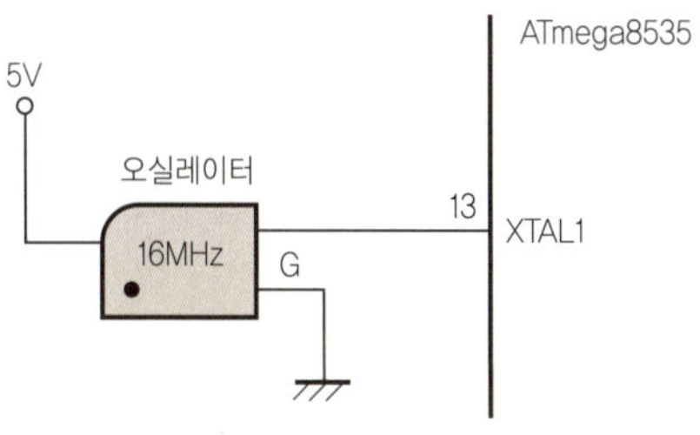

|그림 3-44. 오실레이터의 연결|

그림 3-44와 같이 만능기판에 ATmega8535 마이크로컨트롤러를 설치하고 13번 핀에 오실레이터 출력 단자를 연결한다.

⑦ **LED 출력회로**

그림 3-45와 같이 8개의 LED를 PC0~PC7 단자에 연결하여, 4개 LED(PC0~PC3 단자에 연결된 LED)는 연료 분사 장치 제어용으로, 다른 4개 LED(PC4~PC7 단자에 연결된 LED)는 점화 장치 제어용으로 활용한다.

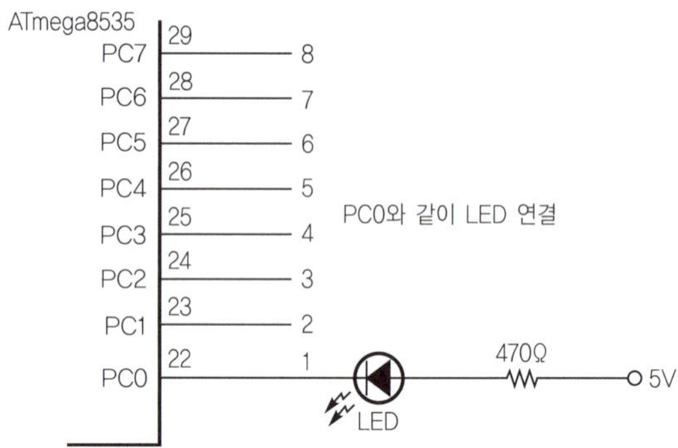

|그림 3-45. LED 출력회로 연결|

⑧ **PWM 제어 회로**

그림 3-46과 같이 PD5(OC1A, 19번 핀) 단자에 LED를 연결하여 PWM 제어에 활용한다.

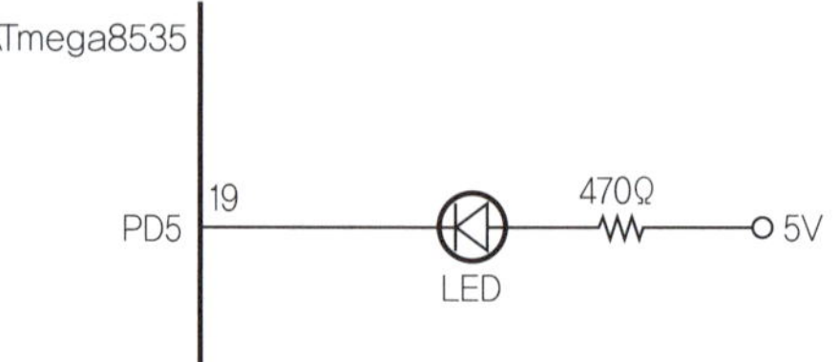

|그림 3-46. PWM 제어 회로의 연결|

⑨ **전원(5V)과 접지의 연결**

ATmega8535의 전원(5V)은 VCC(10번 핀) 단자에 연결하고, 접지는 GND(11번 핀) 단자에 연결한다.

⑩ **ISP 커넥터 회로 연결**

자작 ECU에 연결되는 ISP 커넥터는 컴퓨터에서 작성한 제어 프로그램을 자작 ECU에 다운로드하기 위해 필요하다.

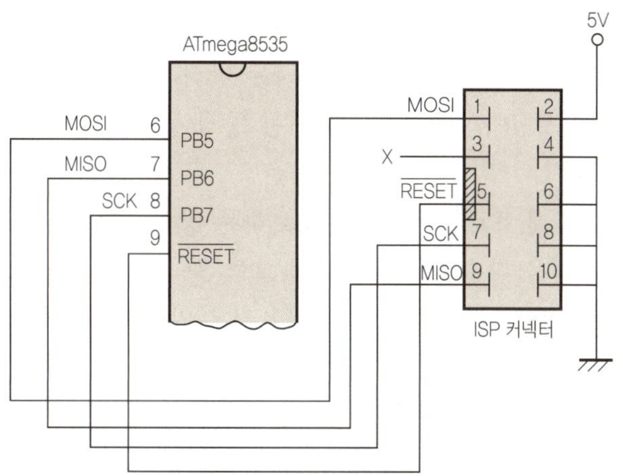

|그림 3-47. ISP 커넥터 회로 연결|

만능기판에 ECU 회로를 구성할 경우 10핀 헤드는 만능기판과 다리 간격이 맞지 않아 만능기판에 조립이 되지 않으므로 그림 3-48에서와 같이 작은 기판 조각을 이용하여 10핀 헤드를 납땜하여 사용하거나, 그림 3-31과 같이 시중에 판매되고 있는 박스 헤드를 사용하여 ATmega8535의 각 단자에 연결할 수 있다. 그러나 회로기판에는 정확히 조립되어 아무런 문제없이 납땜이 가능하다.

그림 3-47은 ISP 커넥터 연결 회로를 나타내며, 전체 회로를 만능기판에 연결하면 그림 3-48과 같다.

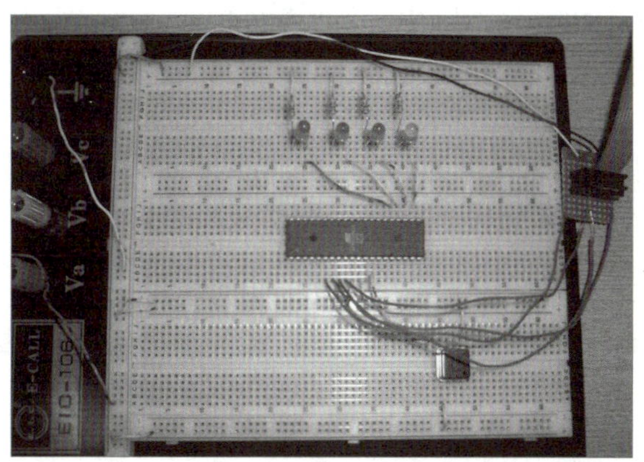

|그림 3-48. ISP 커넥터를 이용한 간단한 회로 구성|

(4) AVR 내부 플래시 메모리에 프로그램 다운로드 방법

ATmega8535는 전원이 인가되면 자작 ECU의 플래시 메모리에 있는 프로그램을 CPU로 불러들여 순차적으로 실행시키게 된다.

일반적으로 제어 프로그램을 기억장치에 저장해 놓는 것을 프로그램 다운로드라고 하는

데, 플래시 메모리의 프로그램 영역에 마이크로컨트롤러를 동작시킬 프로그램이 저장되며, 기억장치에 기억시키는 방법에는 롬 라이트를 이용하는 방식, PC의 직렬 포트(COM1)를 이용하는 방식, PC의 프린트 포트(ISP 방식)를 이용하는 방식 등 3가지 방식이 있다.

① 롬 라이트 방식

롬 라이트를 이용하여 롬에 프로그램을 다운로드하는 방식이다.

이 방식은 롬에 프로그램을 다운로드하기 위해 그림 3-49와 같은 별도의 롬 라이트가 필요하다. 초기에 대량으로 프로그램을 라이트할 경우 많이 사용된다.

|그림 3-49. 롬 라이트|

② PC의 직렬 포트(시리얼 포트) 이용 방식

이 방식은 PC의 직렬(시리얼) 포트(COM1)를 이용하여 마이크로컨트롤러의 메모리에 정보를 다운로드하는 방식이다. 직렬 포트 방식에는 동기 방식과 비동기 방식이 있다. 동기 방식은 각 장치들이 같은 클록 주기를 가지고 동작한다. 어떤 장치에서 다른 장치에 데이터를 보내고 일정 시간 대기한 후 데이터를 받는다. 비동기 방식은 각 장치별로 다른 클록 주기를 가지고 동작한다.

클록 주기가 장치별로 다르기 때문에 Start bit와 Stop bit를 추가하여 데이터가 어디부터 시작해서 어디서 끝나는지를 받는 쪽에 알려주어야 된다. 시리얼 통신과 패러렐 통신을 비교해 보면 표 3-1과 같다.

구 분	시리얼 통신(직렬)	패러렐 통신(병렬)
데이터 전송 방식	하나의 전선에 1비트씩 차례로 전송	여러 개의 전선에 동시에 전송
특징	통신이 간단하나 속도가 느림	속도가 빠름
사용 예	LAN, RS232, 키보드, 마우스, 모뎀	프린터, HDD, FDD, 비디오 카드

|표 3-1. 시리얼 통신과 패러렐 통신의 비교|

③ 프린트 포트(ISP)의 이용 방식

자작 ECU 제어에서 많이 사용하는 방식이다. 그림 3-50에서 PC의 패러렐 포트인 프린트 포트(LPT1)를 이용하여 ATmega8535의 플래시 메모리에 프로그램을 다운로드하는 방식이다.

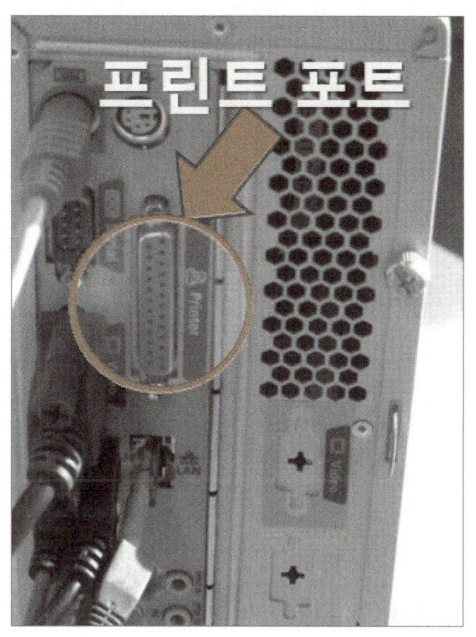

▌그림 3-50. 프린트 포트(LPT1) 위치▌

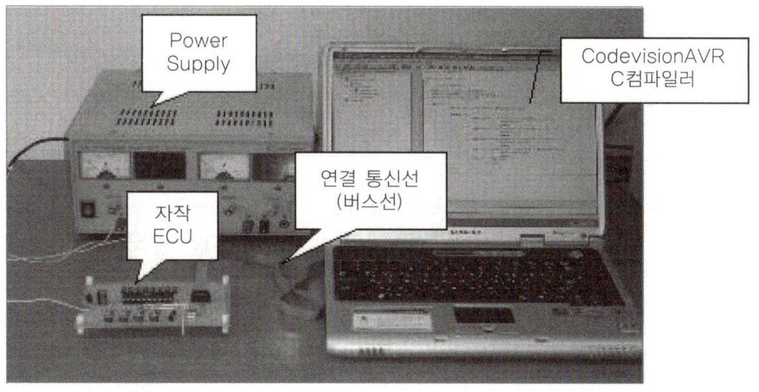

▌그림 3-51. 자작 ECU 작동 실습을 위한 구성 요소▌

자작 ECU를 이용하여 자동차 전자제어 시스템을 이해하기 위해서는 그림 3-51과 같은 구성 요소들이 필요하다. 여기서는 만능기판을 활용한 기본적인 ATmega8535의 작동과 주변 입·출력 회로의 역할을 이해할 수 있으면 된다. 만약, 만능기판을 이용한 자작 ECU 회로의 이해와 활용에 충분히 익숙해지면 회로기판을 사용하여 회로를 납땜하여 자작 ECU를 제작해 본다.

3.3.1 ▷ 제어 알고리즘 및 플로 차트의 이해 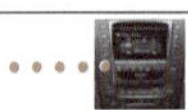

(1) 알고리즘(algorithm)

알고리즘이란 계산법·해법·작도·정보처리의 순서·과정의 뜻으로 사용되는 수학·정보 과학·컴퓨터 용어이다.

이전부터 아라비아숫자 기수법, 계산법의 순서·과정을 나타내는 수학 용어로서, 아라비아 수학자 알콰리즈미에서 유래한 알고리즘이 사용되어 왔다. 그러나 지금은 계산법 등 수학적 처리의 순서·과정을 나타내는 용어인 그리스어 Alithmos에서 유래한 Algorithm이 수학·정보 과학·컴퓨터 등의 용어로 많이 사용하게 되었다.

예를 들면, 컴퓨터를 사용하여 두 자연수의 최대공약수를 구하기 위해서는 다음과 같은 방법을 쓸 수 있다.

① 두 수를 x, y라고 한다.
② x를 y로 나누고 그 나머지를 r이라고 한다.
③ r이 0이면 계산은 끝나고 답은 y가 된다.
④ r이 0이 아니면 그때의 y를 새롭게 x라 하고 r을 y로 하여 ②의 단계로 되돌아가 반복하게 된다.

이 과정은 유클리드의 호제법으로 최대공약수를 구하는 알고리즘이다.

어떤 문제를 풀기 위한 알고리즘을 알고 있으면 컴퓨터를 사용하여 프로그램을 만들고 필요한 데이터를 입력시켜 문제를 풀 수 있다.

알고리즘은 어떠한 작업을 수행하거나 주어진 문제를 해결하기 위한 일련의 적절하고 단계적인 절차를 문장·그림·수식 등을 사용하여서 나열한 것이라 할 수 있다. 로직(logic)은 순서도를 말하며 논리적으로 작업이 수행될 단계를 일컫는다.

(2) 플로 차트(flow chart, 순서도)

플로 차트는 프로그램 논리 순서, 작업 또는 제조 공정 등을 그래픽으로 표현하기 위한 도표이다. 플로 차트는 시스템을 프로그램화하기 위해 도표화한 것으로, 제어 과정을 그림 3-52와 같이 한눈에 볼 수 있으며, 특정 기호를 사용함으로써 간결하고 자세하게 표현할 수 있다.

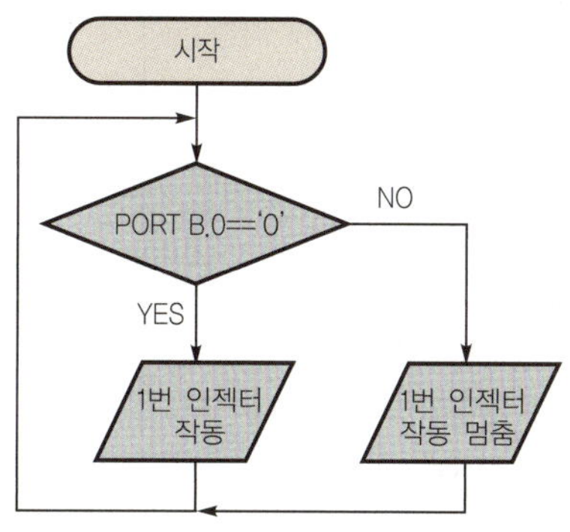

|그림 3-52. 플로 차트의 예|

3.3.2 알고리즘과 플로 차트의 응용 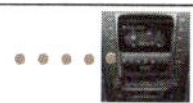

(1) 알고리즘의 응용

그림 3-53의 '자동차 앞바퀴 노후 타이어 교체하기'를 통해서 알고리즘을 이해해 본다.

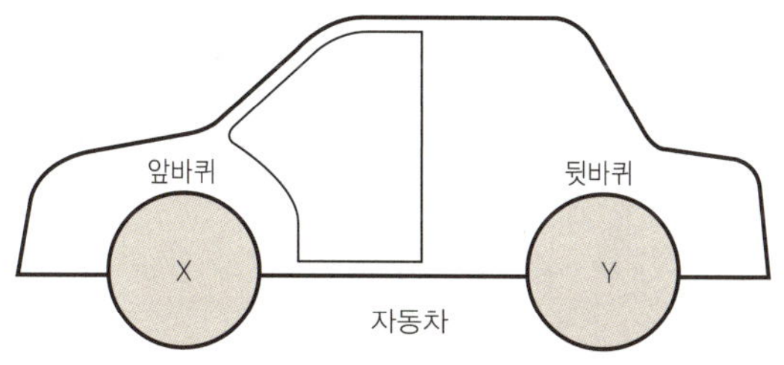

|그림 3-53. 알고리즘의 이해|

① 자동차 앞바퀴의 상태를 점검한다.
② 유압 리프트를 사용하여 자동차를 들어 올린다.
③ 앞바퀴(front wheel, X)를 탈거한다.
④ 새 타이어를 준비한다.
⑤ 앞바퀴를 새 타이어로 교체한다.
⑥ 휠 밸런스를 맞춘다.
⑦ 앞바퀴를 설치한다.
⑧ 유압 리프트를 사용하여 자동차를 내려 놓는다.

(2) 플로 차트의 응용

기 호	기호의 설명	보 기
⬡	준비	준비
▭	처리(프로세서)	처리
◇	비교, 판단	비교, 판단
◯	같은 페이지 참조	같은 페이지 참조
▱	입·출력	입·출력
→	흐름선	처리 → 비교, 판단
▭	순서도의 시작과 끝	시작, 종료

|표 3-2. 순서도의 기호|

순서도의 표준 기호는 표 3-2와 같다.

정사각형의 넓이를 구하는 과정을 플로 차트로 나타내 보자. 정사각형 한 변의 길이를 S, 넓이를 A라 하면, $A=S*S$가 된다.

따라서 정사각형의 넓이를 구하는 과정을 플로 차트로 나타내면 그림 3-54와 같이 나타낼 수 있다.

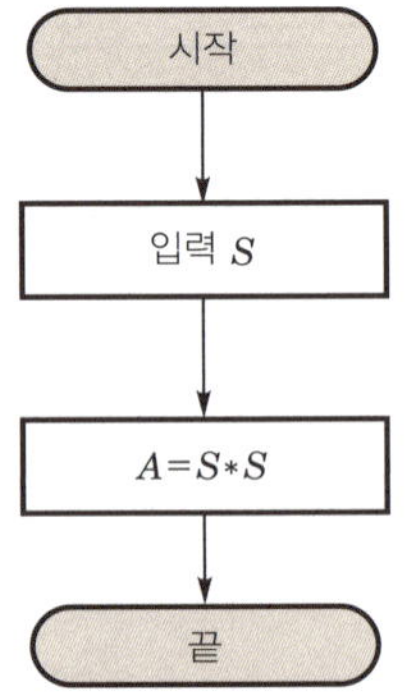

|그림 3-54. 플로 차트의 예|

3.3.3 자동차 적용 

(1) 점화키 홀 조명 제어(ignition key hole illumination control)
① 제어 알고리즘

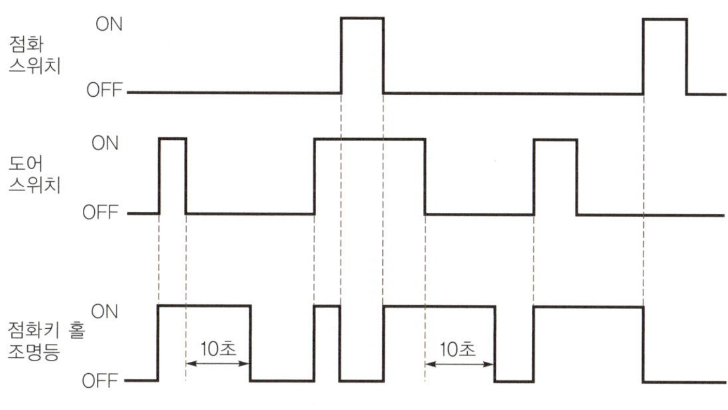

|그림 3-55. 점화키 홀 조명 타임 차트|

점화키 홀 조명등의 제어 조건은 다음과 같다.

㉠ 점화키 OFF 상태에서 운전석 도어 오픈 시 점화키 홀 램프를 점등한다.

㉡ ㉠의 상태에서 운전석 도어가 닫히면 10초간 점등 후 OFF시킨다.

㉢ 점등 출력 중 점화키 ON 시 즉시 소등한다.

그림 3-55에서와 같은 작동 조건을 만족시킬 수 있는 동작을 제어할 수 있도록 하는 알고리즘을 생각한다.

② 플로 차트의 이해

타임 차트와 알고리즘을 이해하면 그림 3-56과 같은 제어 과정을 거쳐 점화키 홀 조명이 작동되도록 하는 플로 차트를 그려 볼 수 있다.

여기서 가장 중요한 것은 점화키 홀 조명등의 타임 차트를 분석하여 이해할 수 있어야 하고, 이를 바탕으로 제어 알고리즘과 플로 차트를 구성할 수 있도록 하여야 하는 것이다.

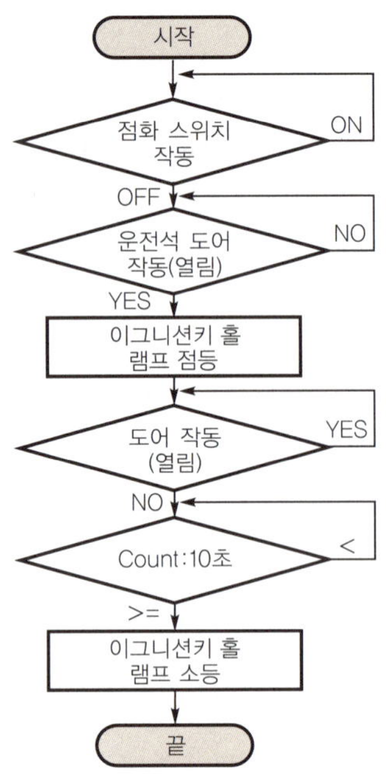

|그림 3-56. 점화키 홀 조명 플로 차트 |

(2) 디포그 타이머 제어(defog timer control)

① 제어 알고리즘

   ㉠ 발전기 작동 시 디포그 스위치를 'ON' 하면 디포그 출력을 15분간 'ON' 한다.

   ㉡ 디포그 출력 중 디포그 스위치가 다시 'ON' 되면 출력을 'OFF' 한다.

   ㉢ 디포그 출력 중 발전기 출력 레벨이 'L' 이면 출력을 'OFF' 한다.

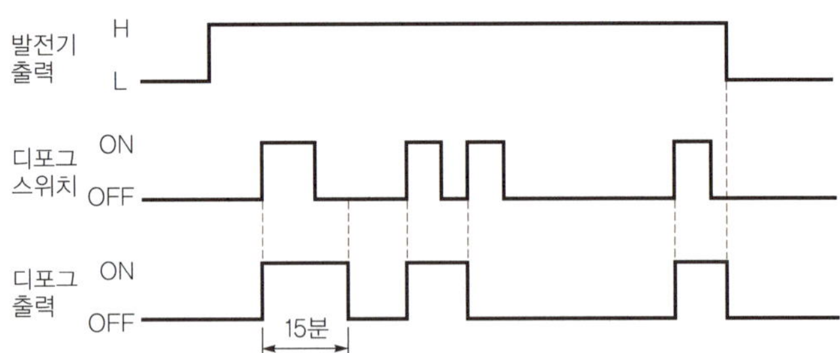

|그림 3-57. 디포그 타이머 제어 타임 차트 |

그림 3-57과 같이 디포그 타이머 제어 알고리즘에 의해 디포그의 출력이 제어된다.

② 플로 차트의 이해

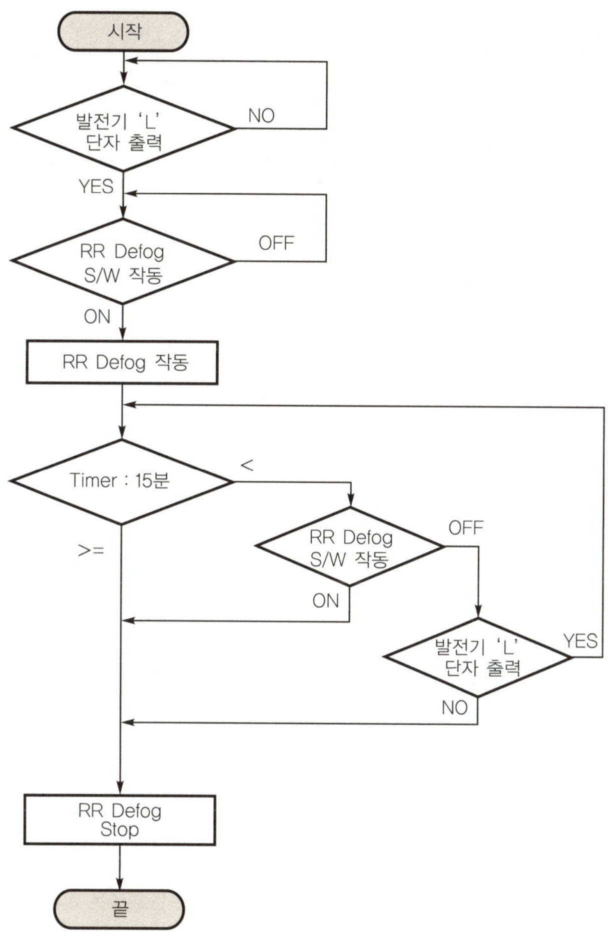

| 그림 3-58. 디포그 타이머 제어 플로 차트 |

그림 3-58의 플로 차트와 같은 제어 과정을 거쳐 프로그램이 작성되는 것을 예로 나타 낸 것이다.

여기서 발전기의 'L' 단자 출력이 중요한 포인트가 된다.

점화 스위치와는 관계없이 엔진이 시동되고 발전기가 작동되는지를 확인하는 것이 중 요하다.

Section

3.4 자동차 제어를 위한 C언어

3.4.1 제어 프로그램의 작성 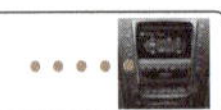

ECU에서 원하는 작업을 수행하기 위해서는 C언어를 사용하여 프로그램을 작성한 다음, 이를 실행시키고 적절한 데이터를 프로그램에 제공하여야 한다.

앞장에서 설명한 것처럼, 프로그램을 작성하기 전에 기술한 문제 해결 절차를 알고리즘 (algorithm)이라 하며 알고리즘이 완성되면 이제 문제 해결을 위해서 필요한 데이터를 컴퓨터에서 어떤 식으로 표현할 것인지 자료 구조(data structure, 자료를 효율적으로 이용할 수 있도록 컴퓨터에 저장하는 방법)를 고려한 다음 알고리즘과 자료 구조에 따라 프로그램을 작성한다.

만약 알고리즘과 자료 구조를 고려하지 않고 프로그램을 작성한다면 프로그램을 작성하는 과정 중에 많은 시행 착오와 구문 오류(syntax error)를 범하게 된다.

따라서 프로그램을 작성할 때 어떤 아이디어가 떠오르면 곧바로 C언어를 사용하여 프로그램 입력 작업을 시작하는 것이 아니라, 주어진 문제에 대한 알고리즘과 자료 구조를 생각한 다음에 프로그램을 구상하고 실제 컴퓨터에서 프로그램을 입력하여 실행하게 된다.

＊ 자료 구조란 컴퓨터의 가장 큰 장점이 다량의 데이터를 처리하여 필요한 정보를 신속·정확하게 얻어내는 것이므로, 가장 경제적인 방법으로 컴퓨터에 자료를 저장하는 기법을 말한다.

(1) 프로그램의 작성과 실행

① 프로그래밍 언어(programming language)

    ㉠ 저급언어(low level language) : 기계 중심의 언어(machine language, assembly language)

    ㉡ 고급언어(high level language) : 문제 중심의 언어(BASIC, COBOL, C언어)

② **프로그램 개발 과정**

ㄱ 문제 분석 : 해결하고자 하는 문제를 이해하고 분석한다.

ㄴ 입·출력 설계 : 입력과 출력을 설계한다.

ㄷ 순서도(flow chart) 작성 : 처리 순서를 일정한 기호로서 표시한다.

ㄹ 프로그램 코딩(coding) : 프로그램 언어의 문법(syntax)에 맞게 프로그램을 작성한다.

ㅁ 프로그램 테스트 : 컴파일, 실행 및 오류 수정 작업을 한다.

③ **C프로그램 실행 절차**

ㄱ 원시 프로그램의 작성 : 일반 텍스트 파일 형태를 가진다.

  *.c(C언어 source file), *.h(header file)

ㄴ 원시 프로그램을 컴파일러를 통하여 컴퓨터가 인식할 수 있는 오브젝트 파일로 바꾼다.

  *.obj 확장자를 가진다.

ㄷ 실행 프로그램 생성 : 목적 프로그램을 필요한 라이브러리와 부프로그램 등과 링크시켜 컴퓨터가 인식할 수 있는 기계어로 바꿔 실행 프로그램을 생성하며, 최종적으로 만들어지는 파일명은 *.exe가 된다.

3.4.2 프로그래밍 언어 

ECU 프로그램을 작성하기 위해서 사용하는 언어를 프로그래밍 언어라 한다. 이러한 프로그래밍 언어에는 기계어(machine language), 어셈블리어(assembly language), 고급언어(high-level language)가 있다.

고급언어는 가장 일반적으로 사용하는 컴퓨터 언어로서, 기계어나 어셈블리어에 비하여 배우기가 쉽고 사용하기 편리할 뿐만 아니라 서로 다른 컴퓨터 간의 호환성이 뛰어나 한 컴퓨터에서 작성한 프로그램을 다른 컴퓨터에서 사용할 때 많은 프로그램 변경 없이 약간의 수정으로 사용할 수 있다.

그러나 기계어나 어셈블리어는 컴퓨터 기종마다 약간씩 다르기 때문에 동일 컴퓨터가 아니면 한 컴퓨터에서 작성한 프로그램은 다른 컴퓨터에서 사용할 수 없다.

고급언어가 갖는 중요한 특징으로는 언어 자체가 인간의 언어인 영어와 유사하고, 기억장치에 저장된 데이터를 참조할 때 기억장치 셀의 주소를 사용하는 것이 아니라 변수를 사용한다는 것이다.

또 산술연산을 실행할 때 산술 연산자 역시 수학의 산술 기호와 같아서 연산의 의미를 쉽게 파악할 수 있다.

예를 들면, 다음과 같은 산술연산을 고급언어인 C언어를 사용하여 표현해 보면 다음과 같다.

    A=B+C

다음은 위의 산술연산을 어셈블리어로 표현한 것이다.

    LOAD B
    ADD C
    STORE A

어셈블리어는 기계어에 비해 보다 사용자가 이해하기 쉽게 구성되어 있으나 고급언어에 비교하면 이해하는 데 상당한 어려움이 따른다.

위의 산술연산을 기계어로 표현하면 다음과 같다.

    0010 0010 0000 0100
    0100 0000 0000 0101
    0011 0001 0000 0110

기계어는 컴퓨터 고유의 언어이다. 따라서 그 어떤 언어보다 빠르게 동작한다. 그러나 기계어는 사용자가 이해하는 데 어렵고 수정도 매우 어렵다.

컴퓨터는 기계어 프로그램만 이해할 수 있으므로 고급언어는 먼저 기계어로 번역되어야 한다. 이때 사용하는 번역기(translator)를 컴파일러(compiler)라 한다.

3.4.3 ▷ C언어의 기본 사항들 

C프로그램을 작성하는 데 필요한 기본적인 규칙인 C프로그래밍 형식, 예약어와 표준 라이브러리 함수, 데이터형과 선언, 연산자 등에 대해 알아 보도록 한다.

C언어는 대문자와 소문자를 구별하여 프로그램을 만들어야 하며 대부분의 함수, 키워드는 소문자이므로 주의하여야 한다.

(1) 간단한 C프로그램 구조
① 프로그램 기본 구조

```
#include〈mega8535.h〉
main( )
{
        변수의 선언
        제어문 등

}
```

② 프로그램 예

```
#include〈mega8535.h〉
void main(void)
{
unsigned char a, b, y, sum;

if(a〉0){
        sum=a;
        y=a*b+10;
        }
}
```


(2) C언어의 기본 사항
① C언어 프로그램은 소문자를 기본으로 한다.
② 대문자와 소문자를 구별한다.
③ 행 번호가 없다.
④ main( ) 함수로 시작하며 반드시 필요하다.
⑤ 문은 ;(세미콜론)으로 끝난다.
⑥ 함수의 본체는 { }(중괄호)로 묶는다.

(3) C프로그래밍의 방식
① main( ) 함수

간단한 프로그램은 main( ) 함수로만 이루어져 있으며, 프로그램은 이 main( ) 함수에서 시작해서 main( ) 함수로 종료한다.

프로그램에는 반드시 main( ) 함수가 있는데, 그 본문은 { }로 이루어진다. 함수 내에서 사용하는 변수형의 선언은 본문의 앞에 오게 된다.

② 식, 문, 블록

C프로그램에는 식(expression), 문(statement), 블록 (block)이 있다. 일반적으로 식이란 변수 또는 정수를 연산자를 사용하여 표현한 것을 말한다. 식에 세미콜론(;)을 붙이면 문이 된다.

문이 여러 개 모인 것을 블록(복문)이라 하는데, C프로그램에서는 { }로 표시한다. 아래에 { }로 묶인 부분이 블록이 된다.

'＊'는 C언어에서는 '×'(곱하기)를 뜻한다.

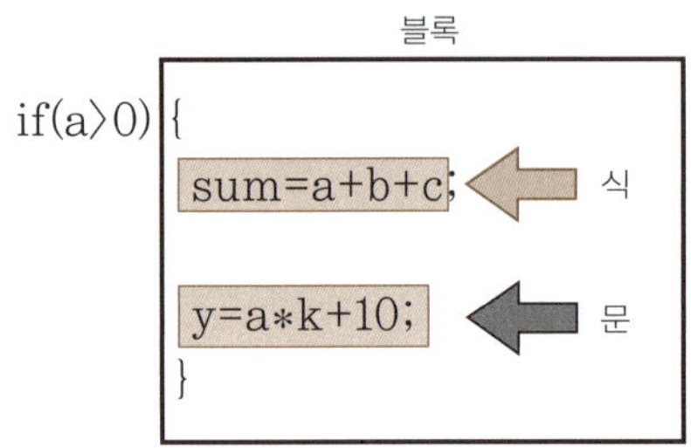

③ 주석문(설명문, comment statement)

주석문은 프로그램의 이해를 돕기 위해 설명하는 문장이다.

C언어에 있어서의 주석문은 /＊과 ＊/으로 싸여진 문자열로서, 행의 어느 부분에서도 설명이 가능하다.

주석이란 제어 프로그램을 코딩하면서 이 문이 어떤 일을 하는지 등을 서술하는 것이다. //와 /＊내용＊/ 두 가지의 주석 방법이 있다.

㉠ 한 줄 주석

   // 이것은 자동차 센서 입력을 위한 기본 소스이다.

㉡ 여러 줄 주석

   /＊----------- 여러 줄 주석의 시작

   여러 줄 주석의 끝-----------＊/

④ #include

#include는 선행 처리 제어문으로서, '프리프로세서(선행 처리기)'이다.

여기서는 #include<mega8535.h>에 의하여 이 위치에 mega8535.h라는 이름의 파일을 불러와 포함시키라는 것이다.

mega8535.h는 컴파일러 제작회사가 제공하는 헤더 파일로 C언어를 이용하여 ATmega8535 프로그램 제어 시 필요한 여러 가지 정의가 포함되어 있다.

include 다음에는 확장자가 '＊.h'인 헤더 파일이 위치한다.

⑤ 함수

C언어에서 함수란 특정한 일을 수행하도록 설계된 독립적인 프로그램을 말하며 서브루틴과 유사하다. 프로그램에서 특정 작업을 여러 번 수행해야 할 경우 적당한 함수를 하나 만들어서 필요할 때마다 프로그램에서 그것을 호출하여 사용하면 된다. 또 같은 함수를 여러 프로그램에서 사용할 수도 있다.

비록 우리가 사용하는 제어 프로그램에서 한 번만 사용한다고 하더라도 함수를 사용하면 프로그램이 모듈화 되어 읽기 쉽고, 수정하기 쉽기 때문에 함수를 사용하는 것이 편리하다.

(4) 데이터형과 선언

① 변수와 상수

프로그램 실행 중에 그 값을 변경할 수 있는 것을 변수(variable), 값을 바꿀 수 없는 것을 상수(constant)라고 한다.

일반적으로 변수는 값을 저장하고 있는 기억 장소의 이름이다. 예를 들면, a=10;이라는 문장에서 a가 변수, 10이 상수이다.

변수는 프로그램이 실행되는 동안 어떤 값을 지니게 되며 그 값이 바뀔 수도 있다. 그러나 상수는 프로그램이 실행되는 동안 그 값이 바뀌지 않는다.

② 데이터형

데이터를 나타내는 데는 형(type)이라는 것이 있는데 '10'과 같이 소수점을 포함하지 않는 것을 정수형, '10.0'과 같이 소수점을 포함하는 것을 실수형이라 한다.

C언어에는 문자형(char, unsigned char), 정수형(short, unsigned short, int, unsigned int, long, unsigned long), 실수형(float, double) 등의 데이터형이 있다.

㉠ 정수형의 선언 : int, short, long과 같은 데이터형은 전부 부호가 있는 정수이다. 다음은 정수형 선언을 나타낸다.

```
int abc;
short engine;
long horn;
int engine, chassis, oil;
```

㉡ unsigned : 결코 음수가 될 수 없다는 것을 나타내기 위해 부호가 없는 정수형을 사용한다.

```
unsigned int engine;
unsigned char k=0;
```

ⓒ char : 문자형을 선언하는 키워드이다. 문자(character)는 0부터 255 사이의 부호 없는 정수(unsigned int)를 나타낸다.

다음과 같이 선언할 수 있다.

```
char abs;
unsigned char fuel;
```

ⓓ 부동 소수점 변수 : float와 double로 나타내며 float는 부동 소수점의 기본 크기이고, double은 더 큰 단위이다. 부동 소수점 변수의 선언은 다음과 같이 할 수 있다.

```
float inj_time;
double spark_time;
```

(5) 연산자

연산자는 자동차 제어 프로그램에서 변수나 값의 연산을 위해 사용하는 부호이다.

① 산술 연산자

산술 연산자는 더하기(+), 빼기(−), 곱하기(×), 나누기(/), 나머지(%) 등의 기본적인 계산을 수행하는 연산자이다. 산술 연산자에는 표 3-3과 같은 연산자가 있다.

연산자	의 미
*	곱셈
/	나눗셈
%	나머지
+	덧셈
−	뺄셈

| 표 3-3. 산술 연산자 |

② 증감 연산자

증감 연산자는 피연산자를 +1 증가시키거나 −1 감소시키는 계산을 수행하는 연산자이다. 증감 연산자에는 표 3-4와 같은 연산자가 있다.

연산자	의 미
++	++a 또는 a++(a=a+1)
−−	−− b 또는 b −−(b=b−1)

| 표 3-4. 증감 연산자 |

++연산자가 변수 뒤에 나오는 경우(a++)는 값을 증가시키지 않고 연산을 한 후 나중에 변수의 값을 증가시키는 것이고, 연산자가 변수 앞에 나오는 경우(++a)는 먼저 값을 증가시킨 후 연산하는 것이다.

③ **비교 연산자**

비교(관계)형 연산자에는 다음과 같은 것들이 있다.

㉠ a == b : a와 b가 같다.

㉡ a > b : a가 b보다 크다.

㉢ a < b : a가 b보다 작다.

㉣ a >= b : a가 b보다 크거나 같다.

㉤ a <= b : a가 b보다 작거나 같다.

㉥ a != b : a와 b는 같지 않다.

④ **논리 연산자**

논리 연산자에는 다음과 같은 것들이 있다.

㉠ 일반 논리 연산자

- && : 논리 AND

  예 a && b

  - a와 b 모두 참일 때
  - a라는 조건과 b라는 조건이 모두 참일 때 1이 되고, 하나라도 거짓이면 0이 된다.

- || : 논리 OR

  예 a || b

  - a 또는 b가 참일 때
  - 둘 중 하나만 참이면 1이 되고, 모두 거짓일 때만 0이 된다.

- ! : NOT

  예 ! a

  - a의 반대
  - 참이면 0, 거짓이면 1이 된다.

  a = (2>1) && (3>1); 이때 a에는 1이 들어간다.

㉡ 비트 논리 연산자

- & : bit AND

- | : bit OR

- ^ : bit XOR

⑤ **콤마 연산자**

int a=10, b=20, c=30;

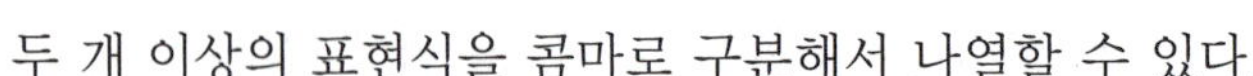

두 개 이상의 표현식을 콤마로 구분해서 나열할 수 있다.

(6) 제어문

C는 구조화된 프로그램을 작성하는 데 필요한 6개의 제어 구조를 가지고 있는데, 연속 (sequence), if~else문, while문, do~while문, switch~case문, for문이 있다.

① if~else 문

일반적으로 if~else문의 형식은 다음과 같다.

```
if (조건식) 문장 1;
else 문장 2;
```

if~else문에서는 (조건식) 안의 조건식을 판단하여 식이 참이면 문장 1, 거짓이면 문장 2를 실행한다. 또 else 절에 위치시킬 문이 없으면 else절은 생략해도 된다.

② while문

while문의 형식은 다음과 같다.

```
while (식) {
        제어문
        }
```

while문에서는 먼저 (식) 속의 식이 평가되고, 그것이 참이면 { } 안의 문을 실행하며, 다시 (식) 안의 식을 평가하여 같은 과정을 반복한다. 즉, (식) 안의 식이 참인 동안에는 { } 안의 문을 수행하지만 식이 거짓이면 while문을 탈출한다.

제어 프로그램에서 while문을 사용하여 무한 반복을 실행할 경우 다음과 같이 프로그램을 설계하면 된다.

```
while(1){
        제어문
        }
```

③ do~while문

do~while문은 while문과 유사하다.

while문은 while(조건식) 다음의 조건식을 먼저 검사하여 조건식이 참이면 { } 안의 문을 수행하지만 do~while문은 먼저 do 다음의 { } 안을 수행한 다음에 while(조건식)의 조건식을 검사한다. 즉, while문의 조건식이 그대로 사용되지만 먼저 조건식을 검사하는 것이 아니라 { } 안의 문을 수행한 후에 조건식을 검사하는 것이 while문과 다르다.

이것은 while문이나 for문에 비하여 사용 빈도는 많지 않지만 어떤 조건에서 반복을 종료하고자 하는 경우에 다시 한번 루프 내의 문을 실행한 후에 루프를 탈출하도록 제어한다.
do~while문의 일반적인 형식은 다음과 같다.

```
do{
    제어문
  } while (조건식);
```

식이 참인 동안 문장을 반복하게 되는데 문장이 하나이면 { }는 생략해도 된다.
do~ while문은 { } 안의 문을 실행한 후 조건식을 판정하게 되므로 루프를 꼭 한 번은 수행하게 된다. 제어 프로그램을 실행 중에 무한 반복을 원할 경우 다음과 같이 프로그램을 설계할 수가 있다.

```
do{
    제어문
  } while(1);
```

④ **for문**

for문의 전형적인 사용 방법은 반복의 횟수를 미리 결정하는 것이지만, 그 밖에도 C의 for문은 상당히 융통성 있게 문장을 표현할 수 있다.
for문의 형식은 다음과 같다.

```
for (초기식; 조건식; 증감식)
문장;
```

실행은 다음 순서로 진행한다.
㉠ 초기식을 수행한다.
㉡ 조건식을 판별한다.
　조건식이 참인 경우 문장을 실행한다.
㉢ 증감식을 수행한다.
㉣ 다시 조건식을 판별한다.
　참인 경우 문장을 수행한다.
　거짓일 경우 for문을 탈출한다.

for문의 전형적인 사용 방법은 다음 예와 같다.

```
for(i=0; i<=10; i++){
                실행 문장;
                }
```

이 예문은 i를 0에서 시작하여 i값을 +1씩 증가시키고 i가 10이 될 때까지 반복한다는 것이다.

⑤ **else if 문**

else if문은 if else문의 else절에 if문이 중첩된 것으로, 일반적인 형식은 다음과 같다.

```
if (식 1) 문 1
else if (식 2) 문 2
        :
else if (식 n) 문 n
else문
```

식 1부터 식 n까지를 평가하여 참인 곳의 if문을 실행하고 else if문을 탈출한다. 식이 거짓일 때에는 다음 else절이 실행되지만 else절에 쓸 것이 없으면 생략해도 된다.

⑥ **switch ~ case문**

if~else문은 두 방향으로 분기하지만, switch~case문은 다방향 분기를 판단하는 문이 있다. switch~case문에서는 판정하는 수식이 char, int, enum만 인정되고 이외의 경우에는 else if문을 사용한다.

switch~case문의 형식은 다음과 같다.

```
switch (수식){
        case 값 1 : 문장;
                break:
        case 값 2 : 문장;
                break;
                :
        case 값 n : 문장;
                break;
        default : 문장;
                break;
        }
```

switch (수식)의 수식과 case 값 1~값 n을 비교하여 일치하는 case에 있는 문장을 실행시키고, break로 switch문을 탈출한다.

만약에 break가 없으면 그 다음에 case에 있는 문으로 실행이 진행된다. 또, 일치하는 case가 없으면 default가 실행된다. default에 실행시킬 문이 없으면 생략해도 된다. switch문의 식에 사용할 수 있는 형은 char, int, enum이다.

⑦ **다중 for문**

다중 for문은 for문 안에 for문을 하나 이상 포함하는 것으로서, 안쪽 for문은 바깥 for문에 포함된다. 바깥 for문을 한 번 수행할 때마다 안쪽 for문은 초깃값부터 조건식에 만족하는 동안 반복 실행된다.

for문의 형식은 다음과 같다.

```
for(초기식; 조건식; 증감식)
  {
    for(초기식; 조건식; 증감식)
      {
          실행 문장;
      }
  }
```

⑧ **goto문**

현재의 실행 부분에서 문장의 다른 특정 부분으로 실행을 점프하고자 할 때 사용하며, 꼭 필요한 경우가 아니면 사용하지 않는다.

```
main( )
{
  int k=0, isum=0;
  again;
  k+=1;//k=k+1;
  isum+=k;//isum=isum+k;
  if(k==200) k=0;
  else goto again;
  isum=0;
}
```

⑨ **break문**

반복문에서 해당문의 실행을 탈출하고자 할 때 사용한다.

```
#include〈mega8535.h〉
main(void)
{
  int k;
  for(int i=1;i<=9;i++)
          {
              k++;
              if(i==3) break;
          }
}
```

위 프로그램은 if문에서 i가 3일 때 break;를 실행시켜 for문을 빠져나가기 때문에
1~3까지만 실행하고 프로그램이 종료된다. break문이 실행되는 것은 반복문과
switch문이다. if문은 break문을 사용할 수 없다. if문에 break문을 사용하여도 if문
을 탈출하지 못한다.

⑩ **continue문**

반복문 등에서 continue를 만나면 현재의 루프 반복을 중지하고 루프문의 실행 중간
에서 닫는 중괄호(})로 이동하므로 루프문의 처음으로 실행을 옮길 때 사용한다.

```
#include〈mega8535.h〉
main( )
{
    int ksum=0,i;
    i=1;
    while(i<=100)
            {
                if(i==20)continue;
                ksum+=i;
                i++;
            }
    ksum=0;
    return0;
}
```

무한 반복

위 프로그램의 실행 결과는 continue를 만나면 닫는 중괄호(})로 이동하기 때문에 증
감 코드인 i++을 실행할 기회를 갖지 못하므로, 이 프로그램은 무한 루프에 빠진다.

⑪ **return문**

return은 함수가 아니라, C언어의 키워드(keyword), 즉 '예약어'이다.

return은 현재 있는 함수에서 빠져나가서 그 함수를 호출했던 곳으로 되돌아가라는 뜻으로, 되돌아가면서 그 함수를 호출했던 곳(calling routine)에 어떤 값을 반환하는 것이다.

return은 함수의 어떤 곳에서도 위치할 수 있는데, return이 실행되는 즉시 그 함수는 무조건 실행이 종료된다.

㉠ return 0; 0이라는 값을 반환하라는 의미이다.

㉡ return 1; 1이라는 값을 반환하라는 의미이다.

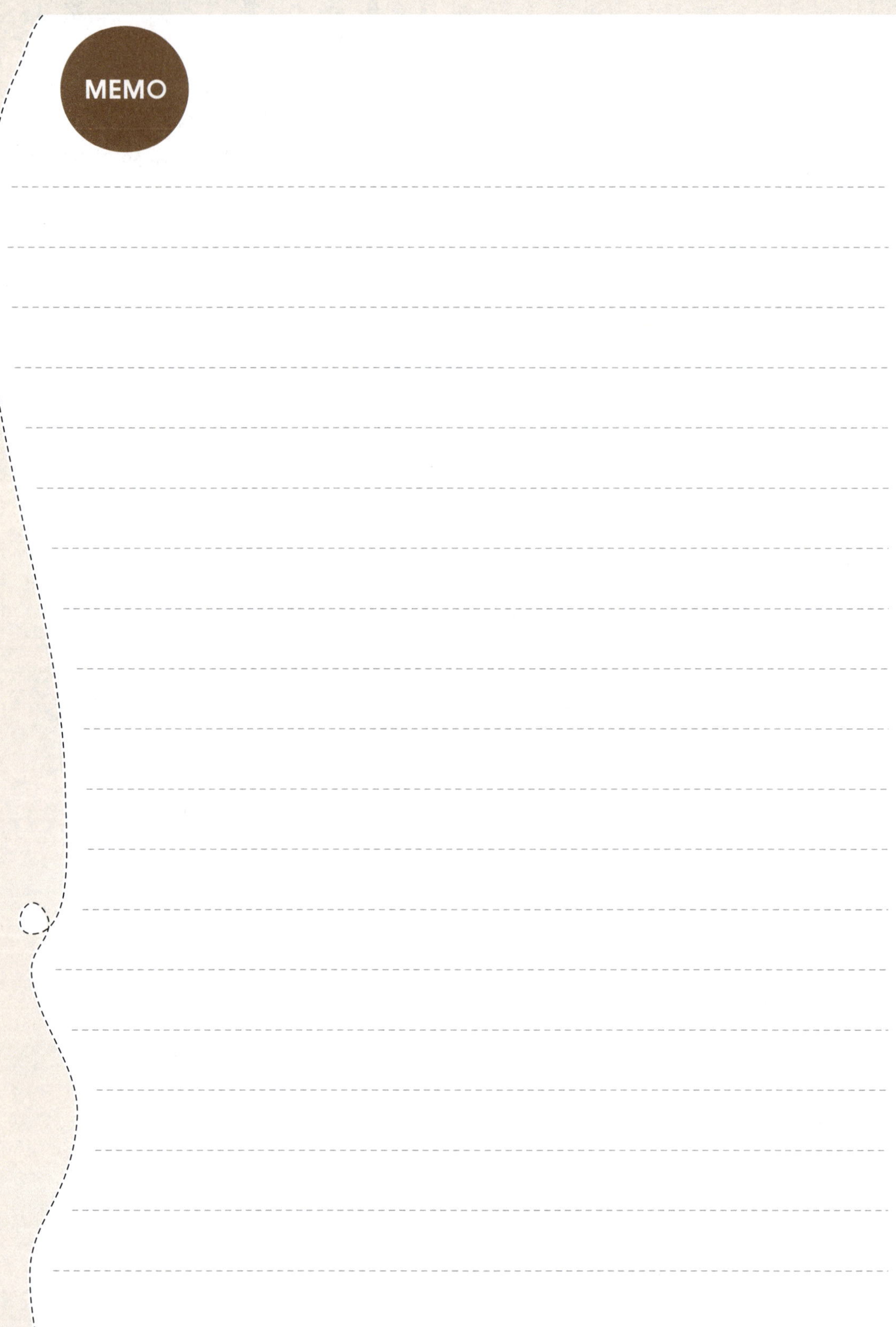
MEMO

04

AVR C컴파일러

Section 4.1   AVR C컴파일러의 이해
Section 4.2   자동차 시스템 기초 제어 프로그램

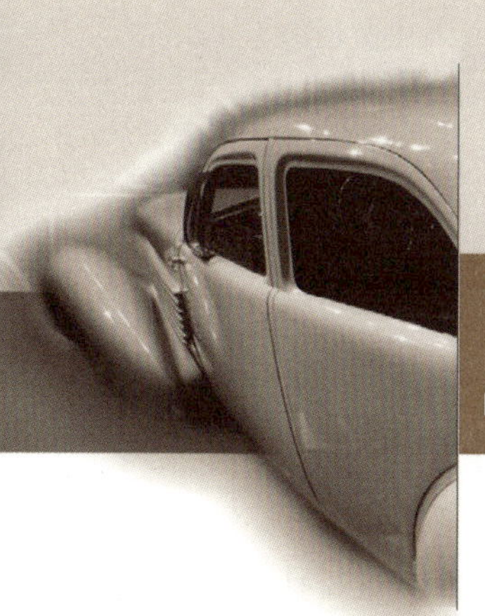

4.1 AVR C컴파일러의 이해

4.1.1 ISP 다운로드 케이블(down load cable) 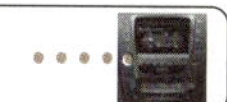

CodeVisionAVR에서 만든 프로그램을 자작 ECU의 AVR 플래시 메모리에 다운로드하기 위해서는 ISP 케이블(다운로더)이 필요하다. 본 저서에서는 그림 4-1과 같은 프린터 포트 (병렬 포트)를 사용하여 프로그램을 다운로드하도록 한다.

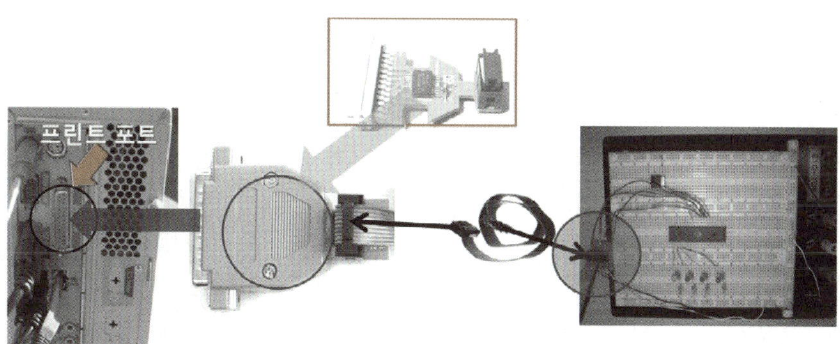

| 그림 4-1. ISP 다운로더 |

ISP(In-System Programing)란 MCU를 보드에 장착하고 온라인 상태에서 외부의 컴퓨터를 통하여 프로그램을 자작 ECU 내부의 비휘발성 메모리(플래시 메모리)에 write하는 기능을 말한다. 74HC125를 사용한 ISP의 연결도는 그림 4-2와 같다.

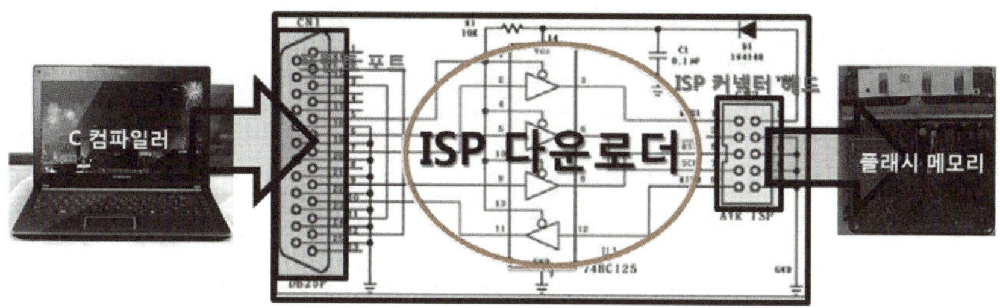

| 그림 4-2. ISP 케이블 연결도 |

 AVR C컴파일러 사용 

(1) CodeVisionAVR

본 저서에서는 C언어로 제어 프로그램을 작성하며, C컴파일러로는 사용하기 쉽고 편리한 통합 환경을 지원하는 HP info-tech사의 CodeVisionAVR을 사용하도록 한다 (http://www.hpinfotech.ro에 접속하여 평가판 다운).

CodeVisionAVR은 Atmel사의 AVR 마이크로컨트롤러 패밀리를 위해 설계된 통합 개발 환경 및 자동 프로그램 생성기(CodeWizardAVR)를 내장한 C컴파일러이다.

CodeVisionAVR에는 에디터, 컴파일러, 프로그램의 다운로드 기능을 모두 가지고 있기 때문에 사용자가 작성한 프로그램을 컴파일한 후 바로 ATmega8535의 플래시 프로그램 메모리에 다운로드하여 실행할 수 있다.

여기서는 CodeVisionAVR C컴파일러의 최근 버전 사용에 대한 중요성이 크지 않으므로, 구 버전인 V1을 사용하였다.

(2) C컴파일러의 사용

① CodeVisionAVR C컴파일러 실행 방법

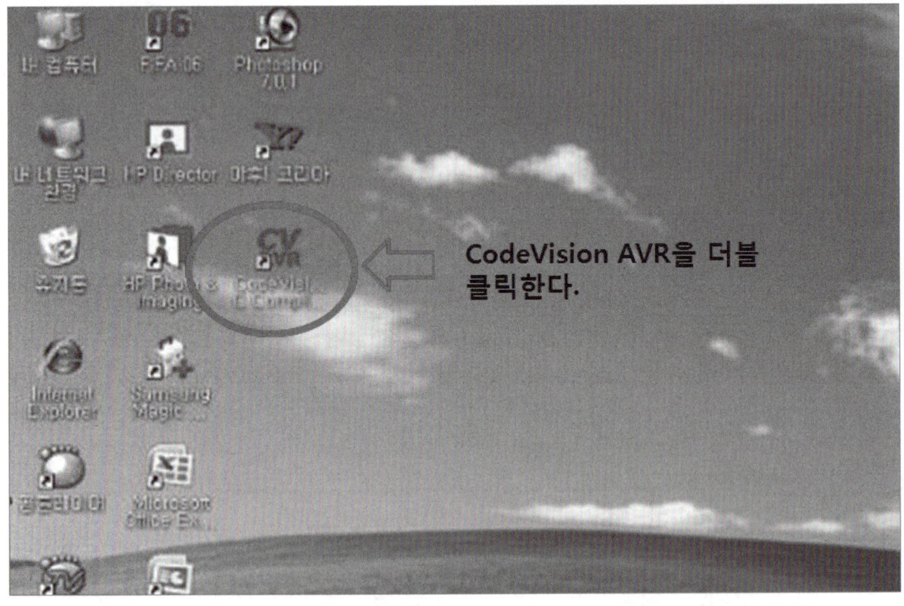

|그림 4-3. CodeVisionAVR 프로그램 실행|

그림 4-3은 CodeVisionAVR C컴파일러의 실행을 위한 윈도우 바탕 화면을 나타낸다.

② CodeVisionAVR의 실행

바탕 화면에서 AVR 아이콘을 클릭하면 그림 4-4의 창이 나타난다.

|그림 4-4. CodeVisionAVR 초기 화면|

③ 새로운 파일의 작성

'File' 메뉴의 'New' 항목을 클릭하면 그림 4-5와 같은 창이 표시된다.

|그림 4-5. 새 소스 파일의 작성|

그림 4-5의 File Type에서 'Source' 항목을 클릭한 후 'OK'를 선택하면 그림 4-6과 같은 새 에디터(편집) 창이 나타나는데 이때 창을 확장시키고 여기서 소스 파일(C 프로그래밍)을 그림 4-7과 같이 작성한다.

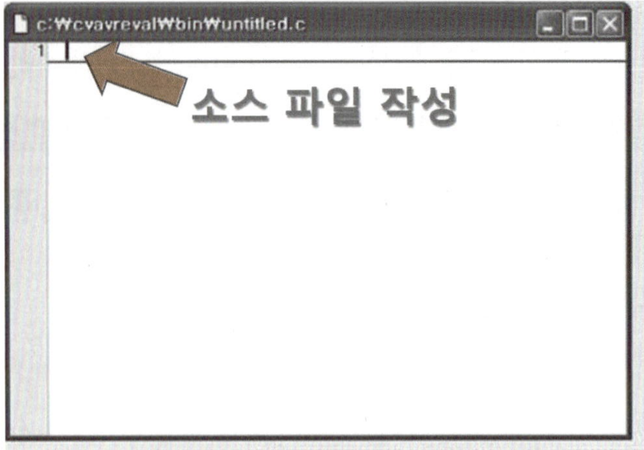

|그림 4-6. 새로운 파일을 작성하기 위한 창|

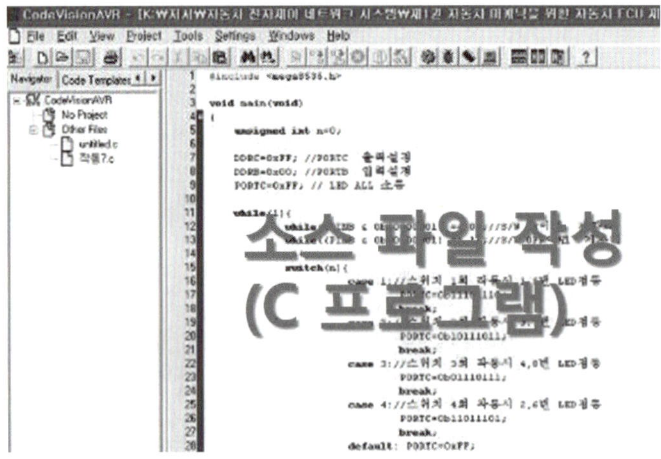

|그림 4-7. C언어로 소스 파일 작성|

④ 소스 파일 저장

작성한 소스 파일(source file)을 저장하기 위해 File 메뉴의 'Save As' 항목을 선택하면 그림 4-8과 같은 창이 나타난다.

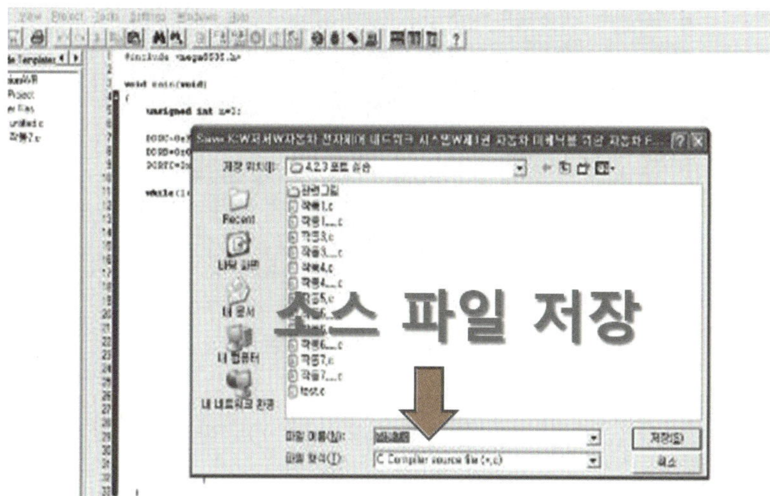

|그림 4-8. 소스 파일 저장하기|

저장을 원하는 폴더를 선택한 후 그림 4-9의 화면에서 '파일 이름(N)'에 저장하고자
하는 파일명을 기록한다.

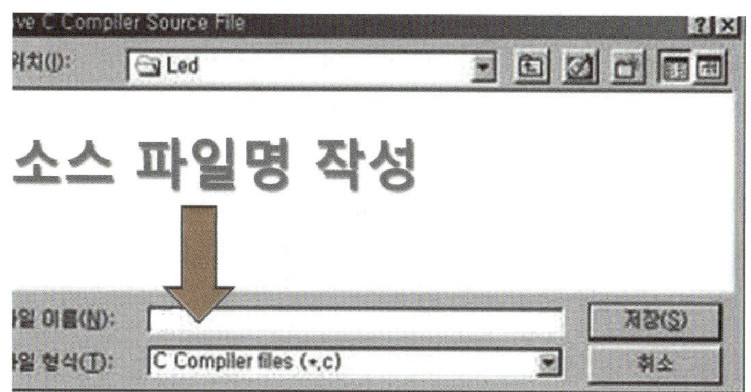

|그림 4-9. 소스 파일 지정|

⑤ 프로젝트 생성

C 소스 파일로부터 헥사 파일(-.hex)을 만들기 위해서는 필히 프로젝트 파일을 생성하
거나 기존의 프로젝트 파일을 오픈(open)하여야 한다.

'File' 메뉴에서 'New' 항목을 클릭하면 그림 4-10과 같은 창이 나타난다.

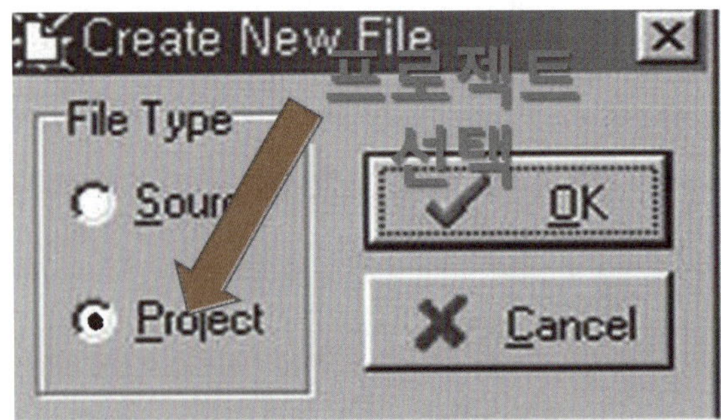

|그림 4-10. 프로젝트 선택 창|

이때 'File Type'에서 'Project' 항목을 선택하고 'OK'를 누르면 그림 4-11과 같은
대화상자가 나타난다.

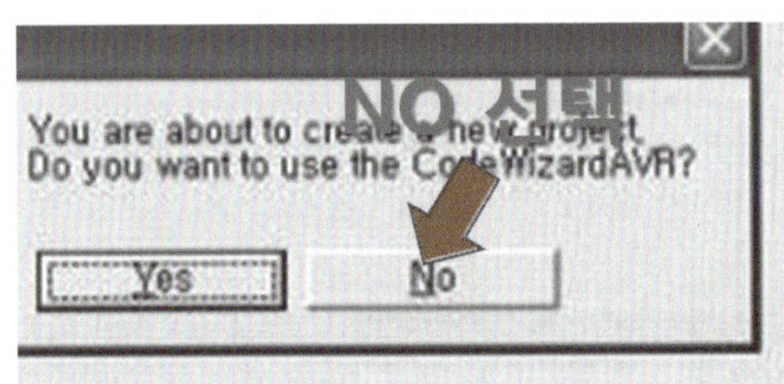

|그림 4-11. CodeWizardAVR 사용 대화상자|

이때 CodeWizardAVR을 사용하지 않으므로, 'No'를 선택한다.
그러면 그림 4-12와 같은 프로젝트 파일 생성 화면이 나타나고 여기에 파일명을 기록
한 다음 저장(save) 버튼을 클릭한다.

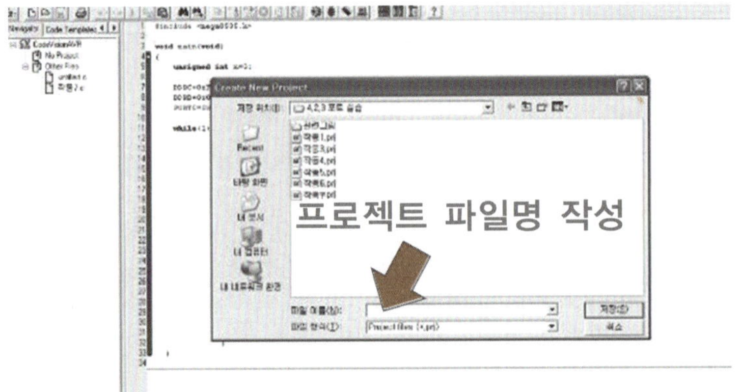

|그림 4-12. 프로젝트 파일 생성 화면|

저장 버튼을 클릭하면 그림 4-13과 같은 프로젝트 구성 화면이 나타난다.

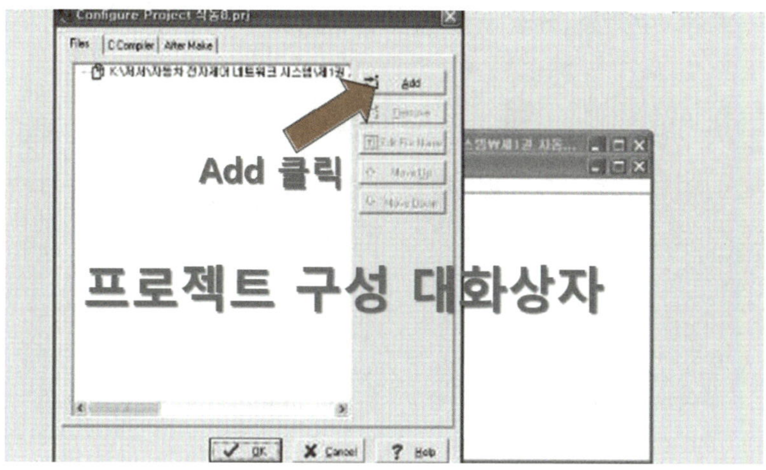

|그림 4-13. 프로젝트 구성 화면|

그림 4-13의 화면 위쪽에는 Files, C Compiler, After Make가 나타난다.
이때 왼쪽의 'Files'에서 나타나는 화면의 오른쪽 'Add'를 클릭하고, 컴파일하려고 하는 파일을 그림 4-14와 같이 추가한다.

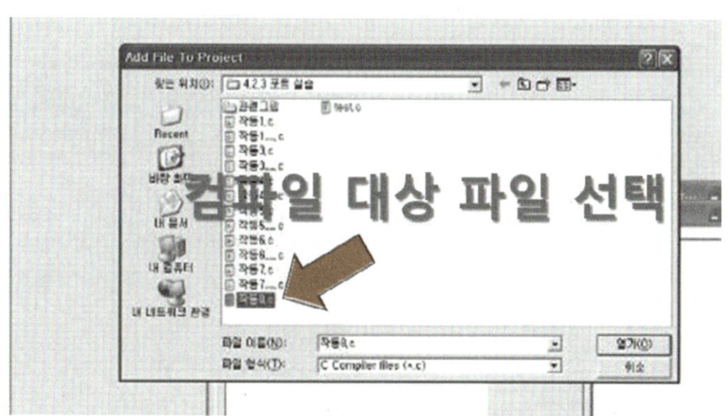

|그림 4-14. 컴파일 대상 파일 추가|

그러면 그림 4-15와 같이 소스 파일이 표시되는 것을 알 수 있다.

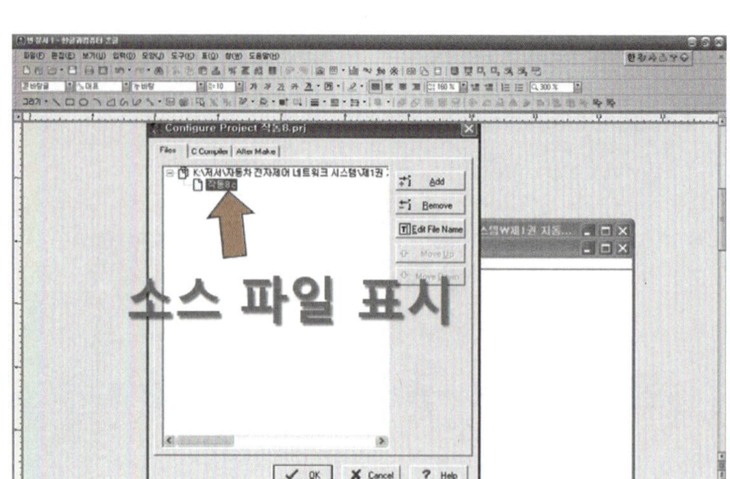

|그림 4-15. 소스 파일 추가 표시|

그런 다음 위쪽의 'C Compiler'를 선택하여 그림 4-16과 같은 창이 표시되면, 그림 4-17
과 같이 'Chip'에는 'ATmega8535'를 선택하고, 'Clock'에는 '16,000,000'을 선택한다.

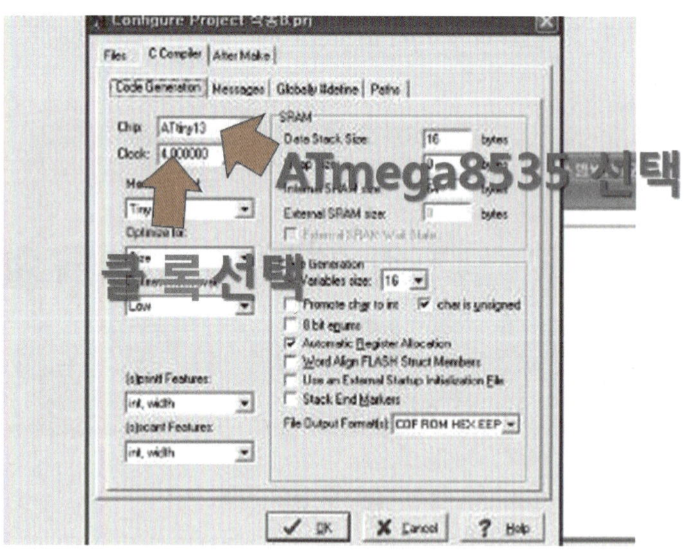

|그림 4-16. 프로젝트 구성(C Compiler)|

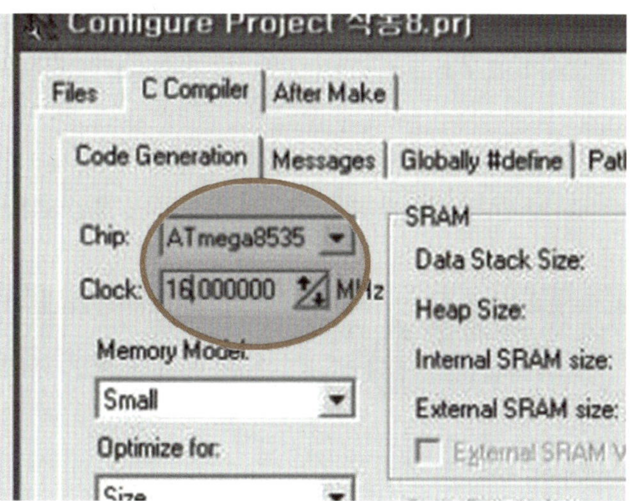

| 그림 4-17. Chip과 Clock의 선택 |

마지막으로, 'After Make'를 선택하고 'Program the Chip'을 체크하면 그림 4-18 과 같은 창이 나타나는데, 이것은 컴파일(compile)이 완료된 후에 생성된 파일이 자동 으로 다운로드되어 플래시 메모리에 기억되도록 하는 것이다.

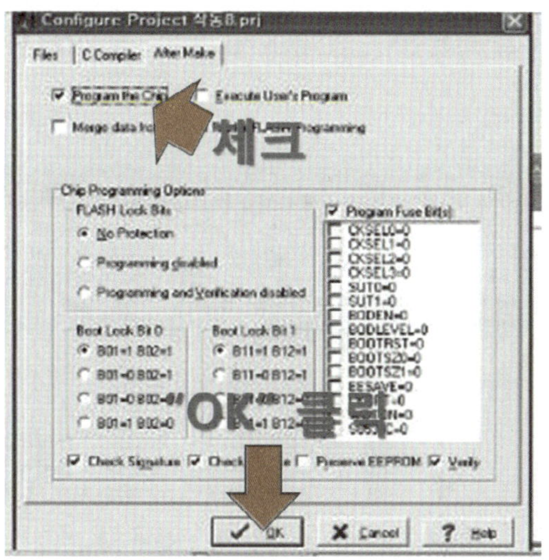

| 그림 4-18. 프로젝트 구성(after make) |

⑥ 컴파일 작업

소스 파일이 작성되고 프로젝트 파일이 생성되어 프로젝트에 등록되면 다음은 컴파일만 남게 된다.

컴파일에는 최종 파일(*.obj, *.hex)을 생성하지 않고 에러 체크와 함께 중간 파일만 생성하는 'Compile the Project'와 최종 파일을 생성하는 'Make the Project'가 있다.

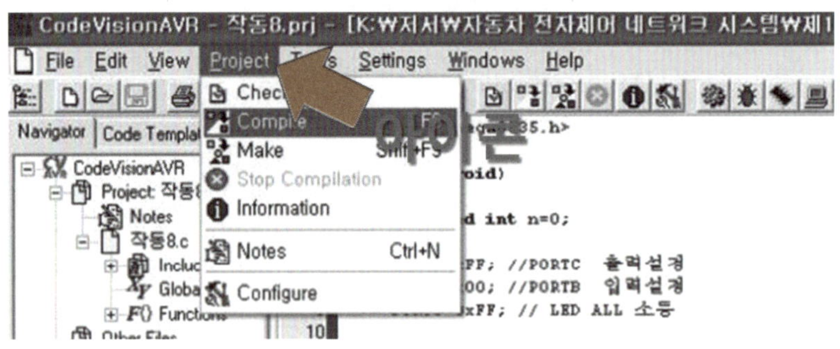

|그림 4-19. 컴파일을 하기 위한 창|

컴파일(compile) 작업은 그림 4-19에서 'Project' 메뉴의 'Compile' 항목을 클릭하거나 그림 4-20과 같이 툴바의 해당 아이콘을 클릭하면 그림 4-21과 같은 화면이 출력되는데, 이때 'OK'를 클릭한다. 만약 에러가 있으면 프로그램을 수정한 후에 반복하여 실행한다.

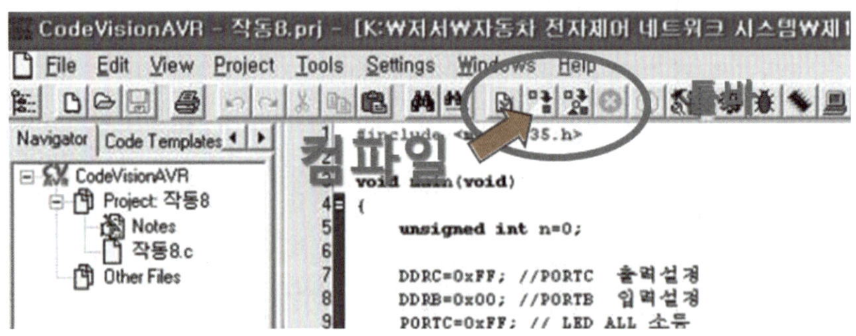

|그림 4-20. 컴파일 출력 화면 Ⅰ|

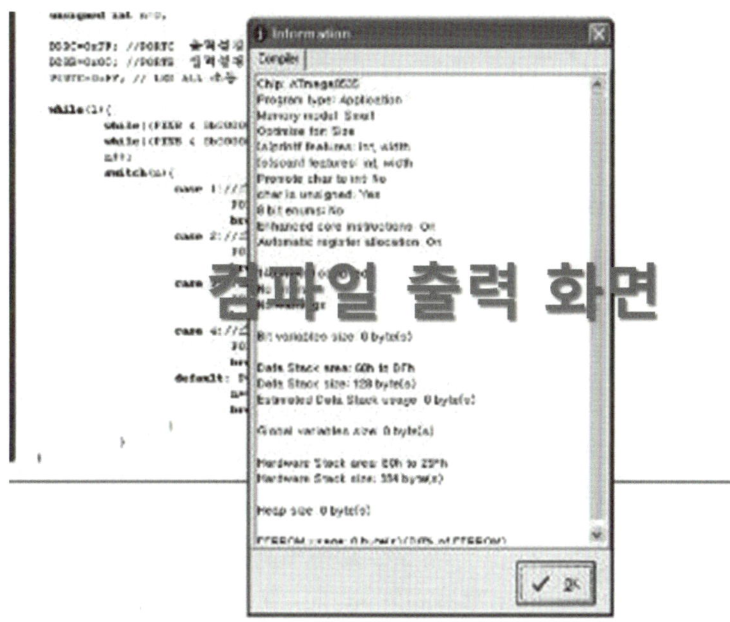

| 그림 4-21. 컴파일 출력 화면 Ⅱ |

메이크(make) 작업은 그림 4-22와 같이 'Project'의 'Make' 항목을 클릭하거나 그림 4-23의 툴바의 해당 아이콘을 클릭하면 그림 4-24와 같은 화면이 출력되는데, 이때 'Program'을 클릭하면 PC에 저장된 프로그램이 그림 4-25와 같이 ATmega8535의 플래시 메모리로 다운된다.

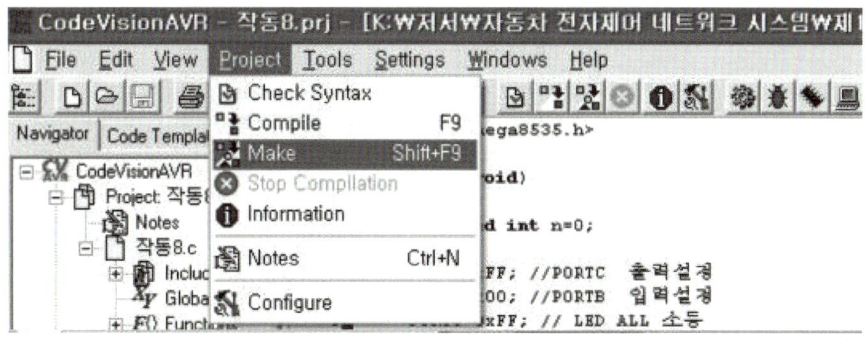

| 그림 4-22. 메이크 작업 출력 화면 Ⅰ |

|그림 4-23. 메이크 작업 출력 화면 Ⅱ|

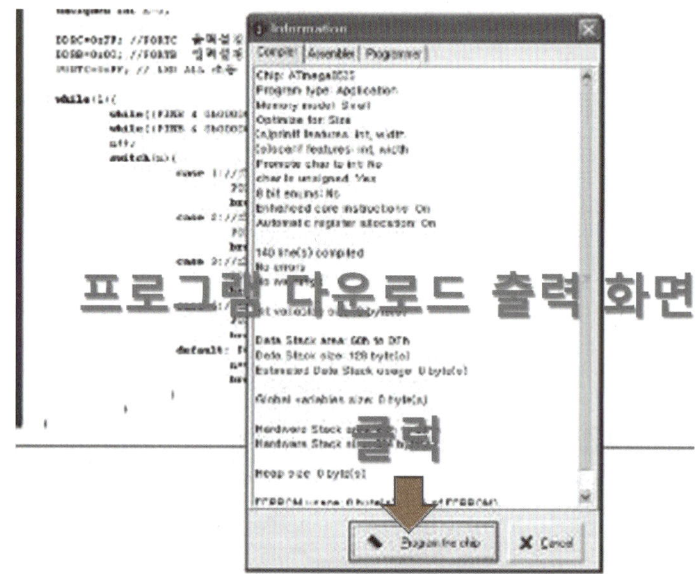

|그림 4-24. 프로그램 다운로드하기 위한 출력 화면|

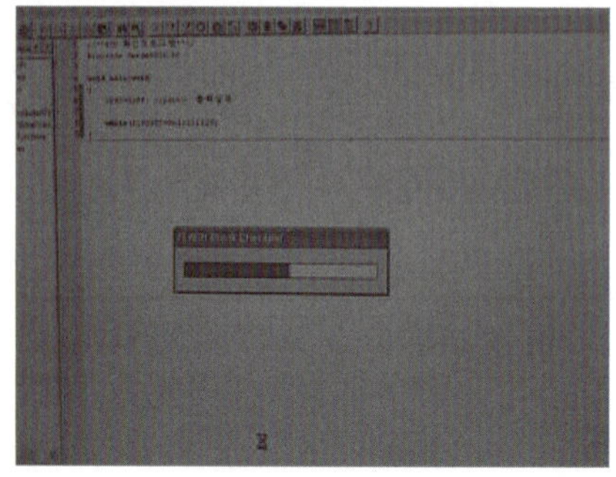

|그림 4-25. 프로그램 다운로드 화면|

⑦ 프로그래머 세팅

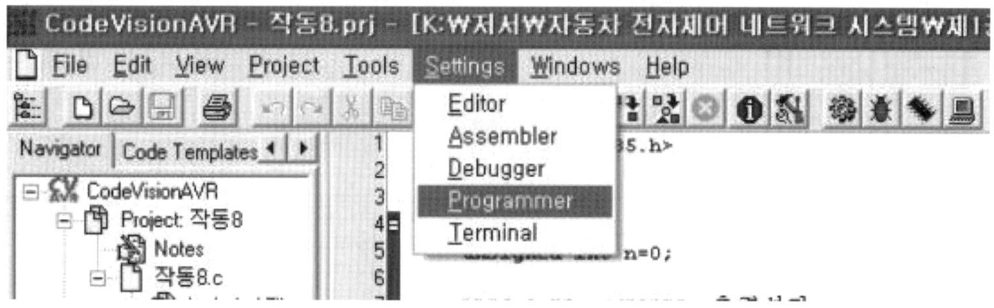

|그림 4-26. 프로그래머 세팅|

CodeVision은 C컴파일러와 프로그램 다운로드 겸용이며, 프로그램 다운로드를 위해서는 먼저 프로그래머 세팅(programmer setting)이 필요하다.

그림 4-26의 화면에서 'Settings' 메뉴를 클릭하여 'Programmer' 항목을 선택하면 그림 4-27과 같은 창이 나타난다. Us-Technology에서 제공하는 ISP는 Kanda사에서 만든 STK300이다. 따라서 그림 4-27과 같이 선택한 후 'OK'를 클릭한다.

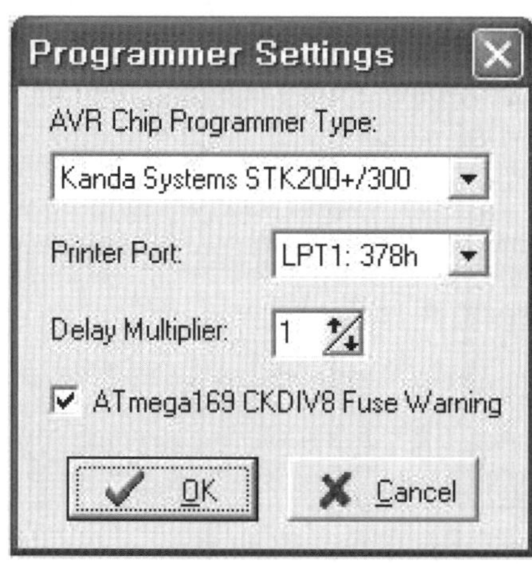

|그림 4-27. Programmer Settings 화면 창|

다음에 그림 4-28에서와 같이 화면의 'Tools'를 클릭하여 'Chip Programmer' 항목을 선택하면, 그림 4-29와 같은 창이 나타난다. chip : ATmega8535를 선택하고 chip clock : 16,000,000을 적어 넣는다.

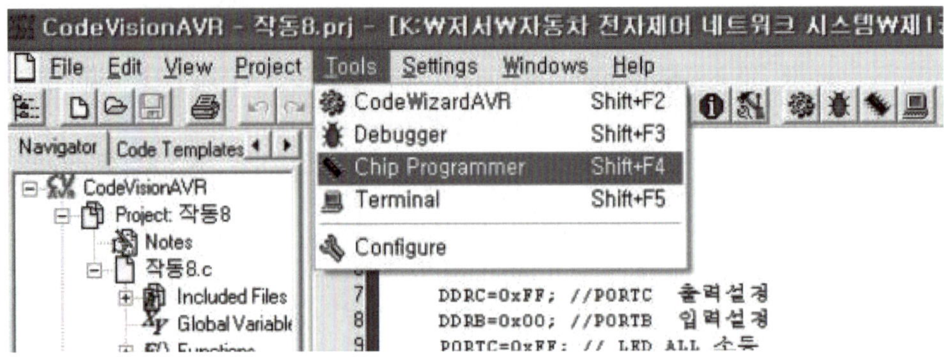

|그림 4-28. Chip Programmer의 선택|

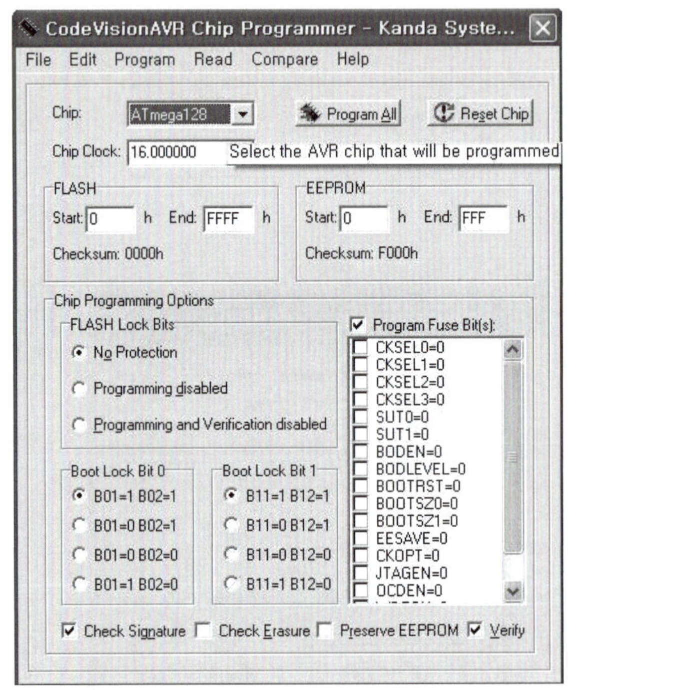

|그림 4-29. 칩 프로그래머(chip programmer)|

마지막으로, 다음과 같은 순서로 프로그램을 다운로드한다.

㉠ 파일 불러오기 : 메뉴의 'File' 메뉴를 클릭한 다음 'Load FLASH' 항목 선택

㉡ Chip의 내용 지우기 : 메뉴의 'Program' 메뉴를 클릭한 다음 'Erase Chip' 항목
   선택

㉢ Chip에 다운로드하기 : 메뉴의 'Program' 메뉴를 클릭한 다음 'FLASH' 항목 선택

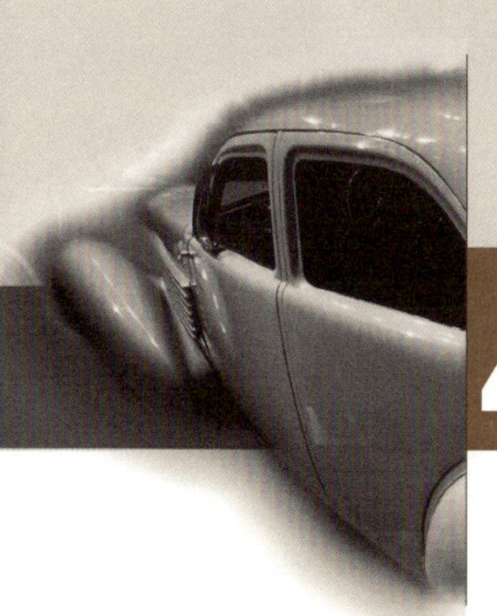

4.2.1 기본 제어 프로그램 형식 

(1) 기본 제어 프로그램

가장 기본적인 제어 프로그램 형식을 알아보자.

```
#include<mega8535.h> ·········· ① 전처리기
void main(void) ················· ② 메인 함수
{ ······························· ③ 메인 함수 시작
    int a,b,c; ···················· ④ 지역 변수 선언

    a=10;        ←──────  main ( ) 함수
    b=5;         ·················· ⑤ 제어 프로그램 내용
    c=a+b;
} ······························· ⑥ 메인 함수 끝
```

위 프로그램을 살펴보도록 하자.

① 전처리기

#include는 선행 처리 제어문을 나타낸다.

여기서는 #include<mega8535.h>에 의하여 현재의 위치에 mega8535.h라는 이름의 파일을 불러와 포함시키는 것이다. 전처리기는 메인 함수를 읽기 전에 수행한다. mega8535.h는 컴파일러 제작 회사가 제공하는 표준 입·출력 헤더 파일로 여러 내용들이 정의되어 있으며, 컴파일러에 위치하고 있다. 전처리기는 라이브러리(library)를 사용하거나 사용자가 만든 함수를 포함시킬 때 사용한다. #include 다음에는 '*.h' 파일이 온다.

#include의 형식에는 #include<파일명.h>와 #include '파일명.h'의 두 가지가 있는데, 전자는 시스템의 지정된 경로에서 헤드 파일을 찾아 프로그램에 포함시키는 경우이며, 후자는 먼저 작업 디렉토리에서 파일을 찾고, 없는 경우 디렉토리(directory)에서 제공하는 경로에서 헤드 파일을 찾는다.

② **메인 함수**

제어 프로그램의 실행은 이 Main 함수에서 시작해서 Main 함수로 종료된다. 따라서 제어 프로그램에는 반드시 Main 함수가 있어야 한다. 메인 함수의 본체는 { }로 이루어진다. main( ) 앞의 void는 데이터형이다.

제어 프로그램 내용에 return문이 없으면 함수의 데이터형은 void를 써준다.

③ **메인 함수 시작**

메인 함수는 중괄호 '{'로 시작한다.

④ **지역 변수 선언**

본문의 선두에 그 함수 내에서 사용하는 변수형을 선언한다. main( )에서 { } 내에서만 적용되는 변수를 지역 변수라 한다.

⑤ **제어 프로그램 내용**

지역 변수가 선언된 후 제어 프로그램이 실행된다.

⑥ **메인 함수 끝**

메인 함수는 중괄호 '}'로 끝난다.

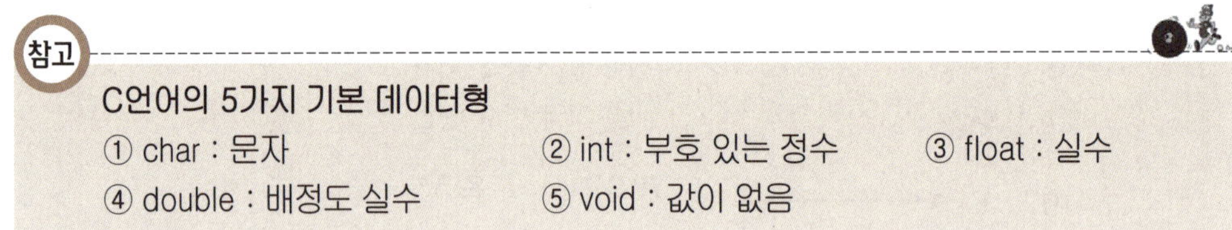

참고

C언어의 5가지 기본 데이터형
① char : 문자　　　② int : 부호 있는 정수　　　③ float : 실수
④ double : 배정도 실수　　　⑤ void : 값이 없음

(2) 서브 함수 제어 프로그램

서브 함수를 포함한 제어 프로그램을 나타내 보자.

```c
#include<mega8535.h>
void sub(int k)
{
    k=k+10;               ← 서브 함수
}

void main( )
{
    int k;
    k=10;                 ← 메인 함수
    sub(k);
}
```

위 프로그램을 살펴보자.

함수의 구조는 다음과 같다.
[함수의 데이터형] 함수명(인수)

```
    {
       문장;
    }
```

① 서브 함수인 void sub( )의 위치는 보통 #include와 main( ) 사이에 위치한다. 여기서는 k와 10의 합인 k+10을 계산하여 k에 넣어둔다.

② 서브 함수로서 위의 sub( )를 불러 들인다.

이러한 서브 함수는 제어 프로그램을 실행하는 중에 여러 곳에서 sub( )를 필요로 할 때 주로 사용한다. 여기서는 k의 값을 sub( )로 전달해 주어야 한다. 실인수(함수를 호출하는 쪽에 사용되는 인수)의 값이 가인수(함수가 호출되는 쪽에 사용되는 인수)의 값으로 실제값이 이동되어 수행된다. 실인수는 가인수의 영향을 받지 않는다.

(3) 입·출력 제어 레지스터 설정

관련 제어 레지스터를 설정해 보도록 한다.

ATmega8535 마이크로컨트롤러를 사용하기 위해서는 각종 센서와 액추에이터가 연결되어 있는 입·출력 포트를 제어하기 위한 특정 제어 레지스터의 값을 설정하여야 한다.

```
#include〈mega8535.h〉
void main(void)
{
                                            입력과 출력 제어
    unsigned char 변수;
            DDRC=0xFF; ·········]·········① PORTC를 출력으로 설정
            DDRB=0b00000000; ]·········② PORTB를 입력으로 설정
            PORTC=0xFF; ··············③ PORTC로 0xFF를 출력

            while(1){··················④ while문 사용
                      제어문
                      }
}
```

프로그램을 살펴보자.

① 입·출력 포트 제어를 위해 입·출력 관련 제어 레지스터를 설정한다.

DDRx는 x에 설정된 포트를 입력으로 사용할 것인가, 출력으로 사용할 것인가를 결정하는 레지스터이다. 따라서 DDRA(포트 A), DDRB(포트 B), DDRC(포트 C), DDRD(포트 D)로 설정하여 각각의 포트를 입·출력으로 사용한다.

예를 들면, PORTA 전체를 '입력'으로 사용하기를 원하면 'DDRA=0x00'으로 설정한

다. 전체를 '출력'으로 사용하기를 원한다면 'DDRA=0xFF'로 설정하면 된다. 또한, PORTA의 8개 단자(8비트) 중에서 각각의 단자 입·출력을 아래와 같이 다르게 설정할 수도 있다.

DDRA=0b10010010;은 그림 4-30과 같은 의미를 갖는다.

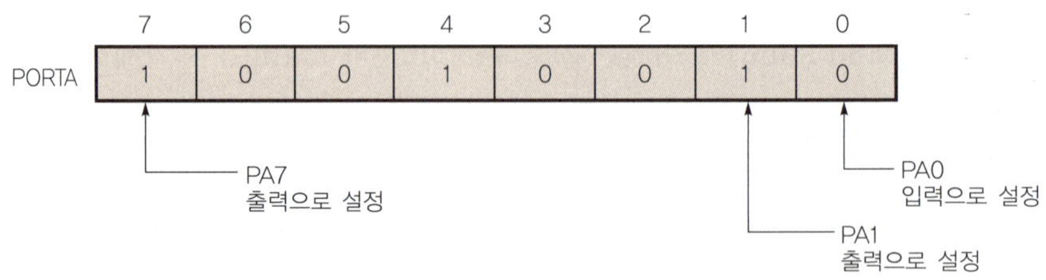

|그림 4-30. PORTA 각 단자의 입·출력 설정|

② PORTC를 입력으로 사용하기 위해서는 다음과 같이 설정하면 된다.

DDRC=0x00;//PORTC를 입력으로 설정한다.

kkk=PINC;//PORTC의 값을 읽어서 kkk에 저장한다.

③ PORTC를 출력으로 사용하기 위해서는 다음과 같이 설정하면 된다.

DDRC=0xFF;//PORTC를 출력으로 설정한다.

PORTC=0xFE; 또는 PORTC=0b11111110;//PORTC로 주어진 값을 출력한다.

④ while문을 사용하여 반복적인 실행을 수행한다.

(4) 외부 인터럽트 제어 설정

외부 인터럽트 함수 사용과 전역 변수를 선언한 예이다.

```
#include⟨mega8535.h⟩
unsigned char injector=0xFE;······························ ① 전역 변수 선언
interrupt[EXT_INT0]void external_int0(void) ······· ② 외부 인터럽트 사용
{
  PORTC=injector;            //*외부 인터럽트 함수
}
void main(void)
{
  DDRC=0b11111111;······························ ③ 관련 제어 레지스터들
  PORTC=injector;
  SFIOR=0b00000000;
  DDRD=0b00000000;
  PORTD=0b11111111;
  GICR=0b01000000;
```

```
    MCUCR=0b00000010;
    SREG=0b10000000;
    while(1); ························· ④ 제어 프로그램
}
```

위 프로그램을 살펴보도록 하자.

① injector라는 변수가 메인 함수와 서브 함수의 전체 프로그램 영역에서 사용이 가능하도록 프로그램의 앞쪽에 위치시켜 전역 변수 선언을 한다.

② 외부의 인터럽트 신호를 받아 ECU가 제어할 수 있도록 외부 신호에 의한 인터럽트 제어가 가능하도록 한다. 정상적인 프로그램이 수행 중에 외부 인터럽트 신호가 입력되어 외부 인터럽트가 걸리면 외부 인터럽트 함수 영역으로 이동하여 프로그램을 수행하게 된다.

③ 입·출력 포트, 외부 인터럽트 등의 관련 사항을 제어하기 위한 레지스터를 선언한다.

④ 무한 반복을 행하는 while문이다. 즉, 제자리에 그대로 있다가 외부 인터럽트가 걸리면 지정된 번지(외부 인터럽트 함수)로 이동하여 프로그램을 수행하고, 서브 프로그램의 실행이 끝나면 다시 인터럽트 이전의 제자리로 복귀하여 while문을 반복 수행한다.

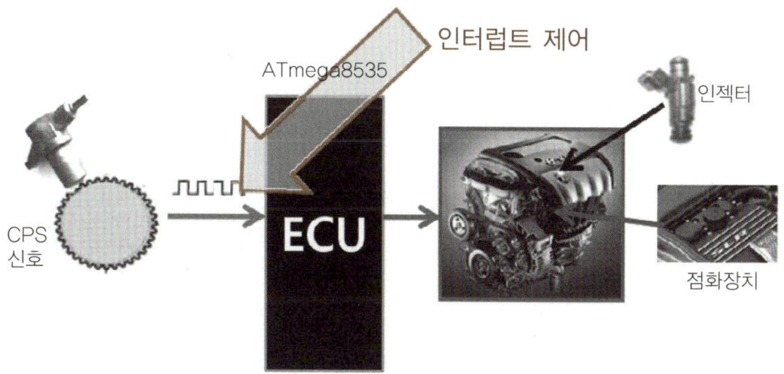

| 그림 4-31. 자동차에서 인터럽트의 적용 |

자동차에서는 그림 4-31과 같이 CPS에서 출력되는 파형 신호를 외부 인터럽트 신호로 이용하여 인터럽트를 발생시켜 연료 분사 시간과 점화 드웰 시간 등을 제어한다. 자세한 내용들은 제어 프로그램을 다루면서 설명하도록 한다.

(5) 타이머/카운터 제어 설정

다음 프로그램은 타이머/카운터를 사용한 예이다.

```
#include<mega8535.h>
unsigned char injector=0xFF, count;
void main(void)
```

```
{
    DDRC=0xFF;//PORTC를 출력으로 설정
    PORTC=injector;//PORTC 초깃값 출력
    count=0;//인터럽트 발생 횟수
    ;
    TIMSK=0b00000001;// 타이머/카운터 인터럽트 마스크 레지스터 인에이블
    TCCR0=0b00000101;//일반 MODE, 프리스케일러 : 1024분주, 0x05
    TCNT0=0b00000000;//타이머/카운터0 레지스터 초깃값
    SREG=0b10000000;//전역 인터럽트 인에이블, 0x80
    ;
    while(1);//타이머/카운터0 오버플로 인터럽트 대기
}
interrupt[TIM0_OVF]void timer_int0(void)
{
    count++;
    if(count==31){//256/16*1024*31/1000000=0.5sec
                injector=injector^0b11111111
                PORTC=injector;
                count=0;
                }
}
```

자동차 전자제어에서 그림 4-32와 같이 타이머/카운터의 사용은 연료 분사량(분사 시간) 제어와 점화 드웰 각 제어, BCM(Body Control Module) 제어 등에서 많이 활용되고 있다.

여기서는 타이머/카운터0 오버플로 인터럽트 함수를 활용하여 0.5초의 시간을 제어하였다. 자세한 내용은 4.2.4절과 4.2.5절에서 설명하도록 한다.

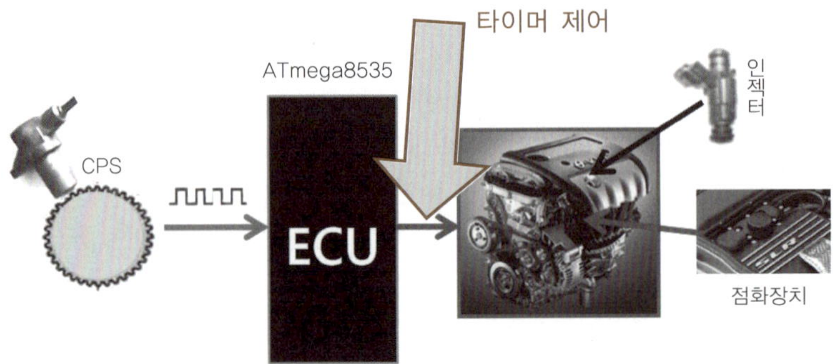

| 그림 4-32. 자동차에서 타이머/카운터의 적용 |

(6) PWM 제어 설정

다음은 PWM을 적용한 프로그램이다.

```
#include<mega8535.h>
void main(void)
{
  //**I/O 포트 설정**//
  DDRD = 0xFF;//PORTD 모든 핀을 출력으로 설정
  ;
  //**PWM 설정**//
  OCR1A=0x007F;//듀티비 50%, PD5(OCR1A) 단자로 출력
  TCCR1A=0b10000001;//8비트 분해능, 고속 PWM, 0x81
  TCCR1B=0b00001010;//8분주, 0x0A
  TCNT1=0x0000;//타이머/카운터1 레지스터 초깃값
  ;
  while(1);
}
```

자동차의 전자제어에서 그림 4-33과 같이 BCM의 감광식 실내등 제어 등에 PWM 제어가 사용되고 있다.

여기서는 타이머/카운터의 PWM 모드를 사용하여 정해진 듀티비의 파형을 발생하도록 하였다. 구체적인 내용과 설명은 실제 제어 프로그램을 다루면서 설명하도록 한다.

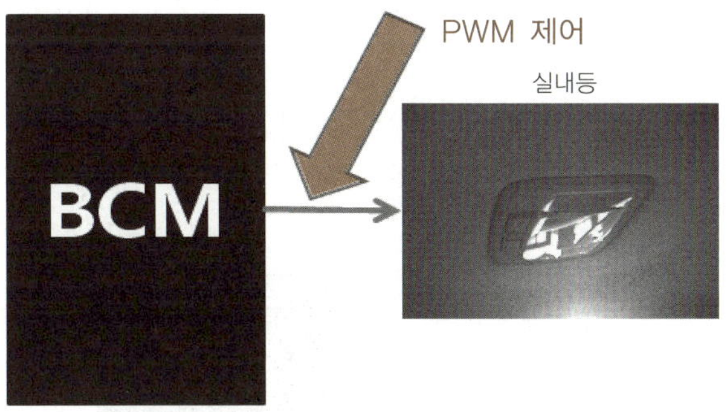

|그림 4-33. 자동차에서 PWM 제어의 적용|

(7) ADC 제어 설정

ADC를 적용한 프로그램의 예는 다음과 같다.

```
#include<mega8535.h>
#include<delay.h>
unsigned int ad_value=0;
void main( )
{
  DDRA=0x00;//PORTA 모두 입력으로 설정
  DDRC=0xFF;//PORTC 모두 출력으로 설정
  //ADCSRA=0x8F;
  SREG=0x80;
  do{
     ADMUX=0x20;//0b00100000, ADC0 단자
     ADCSRA=0xCF;//0b11001111, ADC 인터럽트 인에이블, 128분주
     delay_ms(5);
     }while(1);
}
interrupt[ADC_INT] void adc_isr(void)
{
     ad_value=ADCH;
     PORTC=ad_value;
     delay_ms(100);
}
```

자동차의 전자제어에서 입력 센서로 가변저항을 많이 사용하는데, 이때 발생되는 신호는 아날로그 신호이므로 이것을 CPU가 이해할 수 있는 디지털 신호로 바꾸어 주는 것이 ADC(Analogue Digital Converter)이다.

그림 4-34는 TPS로 스로틀 벨브의 열림량을 감지하여 ECU로 아날로그 신호를 보내주게 된다.

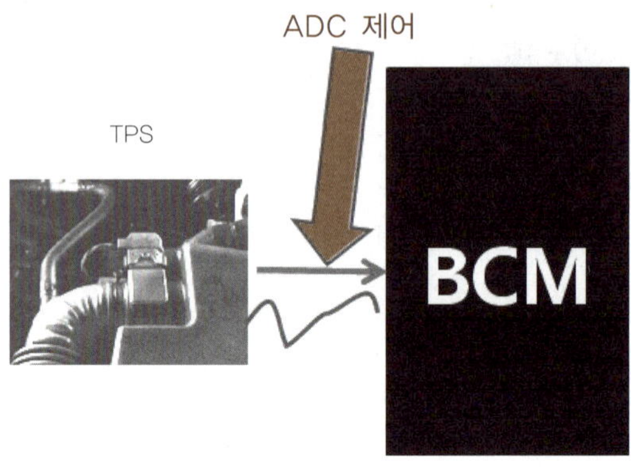

|그림 4-34. 자동차에서 ADC 제어의 적용|

(8) for문을 사용한 제어 프로그램

for문을 사용한 예이다.

```c
#include<mega8535.h>
int main(void)
{
    int i, n=10, tot=1;
    for(i=0;i<n+1;i++) tot+=i;

    return 0;
}
```

(9) while문을 사용한 제어 프로그램

while문을 사용한 예이다.

```c
#include<mega8535.h>
#include<delay.h>
void main(void)
{
    unsigned char injector=0b11111110;//0xFE
    DDRC=0xFF;//PORTC 모두 출력으로 설정

    while(1) {
            PORTC=injector;//인젝터 작동
            delay_ms(100);//작동 유지
            injector<<=1;//다음 인젝터로 이동(왼쪽)
            injector |=0b00000001;//injector=injector |0x01
            if(injector==0b11111111)injector=0b11111110;
        }
}
```

(10) do~while문을 사용한 제어 프로그램

do~while문을 사용한 예이다.

```c
#include<mega8535.h>
#include<delay.h>

void main(void)
```

```c
{
    unsigned char injector=0b11111110;//0xFE, 1번 인젝터 작동
    DDRC=0xFF;//PORTC 모두 출력으로 설정

    while(1) {
            if((PINB & 0b00000001)==0)
             {
               do{
                   PORTC=injector;//인젝터 작동
                   delay_ms(100);//작동 유지
                   injector<<=1;//다음 인젝터로 이동(왼쪽)
                   injector |=0b00000001;//injector=injector |0x01
                   if(injector==0b11111111)injector=0b11111111;
                   }while(injector ! = 0b11111111);
             }
          }
}
```

(11) if~else문을 사용한 제어 프로그램

if~else문을 사용한 예이다.

```c
#include<mega8535.h>
unsigned int c, kor, n=0;
daegi( )
{
   for(kor=0; kor<10; kor++){
                        c=51000;
                        while(c--);
                        }
}

interrupt[EXT_INT0]void external_int0(void)
{
  n++;
  if(n==3) {
          PORTC=0b11111110;//1번 인젝터 작동
          daegi( );
          PORTC=0b11111111;//1번 인젝터 작동 멈춤
          }
```

```
    else if(n==10) {
                PORTC=0b11111011;//3번 인젝터 작동
                daegi( );
                PORTC=0b11111111;//3번 인젝터 작동 멈춤
              }
    else if(n==17) {
                PORTC=0b11110111;//4번 인젝터 작동
                daegi( );
                PORTC=0b11111111;//4번 인젝터 작동 멈춤
              }
    else if(n==24) {
                PORTC=0b11111101;//2번 인젝터 작동
                daegi( );
                PORTC=0b11111111;//2번 인젝터 작동 멈춤
              }
    else if(n==28) n=0;// 초기화
}

void main(void)
{
    DDRC=0xFF;//PORTC 모든 핀을 출력으로 설정, 0b11111111
    DDRD=0x00;//PORTD 모든 핀을 입력으로 설정, 0b00000000
    SFIOR=0x00;//내부 풀업 저항 사용

    GICR=0b01000000;//외부 인터럽트0 인에이블(허용), 0x40
    MCUCR=0b00000010;//외부 인터럽트0 제어 하강 에지(상승 에지 0x03), 0x02
    SREG=0b10000000;//전역 인터럽트 인에이블(허용), 0x80

    while(1);//인터럽트 대기
}
```

(12) else~if문을 사용한 제어 프로그램

위 if~else문을 참고로 한다.

(13) switch~case문을 사용한 제어 프로그램

switch~case문을 사용한 예이다.

```c
#include<mega8535.h>
void main(void)
{
  unsigned int n=0;

  DDRC=0xFF; //PORTC  출력 설정
  DDRB=0x00; //PORTB  입력 설정
  PORTC=0b11111111; // 작동 멈춤

  while(1){
          while((PINB & 0b00000001) == 0);//S/W ON이면  제자리
          while((PINB & 0b00000001) == 1);//S/W OFF이면  제자리
          n++;
          switch(n){
                  case 1://스위치 1회 작동 시 1번 인젝터와 1번 점화 코일 작동
                        PORTC=0b11101110;
                        break;
                  case 2://스위치 2회 작동 시 3번 인젝터와 3번 점화 코일 작동
                        PORTC=0b10111011;
                        break;
                  case 3://스위치 3회 작동 시 4번 인젝터와 4번 점화 코일 작동
                        PORTC=0b01110111;
                        break;
                  case 4://스위치 4회 작동 시 2번 인젝터와 2번 점화 코일 작동
                        PORTC=0b11011101;
                        break;
                  default:PORTC=0b11111111;//작동 멈춤
                        n=0;
                        break;
                  }
          }
}
```

지금까지 C언어 관련 내용들은 자작 ECU를 제어하기 위한 가장 기본적인 사항들만 설명하였다. 이외 기타 자세한 C언어와 관련된 사항들은 시중에서 판매되는 C언어 책을 구입하여 참고하면 앞으로 자동차 전자제어를 이해하는 데 많은 도움이 될 수 있다.

4.2.2 ▷ 자작 ECU 제작 및 작동 확인 

(1) 자작 ECU 제작

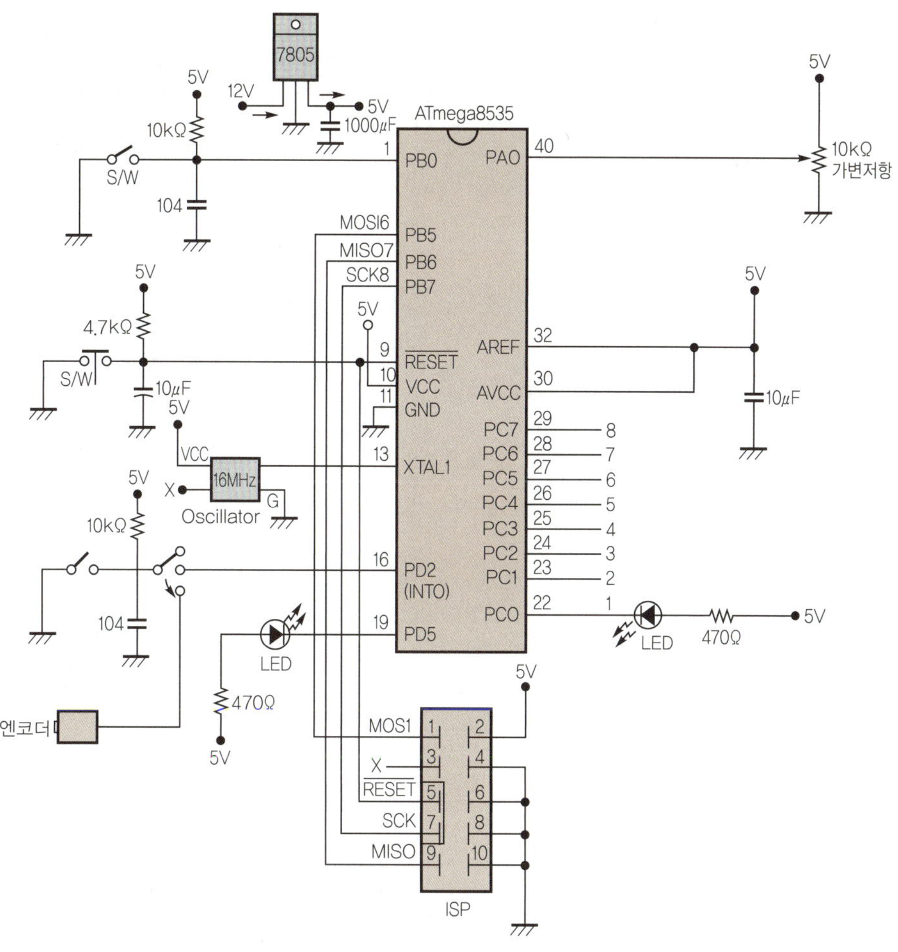

┃그림 4-35. 제3장에서 설계한 자작 ECU 회로도┃

그림 4-35는 제3장에서 설계한 자작 ECU 회로도를 나타낸다.

이 회로도를 기초로 회로 기판을 활용한 자작 ECU를 제작하여 자동차에 적용되는 각종 제어 시스템을 이해할 수 있는 제어 프로그램을 설계한다.

① **사용 부품**

40핀 IC 소켓 1개, ATmega8535 1개, ISP 10핀 헤드 1개, LED 9개, 7805 1개, 16 MHz 오실레이터 1개, 푸시 버튼 스위치 1개, 토글 스위치 3개, 10kΩ 반고정 가변저항 1개, 1000μF 콘덴서 1개, 104 세라믹 콘덴서 2개, 10μF 전해 콘덴서 2개, 470Ω

저항 9개, 10kΩ 저항 2개, 4.7kΩ 저항 1개, 기판 1개가 필요하다.
그림 4-36은 자작 ECU 제작에 필요한 전자 부품의 사진을 나타낸다.

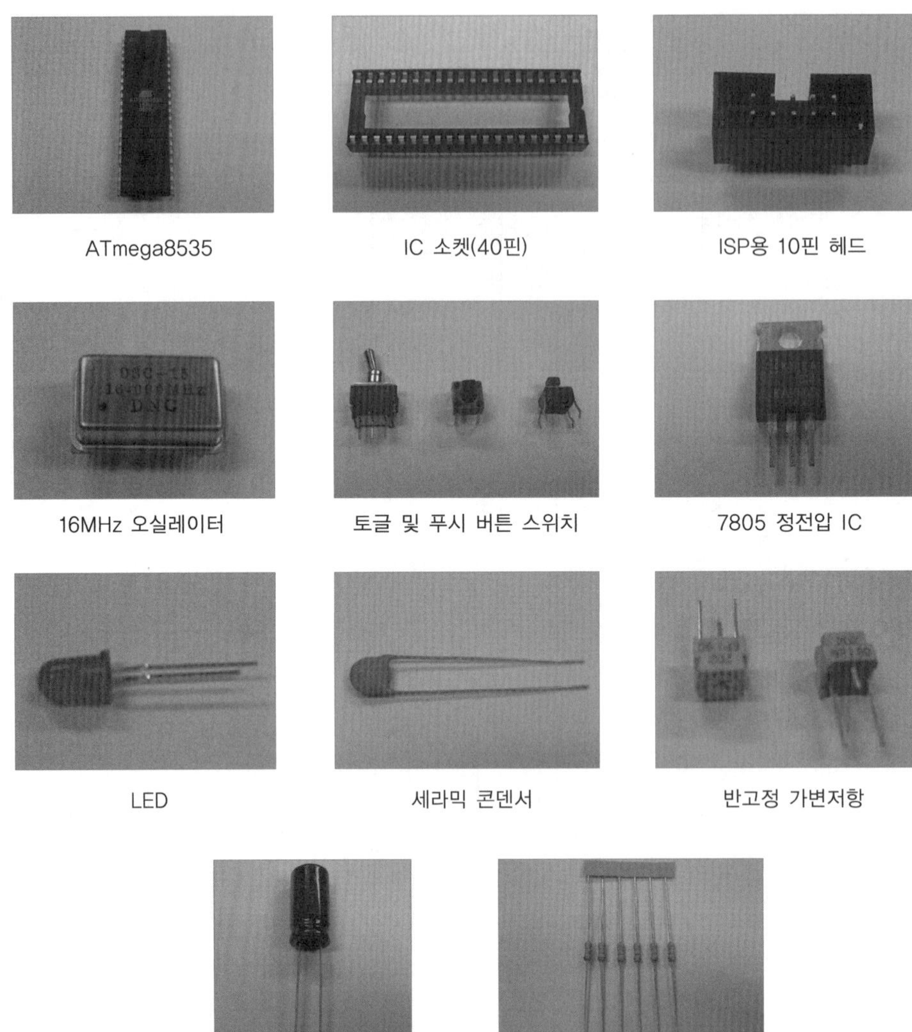

│그림 4-36. 자작 ECU를 제작하기 위한 전자 부품들│

② 제작 순서

그림 4-35의 회로도를 기초로 하여 회로 기판에 부품을 배치하고 순서대로 납땜을 하여 자작 ECU를 완성한다.

㉠ 먼저 효율적으로 부품을 기판에 배치한다.

㉡ ATmega8535를 설치할 40핀 소켓을 연결한다.

㉢ ISP 10핀 커넥터를 배치하고 배선을 연결한다.

㉣ 전원(10번 핀)과 접지(11번 핀)를 연결한다.

㉤ 정전압 IC인 7805를 연결한다.

㉥ 오실레이터를 연결한다.

㉦ 외부 스위치 입력회로(PB0, 1번 핀)를 연결한다.

㉧ 리셋 회로를 연결한다.

㉨ 외부 인터럽트 회로(PD2, 16번 핀)를 연결한다.

㉩ A/D 컨버터 회로(PA0, 40번, 32번, 30번 핀)를 연결한다.

㉪ 출력 제어 회로(PC0~PC7)를 연결한다.

㉫ PD5 출력 제어 회로를 연결한다.

③ **작동 확인**

회로도를 참고로 하여 그림 4-37과 같이 자작 ECU를 제작한다.

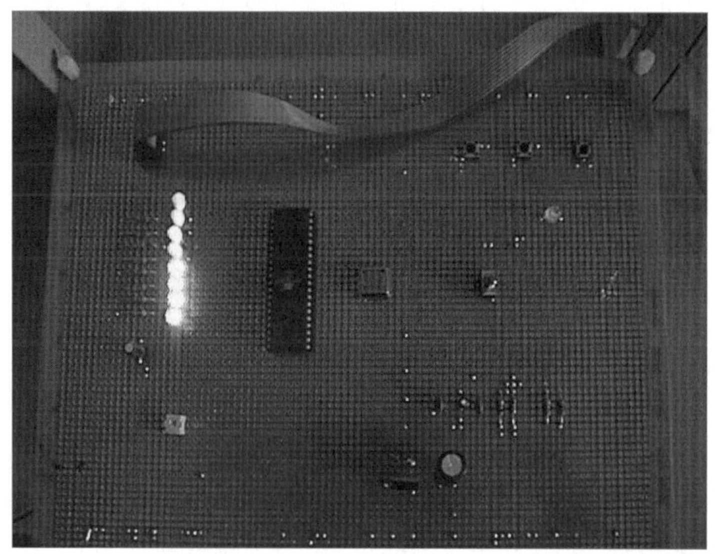

|그림 4-37. 자작 ECU 제작|

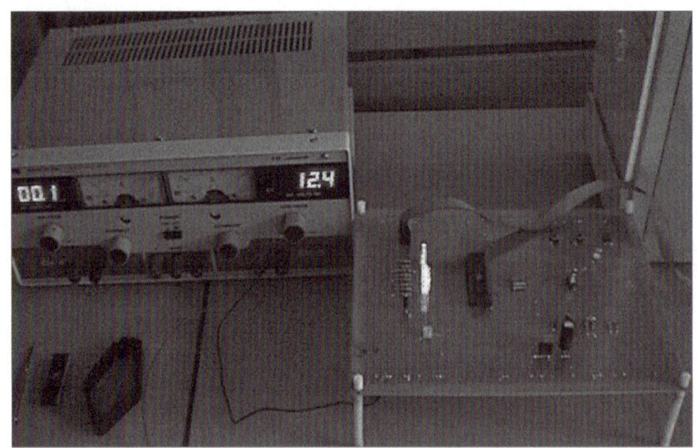

|그림 4-38. 자작 ECU 작동 확인|

그림 4-38과 같이 Power Supply와 컴퓨터를 연결하여 자작 ECU의 작동을 확인한다. 작동을 확인하기 위해서는 간단한 프로그램을 작성하고 CodeVisionAVR C컴파일러를 사용하여 ECU의 플래시 메모리에 제어 프로그램을 다운로드하여야 한다. 제어 프로그램을 다운로드하면서 각종 주변장치의 정상적인 작동을 확인한다.

```
//**ECU 확인 프로그램**//
#include<mega8535.h>
void main(void)
{
    DDRC=0xFF; //PORTC 출력 설정
    while(1) PORTC=0b11111110; //1번 인젝터(LED)만 작동
}
```

작동 확인 프로그램을 실행하여 1번 인젝터(LED)만 작동되는지를 확인한다. 정상적으로 회로가 제작되었다면 1번 인젝터만 작동되고, 그렇지 않다면 회로도를 점검하여 정확하게 연결이 되었는지 확인한다.

그리고 정상적으로 CodeVisionAVR C컴파일러에서 자작 ECU로 제어 프로그램이 그림 4-39와 같은 과정을 거쳐 다운로드되는지 확인한다.

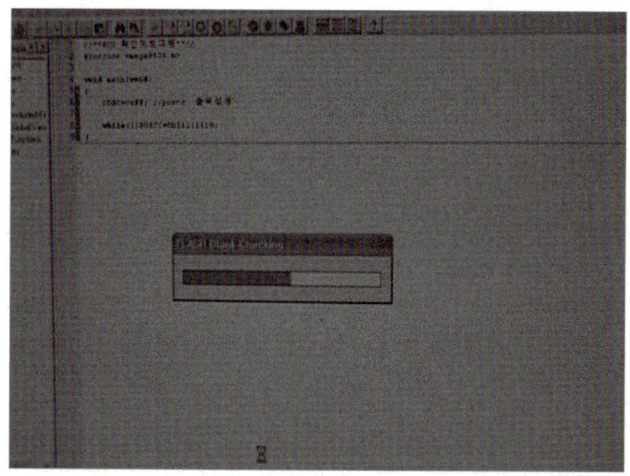

| 그림 4-39. 제어 프로그램 다운로드 실행 화면 |

(2) 풀업 저항과 풀다운 저항

풀업 저항(pull-up resistor)이란 자작 ECU 회로에서 'H레벨'을 유지하기 위해 입력 또는 출력 단자와 전원 단자 사이에 접속하는 저항을 말한다.

또한, 풀다운 저항(pull-down resistor)은 자작 ECU 회로에서 'L레벨'을 유지하기 위해 입력 또는 출력 단자와 접지 사이에 접속하는 저항을 말한다.

자작 ECU 회로에서 외부 신호 입력회로, 리셋 회로, 외부 인터럽트 회로에 풀업 저항이 사용된다.

| 그림 4-40. 풀업 저항의 연결 |

그림 4-40의 ECU 회로에서 푸시 버튼 스위치를 사용하여 스위치 ON 시 L(접지, 0V)상태로 전압을 입력하고자 할 경우 (a)와 같이 연결할 수 있다.

그러나 스위치를 OFF할 경우에는 입력이 플로팅(floating)되어 'H' 도 아니고 'L' 도 아닌 불안정한 상태가 되어 시스템이 불안정해 질 수 있다.

이를 해결하기 위해 그림 4-40의 (b)와 같이 수 $k\Omega$(자작 ECU 회로에서는 $10k\Omega$ 또는 $4.7k\Omega$)의 저항을 사용하여 풀업시키면 스위치 ON 시 정상적으로 L상태가 입력되고, 스위치 OFF 시에는 H상태가 입력된다.

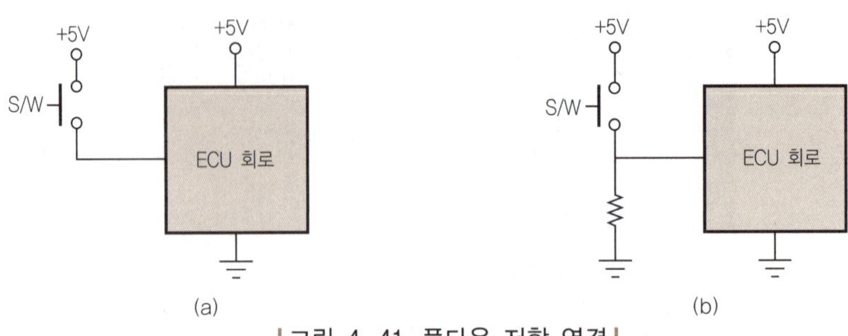

|그림 4-41. 풀다운 저항 연결|

스위치를 이용하여 H상태의 신호를 입력하려면 그림 4-41의 (b)와 같이 풀다운 저항을 사용한다.

스위치를 사용한 ECU 회로에서 풀업 저항이나 풀다운 저항을 사용하지 않고 직접 전원과 접지에 접속하게 되면 스위치 작동 시 전원과 접지 사이가 직접적으로 단락되어 과전류가 흐르게 돼서 자작 ECU 회로가 손상될 수 있다.

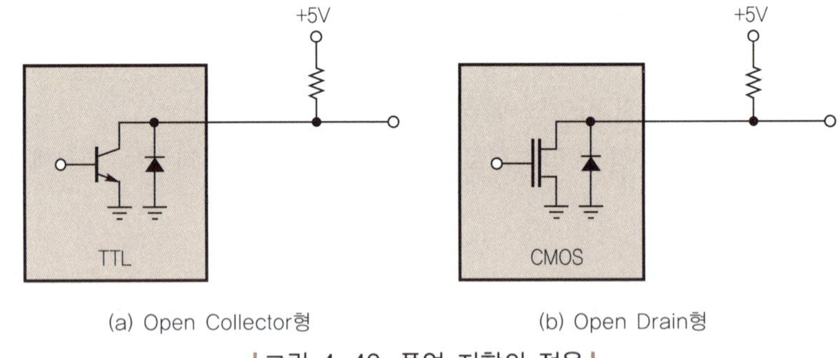

(a) Open Collector형   (b) Open Drain형

|그림 4-42. 풀업 저항의 적용|

그림 4-42와 같이 출력 단자가 오픈 컬렉터인 TTL이나 오픈 드레인인 CMOS IC의 경우 L상태의 출력만 가능하므로, 풀업 저항을 연결하여 H상태를 출력할 수 있다.

4.2.3 ▷ 포트 입·출력 제어 

PC0~PC7에 연결된 LED(인젝터 또는 점화 코일을 대체하여 회로도에서는 LED로 표시하지만 설명이나 제어 프로그램에서는 LED를 인젝터(injector)나 점화 코일(ignition coil)로 함)를 이용한 포트 입·출력 제어 실습을 통하여 포트 입력과 출력을 제어하는 방법을 이해한다.

입·출력(I/O : Input/Output)이란 어떤 값을 출력 장치에 전송하거나 입력하는 작업으로, 모든 입·출력의 제어는 CPU에 의해 이루어진다.

실제 자동차에서 각종 센서의 신호를 입력 받거나 액추에이터로 가는 출력 신호를 마이크로컨트롤러에서 제어하기 위해서는 그림 4-43과 같은 입·출력 포트를 반드시 사용하여야 한다. 예를 들면, 연료를 분사하기 위한 인젝터의 작동, 점화를 위한 파워 트랜지스터와 점화 코일의 작동 등에 응용된다.

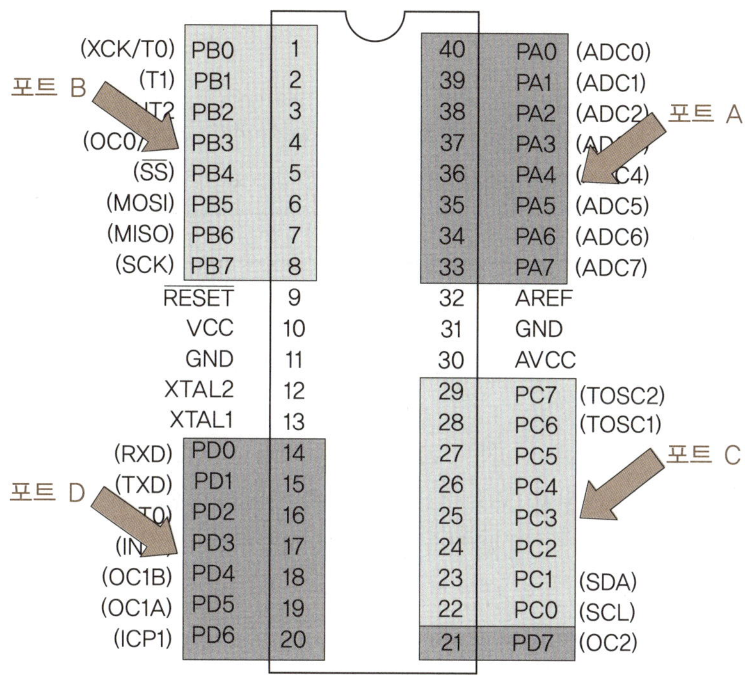

│그림 4-43. ATmega8535의 포트 구성│

(1) 기본 입·출력 동작 Ⅰ

① 작동 설명

자작 ECU의 입·출력 동작을 이해하기 위해서 앞에서 제작한 자작 ECU를 사용하여 그림 4-44의 PB0(1번 핀)과 연결된 스위치를 ON하면 그림 4-45에서 PC0~PC3(22~25번 핀)의 인젝터가 켜지고, 스위치를 OFF하면 인젝터가 꺼지도록 한다.

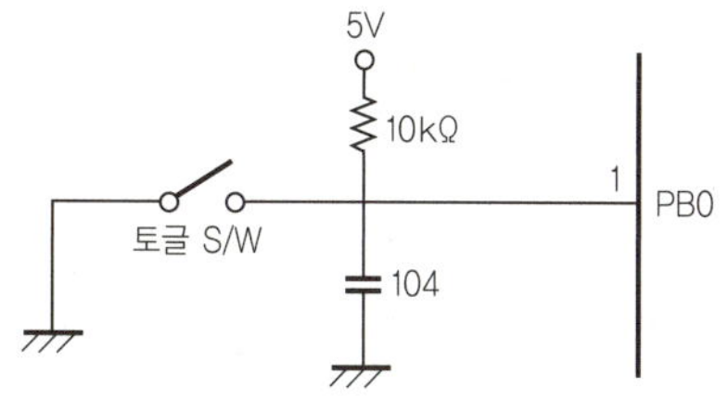

│그림 4-44. 입력 스위치 연결│

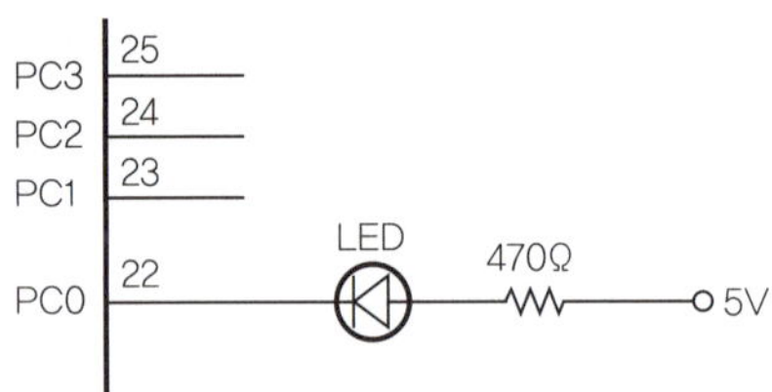

|그림 4-45. 인젝터 출력 연결|

② 제어 알고리즘

㉠ PORTB.0(PINB.0, 1번 핀)을 통해 그림 4-46과 같이 입력되는 값을 읽는다.

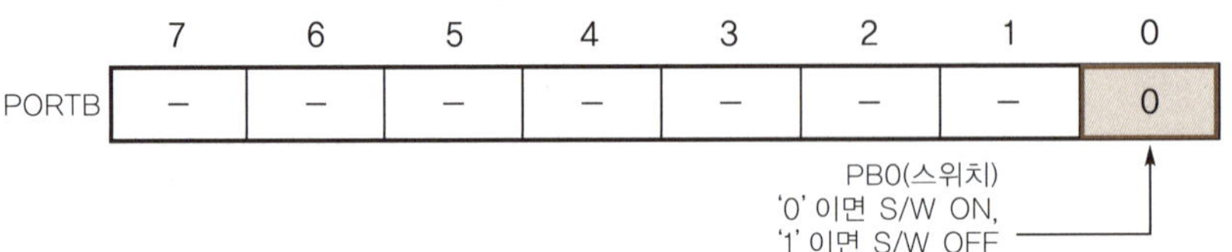

|그림 4-46. PORTB의 비트 값|

㉡ 입력값이 '0'이면(스위치 ON, 0V) 인젝터를 작동(PC0로 '0'을 출력)한다.

㉢ 입력값이 '1'이면(스위치 OFF, 5V) 인젝터를 작동하지 않는다(PC0로 '1'을 출력).

㉣ 연속적으로 위 ㉠, ㉡, ㉢의 과정을 반복하여 실행한다.

＊ 회로도의 입력 측 S/W와 출력 측 인젝터의 연결을 잘 관찰한다.

③ 플로 차트

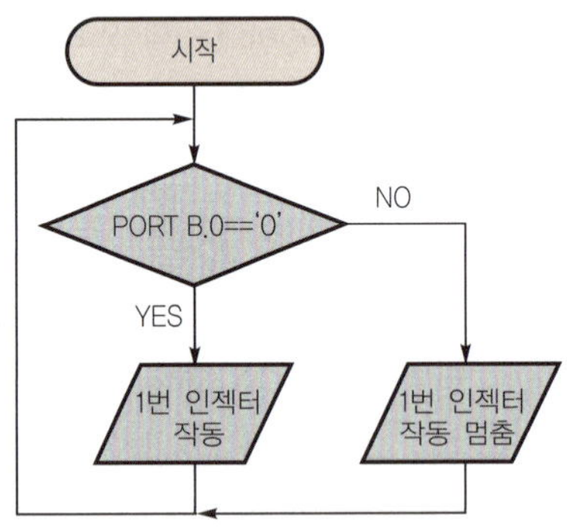

|그림 4-47. 플로 차트|

인젝터의 작동 과정을 이해하면 그림 4-47과 같은 플로 차트를 그릴 수 있다.

자작 ECU 전체 회로도에서 PB0의 입력은 스위치가 ON이면 0V, OFF이면 5V가 입력되며, 인젝터 출력회로에서 PC0의 출력이 '0'이면 연료가 분사되고, '1'이면 연료 분사가 멈춘다.

④ 제어 프로그램

```
#include<mega8535.h>
void main(void)
{
  unsigned char injector=0b11111111; //injector의 초기 설정값, 0xFF
  DDRC=0xFF;//*PORTC 모두 출력으로 설정
  DDRB=0x00;//*PORTB 모두 입력으로 설정


  while(1)
   {
     injector=PINB.0 & 0b00000001;//스위치가 ON되면 PB0로 '0' 입력
     if(injector==0b00000000) PORTC=0b11111110;//1번 인젝터 분사
     else PORTC=0b11111111;//injector 분사 멈춤, 0xFF
   }
}
```

위 프로그램은 I/O 포트 관련 레지스터로, ATmega8535 I/O 포트를 제어하기 위해서는 표 4-1에서와 같이 두 종류의 레지스터와 하나의 핀 주소를 사용하여야 한다.

레지스터	기 능
DDRx	포트의 데이터 방향을 결정(비트별 값이 '1' : 출력, 비트별 값이 '0' : 입력)
PORTx	DDRx에 의해서 출력으로 설정
PINx	DDRx에 의해서 입력으로 설정

|표 4-1. I/O 포트와 관련된 레지스터|

이때 신호 입력 시 설정 레지스터는 DDRx, PINx이고, 신호 출력 시 설정 레지스터는 DDRx, PORTx이다.

참고

프로그램 사용의 예
① DDRA=0xFF(또는 0b11111111) ://PORTA 모든 핀 출력 설정
  DDRA=0x00(또는 0b00000000) ://PORTA 모든 핀 입력 설정
② injector=PINA;//PORTA 핀의 값을 읽어 와서 injector 변수에 기억
③ PORTA=injector;//injector의 값을 PORTA로 출력
* SFIOR(특수 기능 레지스터)은 외부 메모리 사용 시, 내부 풀업 저항 사용 시 적용한다.

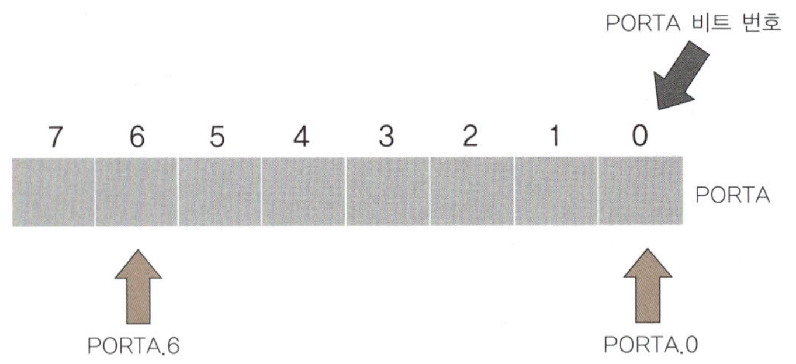

| 그림 4-48. PORTA의 비트 번호 |

그림 4-48은 PORTA의 각 비트의 번호와 명칭을 나타낸다.

즉, PORTA의 첫 번째 비트는 비트 번호가 '0'이고 비트 명칭은 'PORTA.0'로 표시할 수 있다.

그림 4-49와 같은 PORTB.0의 값을 입력받아 1번 핀(PB0)의 입력이 0V인지 아니면 5V인지 확인한다.

&는 논리 연산자로서, 'AND'를 의미한다. &&는 바이트 단위로 논리 AND 연산을 실행하고, &는 비트 단위로 논리 AND를 실행한다.

예를 들어, (0b10010000 && 0b00000001)는 0b10010000이 '0'이 아니므로 '참', 0b00000001도 '0'이 아니므로 '참'이 되어 전체는 '참'이 된다.

(0b10010000 & 0b00000001)에서 0b10010000과 0b00000001을 각 비트끼리 연산하여 0b00000000이 되므로 전제적으로는 '0'으로 '거짓'이 된다.

자작 ECU 회로에서는 PORTB의 PB0 단자는 스위치를 OFF하면 '1'(참), ON하면 '0'(거짓)이 된다.

```
injector=PINB.0 & 0b00000001;//비트 AND 연산
if(injector==0b00000000) PORTC=0b11111110;
else PORTC=0b11111111;//0xFF
```

injector=PINB.0 & 0b00000001;에서 injector의 연산은 그림 4-49와 같다.

여기서, 스위치가 ON이면 'PINB=0bxxxxxxx0'이 된다.

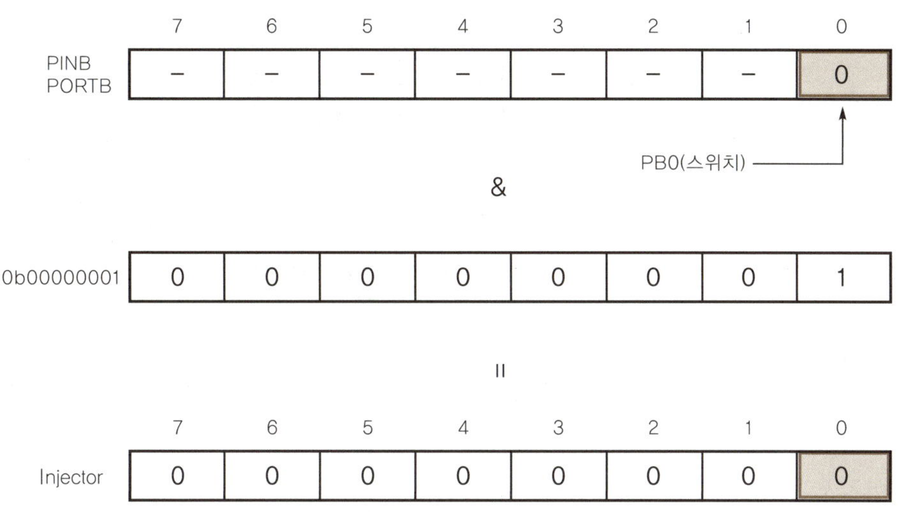

| 그림 4-49. Injector의 연산 |

위 문장에서와 같이 (PINB & 0b00000001)로 프로그램 할 경우 '&' 비트 연산자를 사용하여 비트 단위로 비교를 한다.

따라서 스위치를 누르면(PB0가 '0'이 되면) injector는 '0b00000000'이 되고, if(injector==0b00000000)에서 ( ) 안을 만족(참)하게 되어 PORTC=0b11111110을 실행하게 되며, 스위치를 OFF하면(PB0가 '1'이 되면) if(injector==0b00000000)에서 ( ) 안이 거짓이 되어 else의 문장인 PORTC=0b11111111을 실행하게 된다.

㉠ 'PORTC=0b11111110'으로 출력할 때 그림 4-50에서 인젝터의 작동을 확인한다.

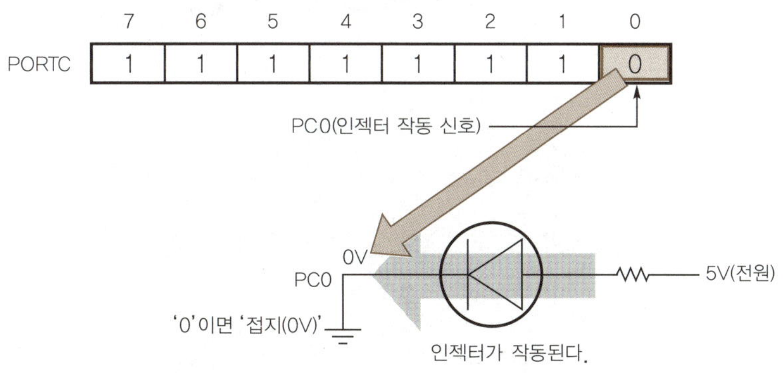

| 그림 4-50. 인젝터의 작동 |

㉡ 'PORTC=0b11111111'로 출력할 때 그림 4-51에서 인젝터(LED)의 작동을 확인한다.

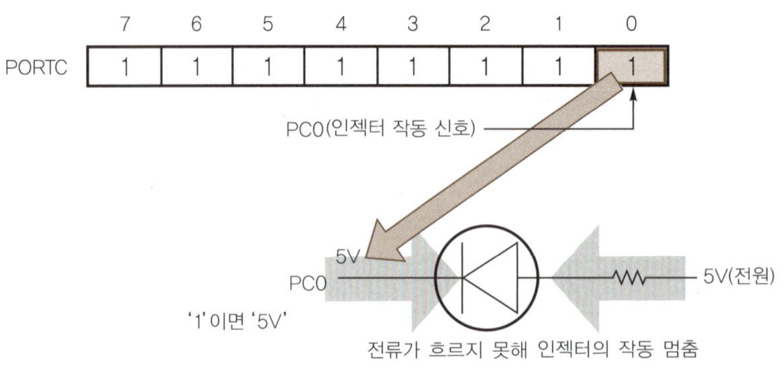

| 그림 4-51. 인젝터의 작동 멈춤 |

여기서, PINB.0는 PINB의 0번째 비트를 의미한다.

ⓒ 'if-else' 문

> if(조건식) 문장 1;
> else 문장 2;

위와 같은 형태로 나타내며, ( ) 안의 조건식을 판단하여 식이 참이면 문장 1, 거짓
이면 문장 2를 실행한다.

자작 ECU를 그림 4-52와 같이 전원과 연결하고, 그림 4-53과 같이 인젝터(LED)
의 작동을 확인할 수 있다.

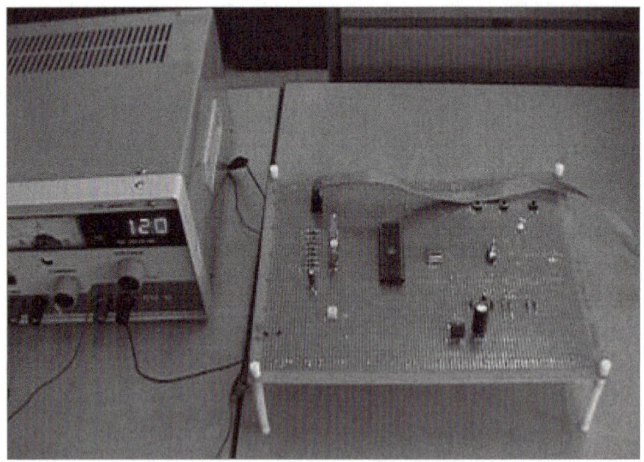

| 그림 4-52. 자작 ECU의 연결 |

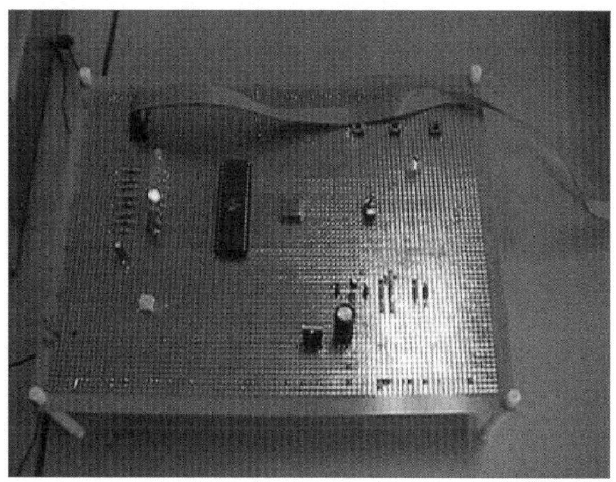

|그림 4-53. 자작 ECU의 작동|

(2) 기본 입·출력 동작 Ⅱ

① 작동 설명

미리 제작한 자작 ECU를 사용하여 PB0(1번 핀)와 연결된 스위치를 ON하면 8개의 인젝터(PC0~PC3)와 점화 코일(PC4~PC7)이 작동하고, 스위치를 OFF하면 모든 인젝터와 점화 코일이 작동하지 않도록 한다.

|그림 4-54. 타임 차트|

그림 4-54는 인젝터(injector)와 점화 코일(ignition coil)의 동작을 한눈에 알아볼 수 있도록 한 타임 차트이다.

② 제어 알고리즘

㉠ PINB.0(1번 핀)를 통해 입력되는 값을 읽는다.

㉡ 1번 핀이 '1'(S/W ON, 5V)인지 확인한다.

㉢ 1번 핀과 연결된 S/W가 ON(5V)이면 모든 인젝터와 점화 코일을 작동한다.

㉣ 만약 '0'(S/W OFF, 0V)이면 모든 인젝터와 점화 코일을 작동하지 않는다.

㉤ 상기 과정을 반복 실행한다.

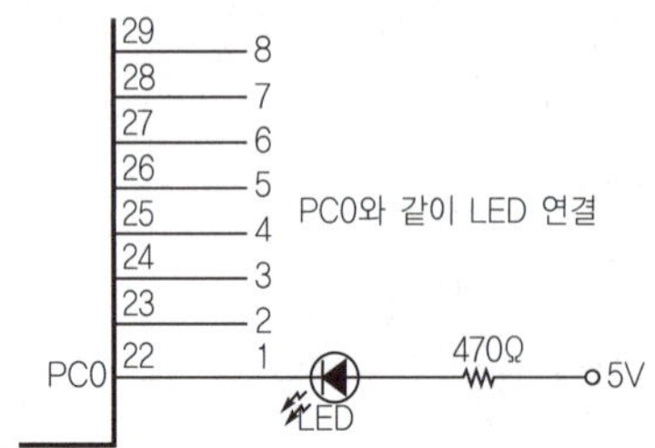

|그림 4-55. 인젝터와 점화 코일 출력회로|

그림 4-55는 4개 인젝터와 4개 점화 코일이 연결된 출력회로를 나타낸다.

③ 플로 차트

인젝터와 점화 코일의 작동 과정을 그림 4-56과 같은 플로 차트(flow chart)로 나타
낼 수 있다.

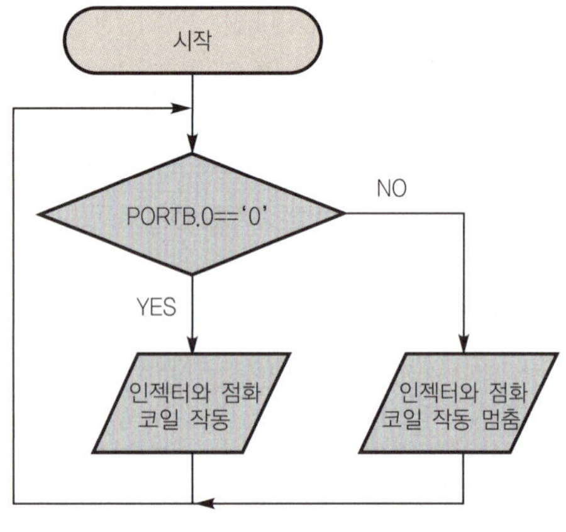

|그림 4-56. 플로 차트|

④ 제어 프로그램

```c
#include<mega8535.h>
void main(void)
{
  unsigned char inj_ign=0b11111111;
  DDRC=0xFF;//*PORTC를 모두 출력으로 설정
  DDRB=0x00;//*PORTB를 모두 입력으로 설정
  while(1)
```

```
{
    inj_ign=PINB & 0b00000001;//1번 핀의 스위치 동작 상태를 확인
    if(inj_ign==0b00000000) PORTC=0b00000000;//모든 인젝터와 점화 코일 작동
    else PORTC=0b11111111;//모든 인젝터와 점화 코일 작동 멈춤, 0xFF
  }
}
```

위 프로그램을 살펴보자.

㉠ while(조건){ }

조건의 결과가 '0'이 아닐 때는 참(조건 성립), 조건의 결과가 '0'일 때는 거짓(조건이 성립되지 않음)이다.

{ }로 둘러싸지 않으면 다음에 나오는 첫 번째 수행문이나 연산식 하나만 루프 또는 블록의 실제 부분으로 간주한다.

무한 while loop

while문의 (조건)으로 '0'이 아닌 값(보통 '1')을 지정해 주면 조건이 항상 만족되는 것으로 평가하여 해당 루프가 무한 반복 실행된다.

```
while(1){
        문장;
        }
```

㉡ PB0와 연결되어 있는 입력 스위치를 ON하면 PINB가 0bxxxxxxx0이 되고, 0b00000001과 비트 별로 'AND' 연산을 하면 0b00000000이 된다.

이 값이 변수 'inj_ign'에 대입되므로, inj_ign=0b00000000이 된다.

따라서, if(inj_ign==0b00000000)에서 ( ) 안을 만족하게 되어 ( ) 안이 참이 되므로 PORTC=0b00000000을 실행하게 된다.

㉢ 더해서 'OR' 비트 연산자인 '|'에 대해 알아보자.

```
if(inj_ign | 0b00000001) inj_ign=0b11111110;
else inj_ign=0b11111111;
```

if(inj_ign | 0b00000001)에서 ( ) 안의 inj_ign의 값이 inj_ign=0b00001100 (0x0C)이면 결과가 어떻게 되는지 알아보자.

inj_ign=0x0C=0b00001100, 0x01=0b00000001이므로,

if(inj_ign|0b00000001)에서 if(0b00001100 | 0b00000001)의 조건식 결과가 '0b00001101'이 되어 '참('0'이 아님)'이 되므로, 결국 inj_ign=0b11111110

(0xFE)를 수행하게 된다. 이 과정을 그림으로 나타내면 그림 4-57과 같다.

다시 설명하면, OR 논리 연산자는 '││', OR 비트 논리 연산자는 '│'가 되고, AND 논리 연산자는 '&&', AND 비트 논리 연산자는 '&'가 된다.

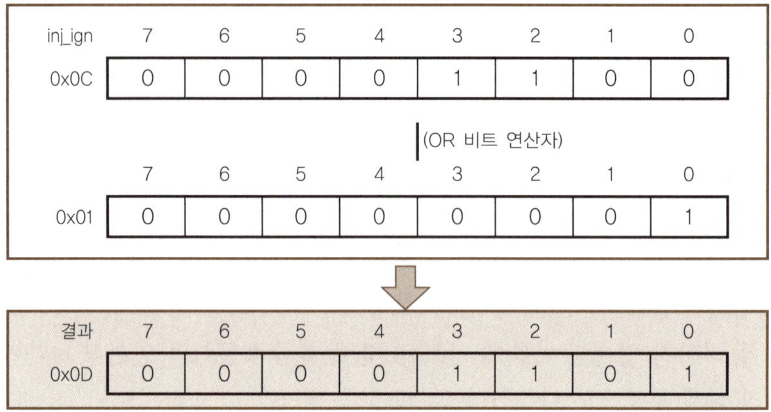

|그림 4-57. OR 연산|

(3) 기본 입·출력 동작 Ⅲ

① 작동 설명

스위치 입력과 관계없이 PORTC에 연결되어 있는 4개의 인젝터와 4개의 점화 코일을 순차적으로 ON/OFF시키는 프로그램을 만든다. 자작 ECU의 전원을 연결하면 PC0~PC7까지 연결되어 있는 인젝터와 점화 코일(실제는 LED)을 순차적으로 ON(작동)/OFF(작동되지 않음)시키고 PC7의 점화 코일이 작동된 후에는 다시 PC0의 인젝터부터 작동되도록 제어 프로그램을 설계한다.

② 제어 알고리즘

㉠ 최초 작동 시 1번 인젝터가 켜지도록 출력을 설정한다(0b11111110로 설정).

㉡ 인젝터(또는 점화 코일) 제어값을 PORTC로 출력한다.

㉢ 일정 시간 동안 출력을 유지한다(daegi 함수).

㉣ 인젝터(또는 점화 코일) 제어값을 왼쪽으로 1칸 이동한다.

㉤ 다음 인젝터(또는 점화 코일)만 켜지도록 한다(inj_ign OR 0b00000001).

㉥ 인젝터(또는 점화코일)를 순차적으로 ON/OFF시키고 PC7의 점화 코일이 작동된 후에는 다시 PC0의 인젝터(또는 점화 코일)부터 작동되도록 한다.

㉦ 인젝터와 점화 코일이 모두 꺼지면(0xFF) 1번 인젝터가 켜지도록(inj_ign을 0xFE로 대체) 한다.

㉧ 위의 ㉡~㉦의 과정을 반복하여 실행한다.

③ 플로 차트

그림 4-58과 같이 인젝터와 점화 코일(실제 회로에서는 LED)의 작동 과정을 플로 차트로 나타낼 수 있다.

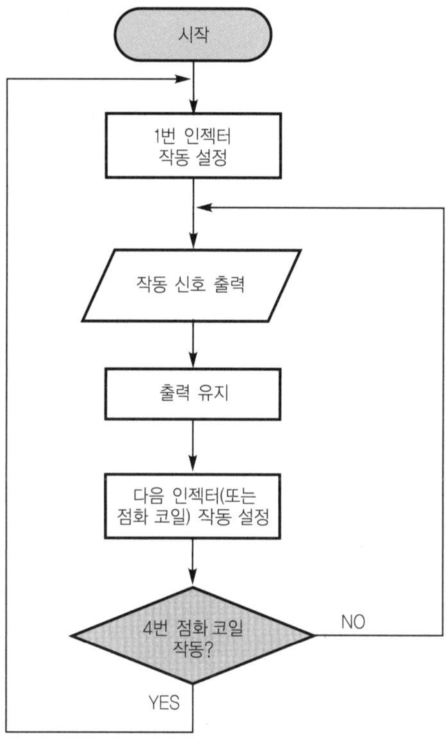

|그림 4-58. 플로 차트|

④ 제어 프로그램

```
#include<mega8535.h>
unsigned char inj_ign=0b1111110;//0xFE으로 1번 인젝터 작동
DDRC=0xFF;//PORTC 출력으로 설정, 0b11111111

void daegi(unsigned int k)
{
    unsigned int i, c;
    for(i=0; i<k; i++){//시간 지연
                c=410000;
                while(c--);
            }
}
```

```
  void main(void)
{
     do{
          PORTC=inj_ign;//해당 인젝터 또는 점화 코일 작동
          daegi(51);//작동 유지
          inj_ign <<=1;//다음 인젝터 또는 점화 코일로 1칸 이동(왼쪽)
          inj_ign |=0b00000001;//inj_ign=inj_ign | 0b00000001
          if(inj_ign==0b11111111)inj_ign=0b11111110;
          }while(1);
}
```

위 프로그램을 살펴보도록 하자.

㉠ daegi(51)를 이용하여 일정 시간 동안 인젝터 또는 점화 코일의 작동을 유지한다.
  void daegi(unsigned int k)에서 daegi(51)의 ( ) 안의 51이 void daegi (unsigned int k)의 k로 전달되어 결국 for문을 51회 반복하게 된다.

㉡ 'inj_ign <<=1;'에서 비트 연산자(<<)를 이용하여 왼쪽으로 1비트 이동하면 그림 4-59에서와 같이 inj_ign는 0b11111100로 변화되어 1번과 2번 인젝터 2개가 작동 하게 되므로, 2번만 작동되도록 'inj_ign|=0x01;'을 실행하여 inj_ign가 0b11111101이 되도록 하였다.
  마지막으로, 'if(inj_ign==0b11111111)inj_ign=0b11111110;'을 실행하여 inj_ign 의 모든 비트가 1이면 다시 원래의 상태인 0xFE(0b11111110)를 출력하도록 한다.

㉢ 'inj_ign|=0x01;'의 의미를 이해해 보자.
  'inj_ign=inj_ign|0x01;'을 간단하게 중복되는 변수를 줄여서 사용한 것이다.
  그러면 k=k+1;을 간단히 쓰면 k+= 1;이 된다.

㉣ daegi( ) 함수에서 for문의 사용은 다음과 같다.

```
for(i=0; i<=10; i++){
                 문;
                 }
```

이것은 i를 0에서 시작(i=0)하여 i값을 +1씩 증가(i++, 문을 실행 후 +1 증가)시키고, i가 10이 될 때까지(i<=10) 반복하는 것이다.

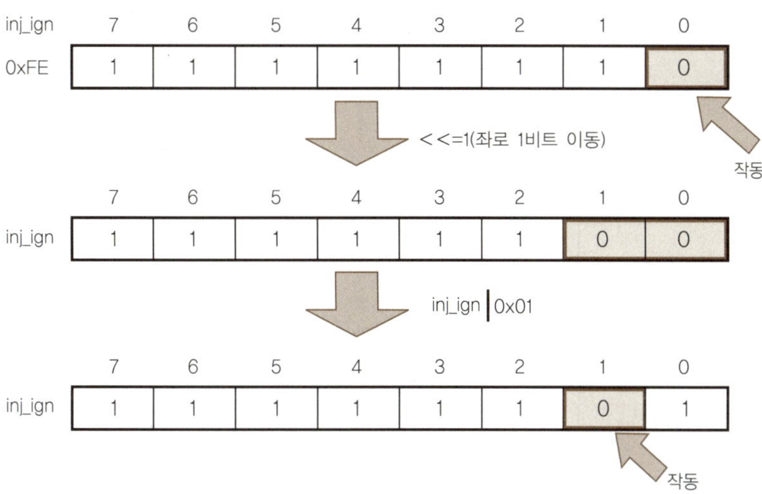

┃그림 4-59. 인젝터 또는 점화 코일의 작동을 좌측으로 이동하면서 제어┃

(4) 기본 입·출력 동작 Ⅳ

① 작동 설명

이전의 입·출력 동작 Ⅲ에서 PORTB.0 단자와 연결된 스위치를 1회 ON/OFF 작동하면, PORTC에 연결되어 있는 1~4번 인젝터(PC0~PC3)와 1~4번 점화 코일(PC4~PC7)이 순차적으로 1회씩 작동하도록 프로그램을 설계한다.

- PB0에 연결되어 있는 입력 스위치 ON -- '0' 입력
  OFF -- '1' 입력

② 제어 알고리즘

㉠ PORTB.0 스위치 입력을 확인한다(PINB & 0b00000001).

㉡ 입력 S/W가 ON(0V 입력)이면 인젝터 1~4번, 점화 코일 1~4번까지 차례로 1회씩 작동한다.

㉢ 입력 S/W가 OFF(5V 입력)이면 인젝터와 점화 코일을 작동하지 않는다.

㉣ 위 과정을 반복적으로 실행한다.

③ 플로 차트

그림 4-60과 같이 인젝터와 점화 코일의 작동 과정을 플로 차트로 나타낼 수 있다.

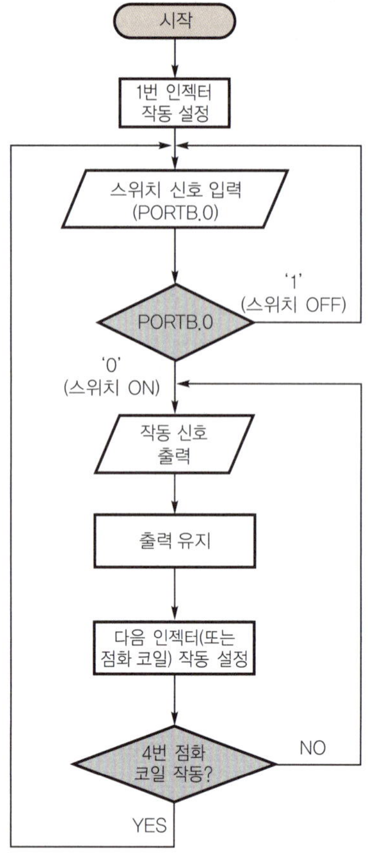

|그림 4-60. 플로 차트|

④ 제어 프로그램

```c
#include<mega8535.h>
unsigned char inj_ign=0b11111110;//0xFE로 1번 인젝터 작동
DDRC=0xFF;//PORTC를 출력으로 설정

void daegi(unsigned int count)
{
    unsigned int k, c;
    for(k=0; k<count; k++){
                    c=410000;
                    while(c--);
                    }
}
```

```c
void main(void)
{
  while(1){
        if((PINB & 0b00000001)==0)
         {
           do {
                PORTC=inj_ign;//해당 인젝터 또는 점화 코일 작동
                daegi(51);//작동 유지
                inj_ign<<=1;//다음 인젝터 또는 점화 코일로 1칸 이동
                inj_ign|=0b00000001;//inj_ign=inj_ign| 0x01
                if(inj_ign==0b11111111) PORTC=0b11111110;
              }while(inj_ign!= 0b11111111);//0xFF
         }
      }
}
```

위 프로그램에 대해 알아보자.

㉠ while문을 사용하여 반복적으로 PORTB.0와 연결된 스위치가 ON인지를 확인한다.

㉡ if문의 (PINB & 0b00000001)==0;에 의해 입력 스위치가 ON인지 OFF인지 확인한다.

비교 연산자 '=='는 '같다'는 의미이고, 비트 논리 연산자 '&'는 비트 단위 'AND' 연산의 의미를 나타낸다.

if((PINB & 0b00000001)==0)에서 (PINB & 0b00000001)는 그림 4-61에서 설명하는 것처럼 PINB와 0b00000001(0x01)을 비트 AND 연산하는 것이다. 따라서 그 결과가 '0'과 같으면(==0), 즉 0b00000000이면 {}를 수행하고, '0'과 같지 않으면(예를 들면, 0b00000001이면), if 다음 문장을 수행하게 된다.

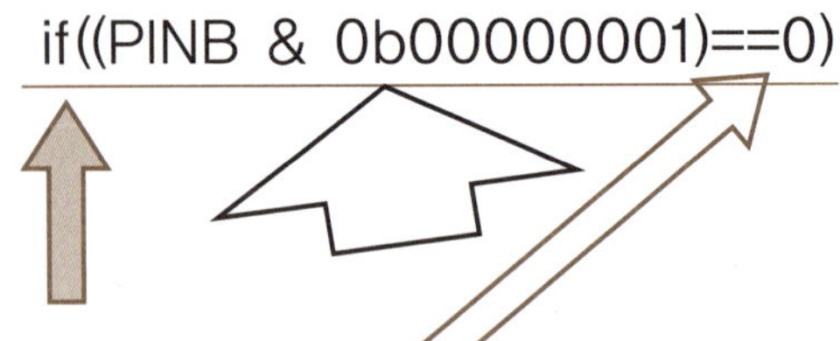

|그림 4-61. if((PINB & 0b00000001)==0)의 설명|

PORTB의 PB0에 연결되어 있는 스위치의 ON, OFF 시 비트 값 변동은 다음과 같다. 그림 4-62는 입력 스위치의 작동이 'ON'일 때 비트 & 연산 과정을 나타낸다.

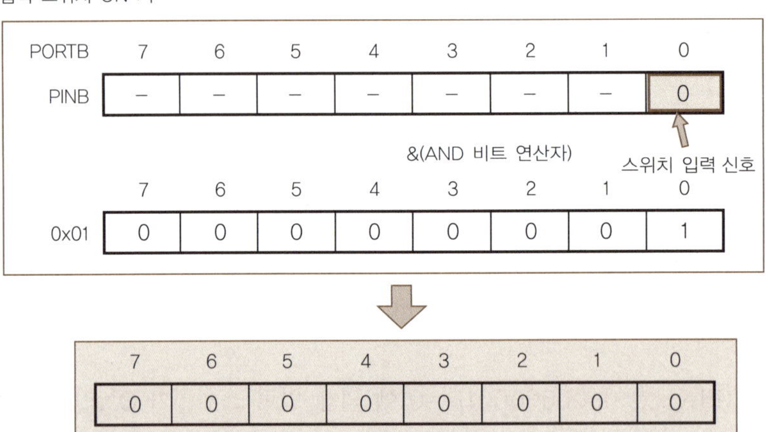

|그림 4-62. 스위치 ON 시 비트 값|

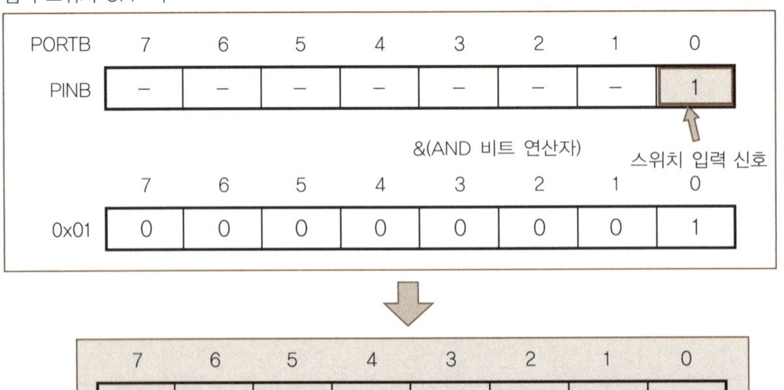

|그림 4-63. 스위치 OFF 시 비트 값|

그림 4-63은 입력 스위치의 작동이 'OFF' 일 때 '비트 &' 연산 과정을 나타낸다.
ⓒ do~while문의 일반적인 형식은 다음과 같다.

```
do{
   문
} while (식);
```

do~while문에서 while(inj_ign!=0b11111111);은 while 다음의 ( ) 안의 식이 참이
면 do~while문을 계속 반복하게 된다. 여기서는 inj_ign==0b11111111(8개의 인젝
터와 점화 코일이 한 번씩 작동되면)이 될 때까지 반복하게 된다.

여기서, inj_ign!=0b11111111;은 'inj_ign는 0b11111111과 같지 않다' 이므로,
while(inj_ign!=0b11111111);은 'inj_ign가 0b11111111과 같지 않으면 do~while
문을 계속 수행하라' 는 의미를 갖는다. 만약, inj_ign가 0b11111111과 같게 되면
do~while문을 탈출하게 된다.

```
do {


   }while(inj_ign!=0b11111111);
```

inj_ign가 0b11111111과 같지 않으면, do~while문을 계속 수행한다.

ⓓ 어떤 4개의 입력 단자(PORTB.0~PORTB.3)로 입력되는 신호가 '1' 인지 아닌지를
차례로 확인하는 문장을 작성해 본다. 즉, 포트의 입력 상태 변화를 확인하기 위해
폴링 방식(다음 장의 인터럽트 제어에서 설명)으로 상승 에지('0' 에서 '1' 로 변화되
는 순간)를 감지하기 위한 프로그램이다.

```
do{
   sw=PINB;
   check=0;
   if(sw & 0x01) PORTC=0b11111110;//PORTB.0 비트를 확인
   else if(sw & 0x02) PORTC=0b11111101;//PORTB.1 비트를 확인
   else if(sw & 0x04) PORTC=0b11111011;//PORTB.2 비트를 확인
   else if(sw & 0x08) PORTC=0b11110111;//PORTB.3 비트를 확인
}while(1);
```

즉, PORTB.0~PORTB.3을 차례로 상태 변화가 있는지 확인하는 프로그램이다.

(5) 점화 순서(1-3-4-2)대로 인젝터 작동

① 작동 설명

외부 스위치 신호의 입력과 무관하게 PORTC에 연결되어 있는 인젝터 4개를 엔진의 연료 분사 순서와 같이 순차적으로 ON/OFF시키는 프로그램을 설계해 보자.

PC0~PC3까지 연결되어 있는 인젝터를 그림 4-64의 타임 차트와 같이 1-3-4-2 순으로 순차적으로 ON/OFF시키도록 한다.

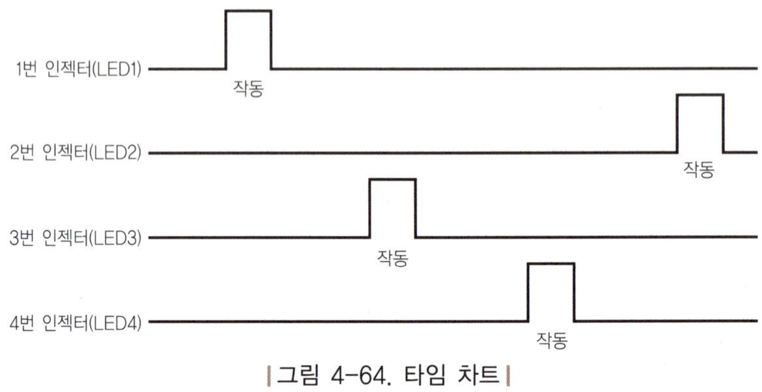

|그림 4-64. 타임 차트|

② 제어 알고리즘

㉠ 최초 인젝터를 OFF한다.

㉡ 1번 인젝터를 ON한다.

㉢ 일정 시간(daegi(35) 함수 사용) 작동을 유지한다.

㉣ 1-3-4-2 점화 순으로 인젝터가 작동할 수 있도록 한다.

㉤ 위 과정을 반복하여 실행한다.

㉥ 인젝터 작동 시간 제어에서 타이머/카운터를 사용하지 않는다.

③ 플로 차트

그림 4-65와 같이 인젝터의 작동 과정을 플로 차트로 나타낼 수 있다.

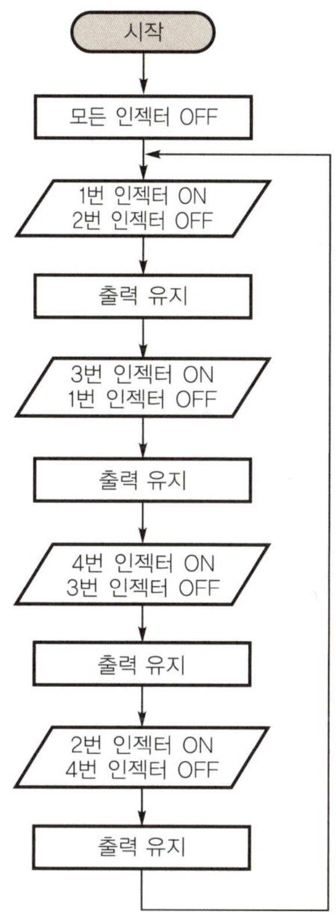

|그림 4-65. 플로 차트|

④ 제어 프로그램

```c
#include<mega8535.h>
void daegi(unsigned int count)
{
    unsigned int i, c;
    for(i=0; i<count; i++){
                    c=510000;
                    while(c--);
                    }
}


void main(void)
{
    DDRC=0xFF; //PORTC를 모두 출력으로 설정
```

```
    while(1){//반복 실행
            PORTC=0b11111110; //1번 인젝터 ON
            daegi(35);//지연 함수 daegi( ) call
            PORTC=0b11111011; //3번 인젝터 ON
            daegi(35);
            PORTC=0b11110111; //4번 인젝터 ON
            daegi(35);
            PORTC=0b11111101; //2번 인젝터 ON
            daegi(35);
        }
    }
```

위 프로그램을 살펴보자.

PORTC로 출력되는 비트의 값을 직접 변화시켜 인젝터의 작동을 제어한다.

이때 회로 설계상 PORTC로 출력되는 비트 값이 '0'이면 인젝터가 작동하고, '1'이면 인젝터가 작동하지 않는다.

타이머/카운터0을 사용하여 작동 시간을 제어하는 것이 아니라 기계적으로 일정 시간 (daegi(35))이 경과하면 점화 순서대로 다음 인젝터를 작동한다.

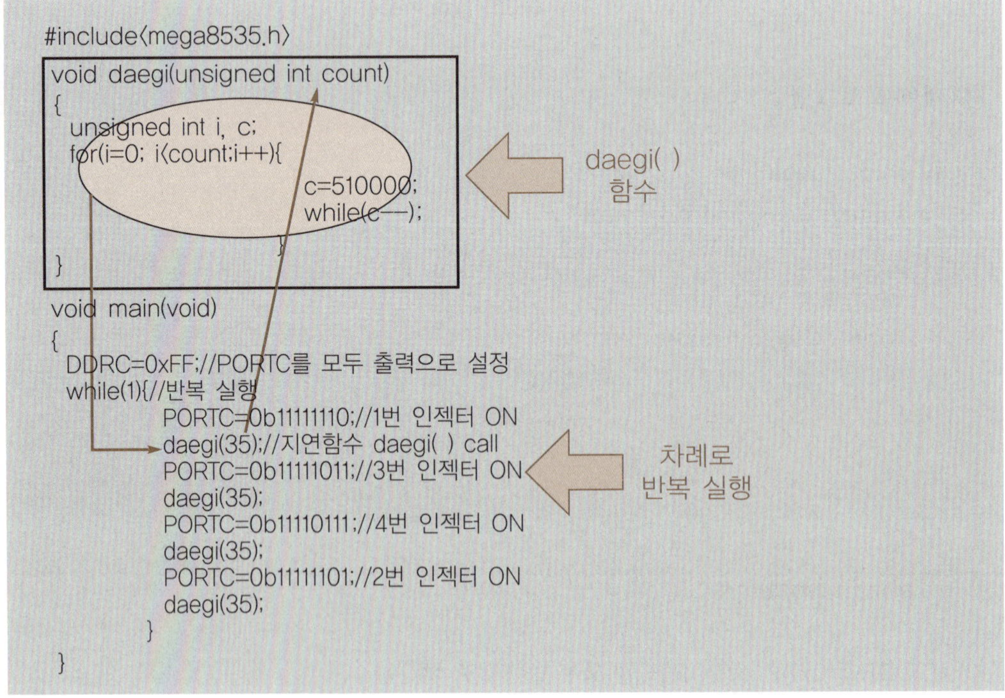

(6) 외부 입력 신호에 의한 인젝터 그룹 제어

① 작동 설명

PORTB.0에 연결되어 있는 S/W가 1회 ON/OFF되면 PORTC에 연결되어 있는 인젝터를 엔진의 연료 분사처럼 그룹(1번과 4번, 2번과 3번의 2개 그룹으로 동시 분사) 방식으로 ON/OFF시키는 프로그램을 설계해 본다.

PC0~PC3까지 연결되어 있는 인젝터를 그림 4-66의 타임 차트와 같이 1번과 4번, 2번과 3번 순으로 순차적으로 ON/OFF시키도록 한다.

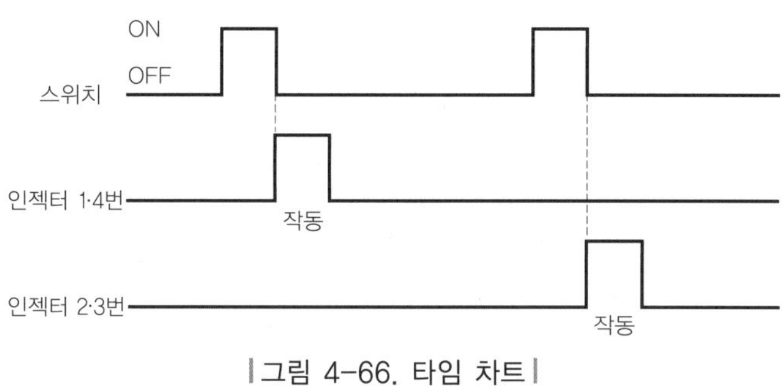

|그림 4-66. 타임 차트|

② 제어 알고리즘

㉠ PORTB.0의 S/W가 ON/OFF하면 1번과 4번 인젝터가 동시에 일정 시간 동안 작동한다.

㉡ 다시 S/W를 ON/OFF하게 되면 2번과 3번 인젝터가 동시에 일정 시간 동안 작동한다.

㉢ 위의 작동을 반복하여 실행한다.

③ 플로 차트

그림 4-67과 같이 동시 분사(점화) 제어 과정을 플로 차트로 나타낼 수 있다.

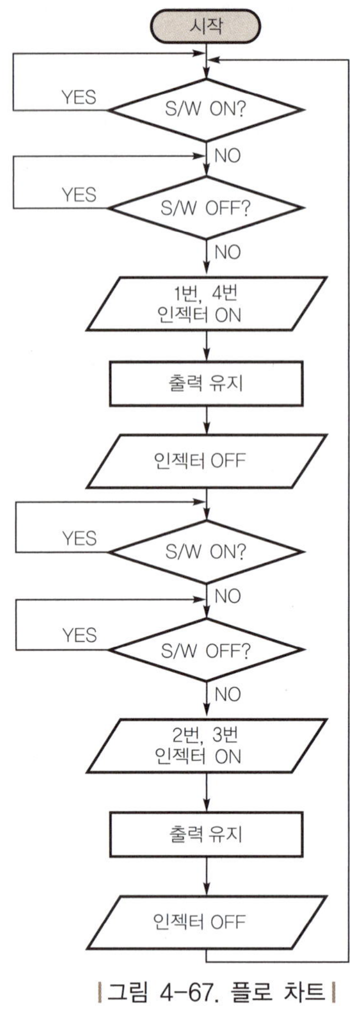

|그림 4-67. 플로 차트|

④ 제어 프로그램

```c
#include<mega8535.h>
void daegi(unsigned int count)
{
    unsigned int k, c;
    for(k=0; k<count; k++){
                c=410000;
                while(c--);
                }
}
```

```c
void main(void)
{
    DDRB=0x00;//PORTB를 입력으로 설정
    DDRC=0xFF; //PORTC를 출력으로 설정
    PORTC=0b11111111;//최초 인젝터 작동 OFF

    while(1){
            while((PINB & 0b00000001) == 0);//S/W ON이면 제자리
            while((PINB & 0b00000001) == 1);//S/W OFF이면 제자리
            PORTC=0b11110110;//1번, 4번 인젝터 ON
            daegi(35);
            PORTC=0b11111111;//0xFF
            while((PINB & 0b00000001)==0);//S/W ON이면 제자리
            while((PINB & 0b00000001)==1);//S/W OFF이면 제자리
            PORTC=0b11111001;//2번, 3번 인젝터 ON
            daegi(35);
            PORTC=0b11111111;//0xFF
            }
}
```

㉠ while((PINB & 0b00000001)==0);는 S/W OFF(PINB.0=1)이면 while문을 탈출하고, S/W가 ON(PINB.0=0)되면 제자리에서 반복 실행한다.

그림 4-68과 같이 'PINB=0bxxxxxxx0'이면 while문의 (PINB & 0b00000001)는 '0b00000000'이 되어 '0'이므로 '(PINB & 0b00000001)==0'을 만족하므로 제자리에서 while문을 반복 실행하게 된다.

다시 한번 반복해서 while( )문의 의미를 설명하면, while문에서 ( ) 안의 값이 만족('0'이 아니면 true)되면 while문을 수행하고, ( ) 안의 값이 만족되지 못하면('0'이면 false) 다음 문장을 수행하게 된다.

즉, while(1)이면 while문을 반복해서 수행하고, while(0)이면 다음 문장을 수행하게 된다.

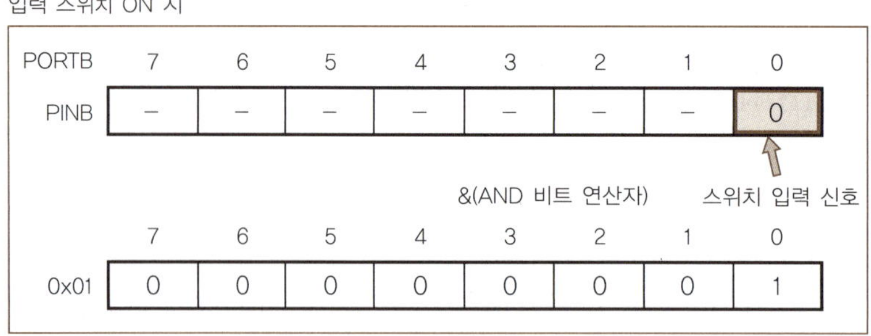

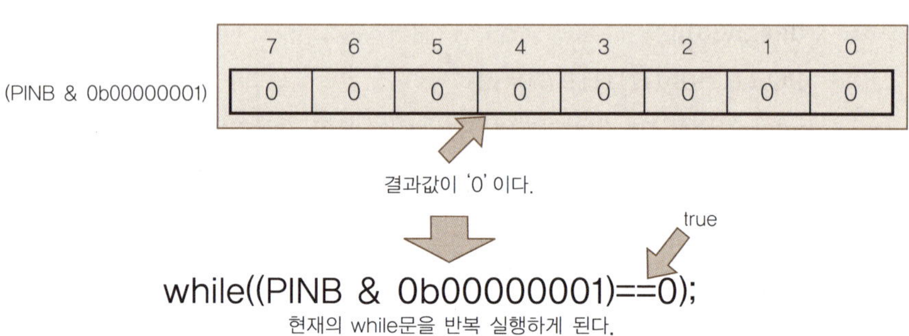

| 그림 4-68. 스위치 입력값이 '0'일 때 while((PINB & 0b00000001)==0);의 값 |

만약, 그림 4-69와 같이 'PINB=0bxxxxxxx1'이면 while문의 (PINB & 0b00000001)은 '0b00000001'이 되어 '0'이 아니므로 '(PINB & 0b00000001)==0'을 만족하지 않아 다음 문장 'while((PINB & 0b00000001) == 1);'을 실행하게 된다.

입력 스위치 OFF 시

결과값이 '1' 이다.

false

while((PINB & 0b00000001)==0);

다음 문장을 실행하게 된다.

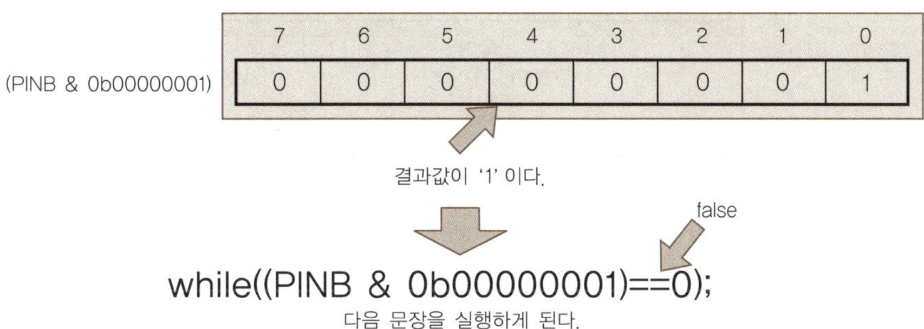

|그림 4-69. 스위치 입력값이 '1'일 때 while((PINB & 0b00000001)==0);의 값|

ⓛ while((PINB & 0b00000001)==1);은 S/W OFF이면 제자리에서 반복 실행하고, S/W가 ON되면 while문을 탈출한다.

그림 4-70과 그림 4-71에서와 같이 'PINB=0bxxxxxxx0'이면 while문의 (PINB & 0b00000001)은 '0b00000000'이 되어 '0'이므로 '(PINB & 0b00000001)==1'을 만족하지 못해 다음 문장을 수행하게 된다.

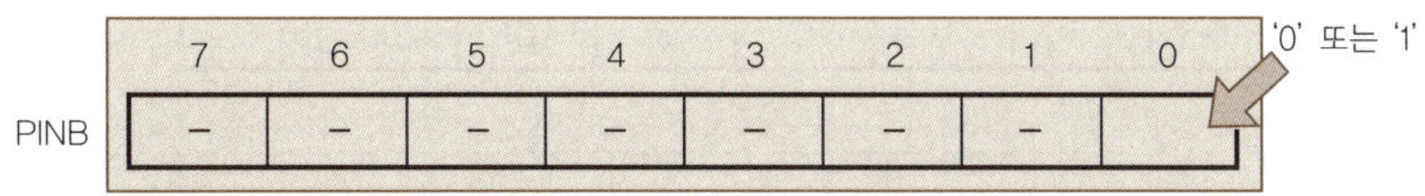

|그림 4-70. PINB의 비트 값|

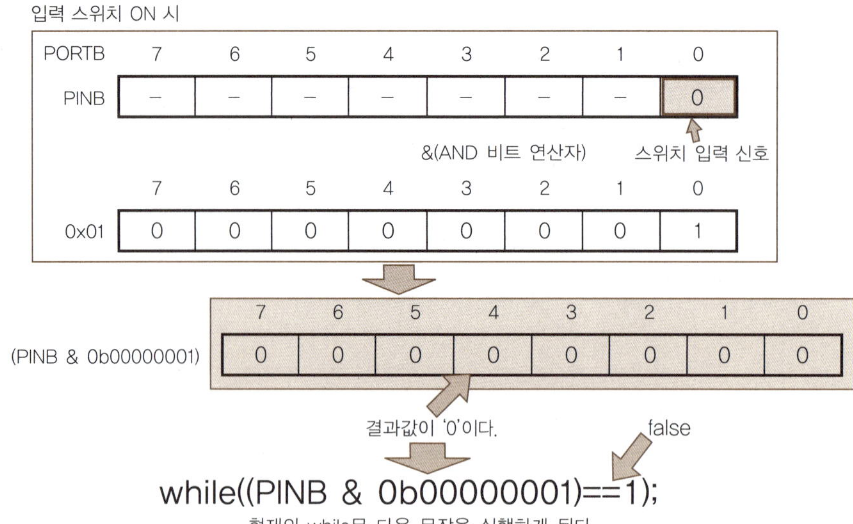

|그림 4-71. 스위치 입력값이 '0'일 때 while((PINB & 0b00000001)==1);의 값|

만약, 그림 4-72와 같이 'PINB=0bxxxxxxx1'이면 while문의 (PINB & 0b00000001)는 '0b00000001'이 되어 '1'이 되므로 '(PINB & 0b00000001)==1'을 만족하여 현재의 while문을 계속 반복 실행하게 된다.

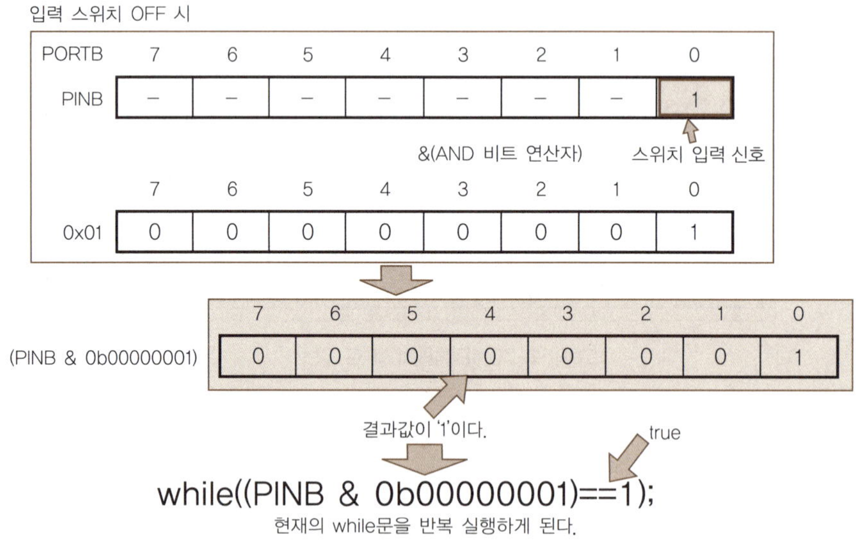

|그림 4-72. 스위치 입력값이 '1'일 때 while((PINB & 0b00000001)==1);의 값|

스위치 1회 작동 시 이를 감지하여 무언가 제어를 원할 경우 위와 같이 프로그램하면 된다(폴링 방식).

㉢ 상승 에지와 하강 에지의 감지 : 그림 4-73에서와 같이 while((PINB & 0b00000001)==0);은 상승 에지, while((PINB & 0b00000001)==1);은 하강 에지를 감지하게 된다.

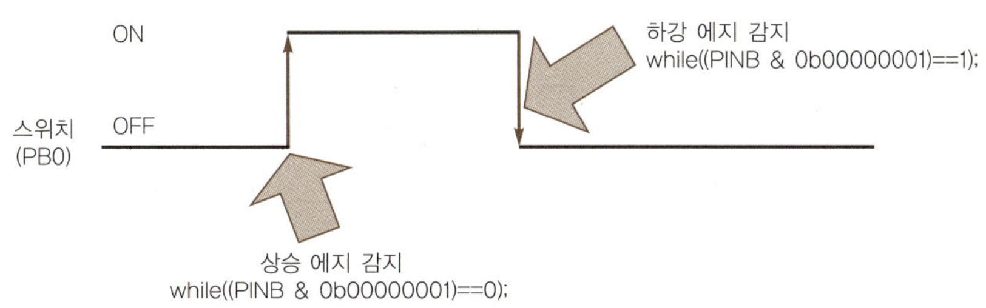

|그림 4-73. 상승 에지와 하강 에지의 감지|

㉣ while문의 형식은 다음과 같다.

```
while (식) {
        문
     }
```

while문에서는 먼저 ( ) 속의 '식'이 평가되고, 식이 참이면 { }로 싸여진 문을 실행한다. 즉, ( ) 안의 식이 참인 동안에는 { } 안의 문을 실행한다. 식이 거짓이면 while문에서 빠져 나온다.

(7) 외부 입력 신호에 의한 인젝터와 점화 코일 순차 제어

① 작동 설명

PB0에 연결되어 있는 토글 버튼 S/W 신호를 입력받아 PORTC의 PC0~PC7에 연결된 인젝터와 점화 코일을 작동하도록 한다.

첫 번째 입력 S/W를 작동하면 1번 인젝터와 1번 점화 코일이 작동, 다시 한번 S/W를 작동하면 3번 인젝터와 3번 점화 코일이 작동, 다시 한번 S/W를 작동하면 4번 인젝터와 4번 점화 코일이 작동, 다시 한번 S/W를 작동하면 2번 인젝터와 2번 점화 코일이 작동하고 다시 한번 S/W를 작동하면 모두 작동하지 않도록 제어 프로그램을 설계해 본다. 인젝터와 점화 코일의 동작을 한눈에 알아보기 쉽게 타임 차트로 나타내면 그림 4-74와 같이 표시할 수 있다.

자작 ECU에서 LED와 가상 인젝터 및 점화 코일의 관계는 다음과 같이 생각할 수 있다.

PC0······1번 LED······1번 인젝터
PC1······2번 LED······2번 인젝터
PC2······3번 LED······3번 인젝터 연료 분사
PC3······4번 LED······4번 인젝터

PC4·······5번 LED·······1번 점화 코일
PC5·······6번 LED·······2번 점화 코일
PC6·······7번 LED·······3번 점화 코일 } 점화
PC7·······8번 LED·······4번 점화 코일

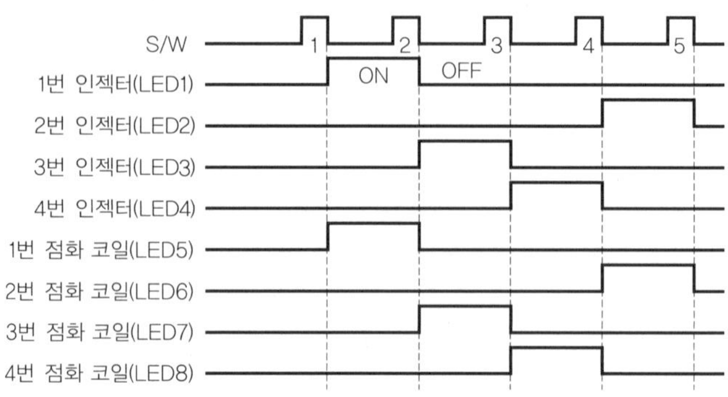

|그림 4-74. 타임 차트|

② 제어 알고리즘

㉠ PB0 단자의 스위치 입력 신호를 받는다.

㉡ 스위치 첫 번째 작동 시 1번 인젝터, 1번 점화 코일을 작동한다.

㉢ 스위치 두 번째 작동 시 3번 인젝터, 3번 점화 코일을 작동한다.

㉣ 스위치 세 번째 작동 시 4번 인젝터, 4번 점화 코일을 작동한다.

㉤ 스위치 네 번째 작동 시 2번 인젝터, 2번 점화 코일을 작동한다.

㉥ 위의 ㉠~㉤의 동작을 반복하여 실행한다.

㉦ 스위치 신호는 폴링 방식으로 받아 제어한다.

㉧ 인젝터와 점화 코일의 작동 시작과 끝은 스위치 신호의 하강 에지이다.

자동차에서는 경우에 따라서는 연료 분사나 점화 제어 시 동시 작동을 실행하게 된다. 그림 4-75에서와 같이 LED 1~4번까지는 연료 분사를 위한 인젝터 구동용으로 대체하고, 5~8번까지는 점화 제어를 위한 파워 트랜지스터 또는 점화 코일 구동용으로 대체하여 제어하게 되면 자동차에도 응용하여 사용할 수 있다.

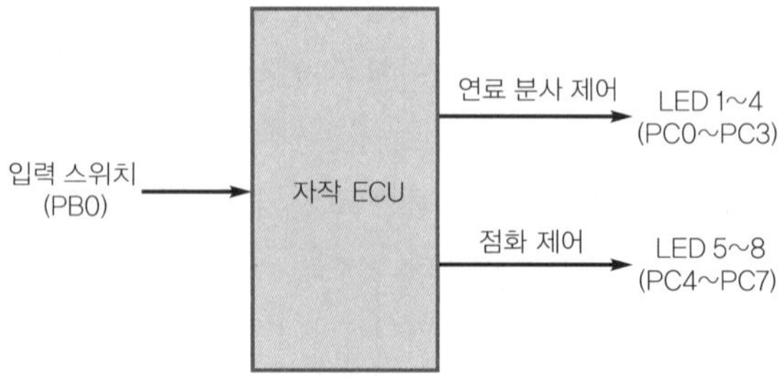

|그림 4-75. 연료 분사 및 점화 제어 단순도|

③ 플로 차트

그림 4-76과 같은 과정을 거쳐 순차적으로 인젝터와 점화 코일을 작동한다.

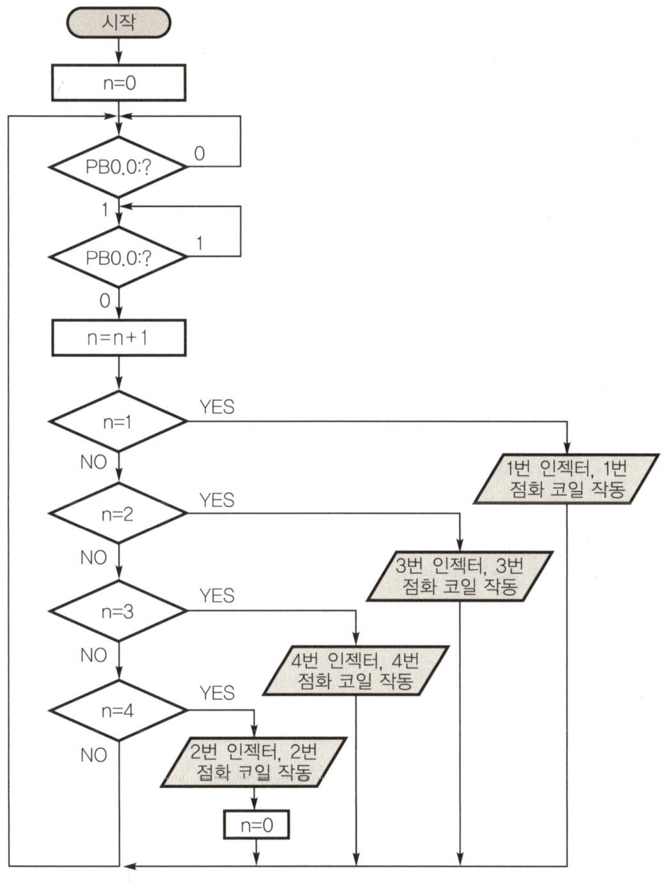

|그림 4-76. 플로 차트 |

④ 제어 프로그램

```c
#include<mega8535.h>

void main(void)
{
    unsigned int n=0;

    DDRC=0xFF;//PORTC 출력 설정
    DDRB=0x00;//PORTB 입력 설정
    PORTC=0xFF;//모든 인젝터와 점화 코일 OFF
```

```
    while(1){
            while((PINB & 0b00000001)==0);//S/W ON이면  제자리
            while((PINB & 0b00000001)==1);//S/W OFF이면  제자리
            n++;
            switch(n){
                    case 1://스위치 첫 번째 작동 시 1번 인젝터, 1번 점화 코일 작동
                            PORTC=0b11101110;
                            break;
                    case 2://스위치 두 번째 작동 시 3번 인젝터, 3번 점화 코일 작동
                            PORTC=0b10111011;
                            break;
                    case 3://스위치 세 번째 작동 시 4번 인젝터, 4번 점화 코일 작동
                            PORTC=0b01110111;
                            break;
                    case 4://스위치 네 번째 작동 시 2번 인젝터, 2번 점화 코일 작동
                            PORTC=0b11011101;
                            n=0;
                            break;
                    //default: PORTC=0xFF;//스위치 다섯 번째 작동 시
                    //n=0;
                    //break;
                    }
            }
    }
```

위 프로그램을 살펴보면 다음과 같다.

㉠ PORTB.0 비트를 입력받아 이 값에 따라 switch~case 명령어에 의해 인젝터와 점
  화 코일을 제어한다.

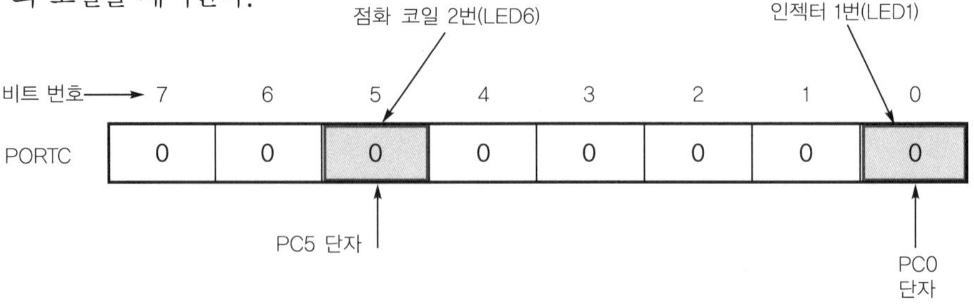

|그림 4-77. 인젝터(또는 점화 코일)와 단자의 표시 순서|

자작 ECU에서는 그림 4-77과 같이 8개의 LED 순번은 LED1~LED4는 인젝터로, LED5~LED8은 점화 코일로 대체하는 것으로 정하였으며, 인젝터와 점화 코일이 연결되어 있는 단자 표시는 ATmega8535에서와 같이 PC0~PC7이다.

ⓛ switch~case문의 형식은 다음과 같다.

```
switch(수식){
        case 값 1: 문장;
            break:
        case 값 2: 문장;
            break;
                ⋮
        case 값 n: 문장;
            break;
        default: 문장;
            break;
        }
```

수식이 값 1이면 첫 번째 case를 실행하고, 수식이 값 2이면 두 번째 case를 실행하며, 수식이 값 n이면 n번째 case를 실행한다.

수식과 case 값이 일치하는 값이 없으면 default를 실행한다.

ⓒ daegi( ) 함수를 사용하여 작동 시간을 제어할 수도 있다.

```
void daegi(int del)
  {
    while(del--);
  }

void main(void)
  {
      switch(n){
              case 1://스위치 1회 작동 시 1번 인젝터, 1번 점화 코일 작동
                  PORTC=0b11101110;
                  daegi(6500);
                  break;
              }
  }
```

main( ) 함수의 daegi(6500)에서 del=6500이 되어, daegi( ) 함수가 수행되는 동안 인젝터와 점화 코일이 작동된다.

4.2.4 인터럽트 제어 

일반적으로 마이크로컨트롤러에서 입력 포트(input port)로 신호 변화를 받아들이는 방법에는 2가지가 있다. 한 가지 방법은 명령어를 사용하여 입력 핀의 값을 계속 확인하여 그 변화를 알아내는 폴링(polling) 방식이고, 또 다른 방법은 마이크로컨트롤러 자체가 하드웨어적으로 인터럽트의 사용에 의해 그 변화를 감지하여 변화 시에만 일정한 동작을 하는 인터럽트(interrupt) 방식이다.

폴링 방식은 모든 입력값의 변화에 대응하여 처리가 가능하지만, 인터럽트 방식은 정해진 몇몇 값의 변화에 대한 처리만이 가능하며, 처리 속도는 인터럽트 방식이 더 빠르다. 그림 4-78은 인터럽트 발생 시의 제어 과정을 나타낸다.

자동차의 제어에서는 CPS 신호에 의한 연료 분사 및 점화 제어에 많이 활용할 수 있다. 연료 분사 시기 및 점화 시기를 제어하는 것은 CPS의 상승 에지나 하강 에지 신호를 감지하여 외부 인터럽트 신호를 발생시켜 제어하게 된다.

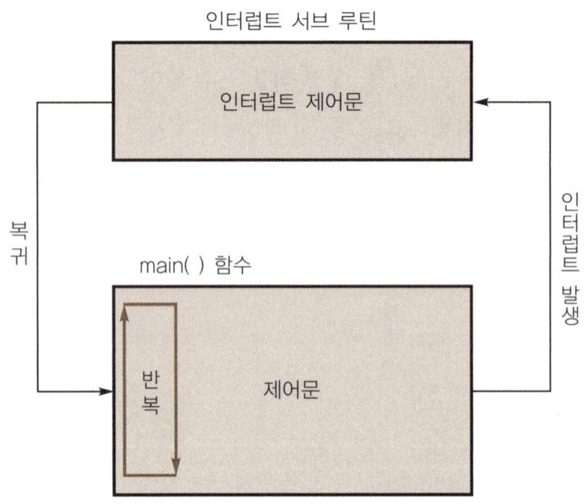

그림 4-78. 인터럽트 발생 시 제어

(1) 외부 인터럽트 입력 신호에 의한 출력 포트 제어

① 작동 설명

PD2에 연결되어 있는 토글 스위치의 외부 인터럽트 발생에 의해 PORTC의 PC0~PC7에 연결된 인젝터와 점화 코일을 제어하도록 한다. 토글 스위치를 작동할 때마다 하나씩 인젝터(또는 점화 코일)의 작동이 이동하도록 프로그램을 설계한다.

인터럽트는 외부 또는 내부로부터의 긴급 서비스 요청에 의해 CPU가 현재 실행 중인 일을 잠시 중단하고 그 요청에 해당되는 서비스를 해 준다.

ATmega8535의 CPU는 모든 명령의 마지막 사이클에서 인터럽트 요청 여부를 체크함으로써 인터럽트 요청을 확인하고, 그 요청을 받은 CPU는 현재 실행 중인 명령을 마친 후 처리 순서에 따라 그 요청에 해당되는 서비스를 해 준 다음 본래의 프로그램으로 되돌아가서 일시적으로 중단된 프로그램을 중단 지점에서부터 다시 실행한다.

인터럽트에는 인터럽트 3대 요소가 있는데, 인터럽트 소스, 인터럽트 벡터 및 인터럽트 우선 순위가 그것이다. ATmega8535의 인터럽트 소스(interrupt source)는 리셋을 포함하여 21개이다.

인터럽트 제어는 그림 4-79와 같은 회로를 구성하여 프로그램을 제어하도록 하였다.

토글 스위치를 작동할 때 발생되는 신호를 이용하여 인터럽트 제어를 이해하도록 하였으며, 어느 정도 인터럽트 제어에 익숙해지면 실제 자동차 CPS 신호와 유사한 엔코더 출력 신호를 이용할 수 있도록 회로를 구성하였다.

실제 자동차 제어에 적용 시 외부 인터럽트 신호 입력 단자를 통해 크랭크앵글센서(CAS)의 입력 신호를 자작 ECU로 받아들이게 된다.

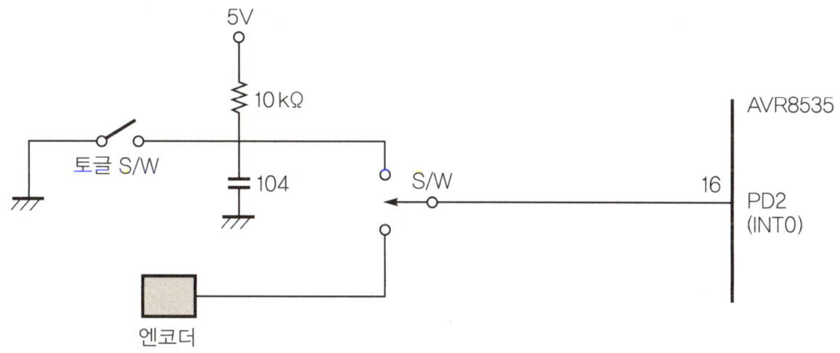

|그림 4-79. 외부 인터럽트 신호 입력회로|

② 제어 알고리즘

ㄱ 토글 스위치에 의해 발생된 인터럽트 신호를 PD2(INT0)에서 받는다.

ㄴ 외부 인터럽트가 발생할 때마다 인젝터(또는 점화 코일)의 작동이 하나씩 좌측으로 이동한다.

ㄷ 위의 과정을 반복하여 실행한다.

* ① 인터럽트 인에이블 : 인터럽트 허용
　② 인터럽트 디스에이블 : 인터럽트 불허

③ 플로 차트

그림 4-80은 외부 인터럽트 신호에 의해 인젝터와 점화 코일을 제어하기 위한 플로 차트
이다.

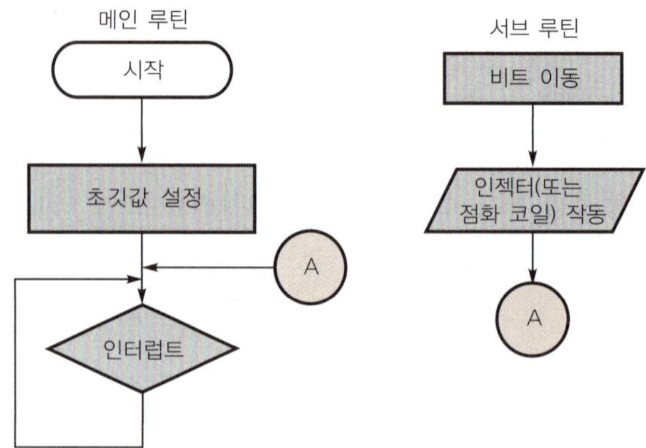

|그림 4-80. 플로 차트|

④ 제어 프로그램

```c
#include<mega8535.h>
unsigned char inj_ign=0b11111110;//0xFE, 최초에 1번 인젝터 작동

interrupt[EXT_INT0]void external_int0(void)
{
    inj_ign<<=1;//inj_ign 값을 좌측으로 1비트 이동
    inj_ign|=0b00000001;//0x01
    if(inj_ign==0b11111111) inj_ign=0b11111110;
    PORTC=inj_ign;
}
void main(void)
{
    DDRC=0xFF;//PORTC 모든 핀을 출력으로 설정
    PORTC=inj_ign;
    SFIOR=0b00000000;//내부 풀업 저항 사용
    DDRD=0x00;//PORTD 모든 핀을 입력으로 설정
    GICR=0b01000000;//외부 인터럽트0 인에이블(허용), 0x40
    MCUCR=0b00000010;//외부 인터럽트0 제어, 하강 에지(상승 에지 0x03), 0x02
    SREG=0b10000000;//전역 인터럽트 인에이블(허용),0x80

    while(1);//외부 인터럽트 대기
}
```

위 프로그램에 대해 알아보도록 하자.

㉠ while(1)에서 제자리 실행을 하면서 외부 인터럽트가 발생하면 외부 인터럽트 제어 함수(외부 인터럽트 서브 루틴)로 이동한다.

㉡ 토글 스위치의 채터링 현상(스위치를 1회 ON 시에도 여러 번 ON/OFF를 반복하면서 동작하는 현상)에 의해 스위치 작동 시 인젝터(또는 점화 코일)가 하나 이상 작동할 수 있다.

㉢ 외부 인터럽트 제어 관련 레지스터 : 인터럽트의 발생은 그림 4-81에서 보는 것처럼 인터럽트 소스로부터 인터럽트 요청이 있어야 하고, 해당 인터럽트가 개별적으로 허용되어야 하며, 전체적으로 인터럽트가 허용되어야 한다. 외부 인터럽트는 INT0, INT1, INT2 핀으로의 입력 신호에 의해 발생되며 그림 4-82의 SREG, 그림 4-83의 MCUCR, 그림 4-84의 GICR 레지스터에 의해 제어된다. 또, GIFR 레지스터에 의해 인터럽트의 상태를 나타낸다.

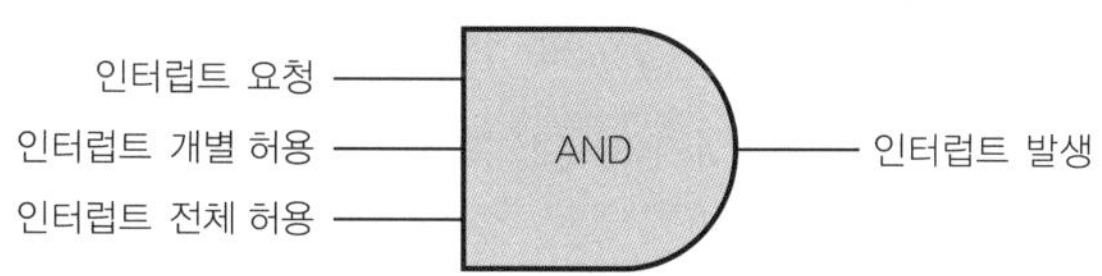

|그림 4-81. 인터럽트 발생 조건|

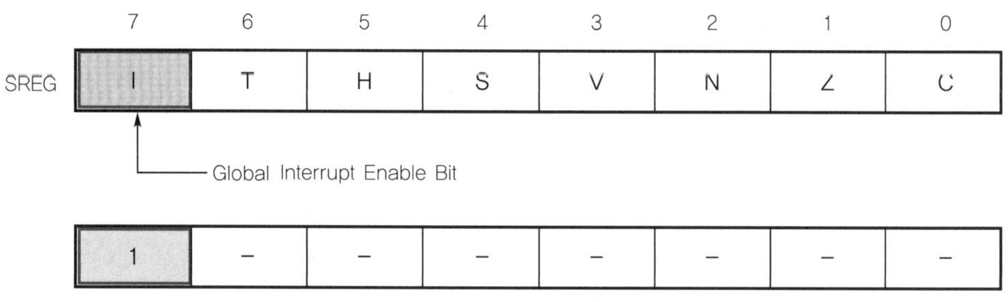

|그림 4-82. SREG 레지스터|

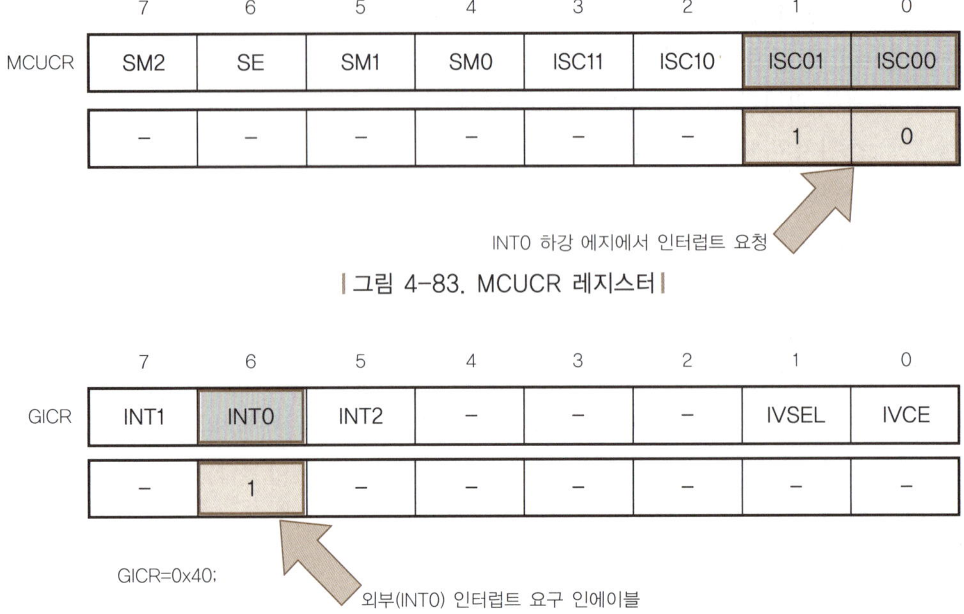

| 그림 4-83. MCUCR 레지스터 |

| 그림 4-84. GICR 레지스터 |

ⓔ 외부 인터럽트를 사용하여 제어할 때에는 다음의 레지스터에 적당한 값을 사용하여 제어하도록 한다.

프로그램 사용의 예를 들면 다음과 같다.

```
GICR=0b01000000;//외부 인터럽트0 인에이블(허용)
MCUCR=0b00000010;//외부 인터럽트0 제어, 하강 에지(상승 에지 0x03), 0x02
SREG=0b10000000;//전역 인터럽트 인에이블(허용)
```

외부 인터럽트 신호의 하강 에지에서 제어할 것인가, 상승 에지에서 제어할 것인가는 MCUCR 레지스터에서 설정한다.

(2) 외부 인터럽트 입력 신호에 의한 점화 제어 기초

① 작동 설명

PD2로 입력되는 외부 인터럽트0 신호의 상승 에지에서 점화 코일 작동(실린더 점화) 제어 신호를 출력하는 제어 프로그램을 설계한다. 즉, 외부 인터럽트0 신호가 입력되면 점화 순서(1-3-4-2)에 따라 1번 점화 코일(1번 실린더), 다음 인터럽트 신호에서 3번 점화 코일(3번 실린더), 다음 인터럽트 신호에는 4번 점화 코일(4번 실린더), 다음은 2번 점화 코일(2번 실린더)이 차례로 작동되도록 프로그램한다.

② **제어 알고리즘**

㉠ main( ) 함수에서 외부 인터럽트가 발생되기를 기다린다.

㉡ 외부 인터럽트가 발생하면 외부 인터럽트 제어 함수인 external_int0( )로 이동한다.

㉢ 작동될 점화 코일(실린더)을 확인한다.

㉣ 점화 순서에 따라 점화 코일(실린더)을 작동(점화)한다.

㉤ 한 사이클이 완료되면 다시 반복한다.

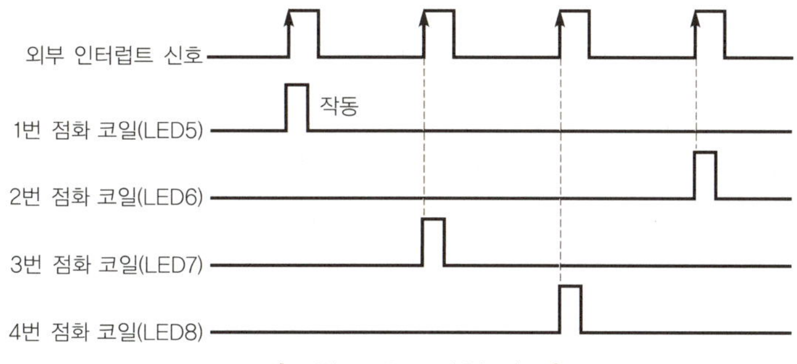

|그림 4-85. 타임 차트|

그림 4-85는 외부 인터럽트를 사용하여 제어하기 위한 타임 차트를 나타낸다.

③ **플로 차트**

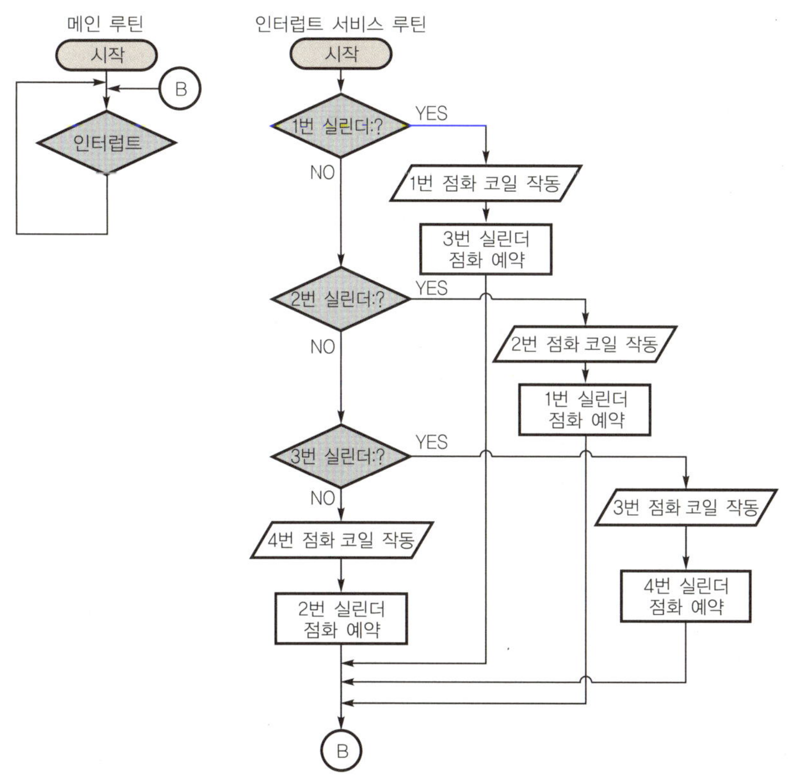

|그림 4-86. 플로 차트|

그림 4-86은 외부 인터럽트를 사용한 점화 코일 제어 과정을 나타낸다. 자작 ECU에 연결되어 있는 LED를 다음과 같이 인젝터와 점화 코일로 바꾸어 생각해야 한다.

```
1번 LED 점등 ·····1번 실린더 인젝터 분사 ─┐
2번 LED 점등 ·····2번 실린더 인젝터 분사  │
3번 LED 점등 ·····3번 실린더 인젝터 분사  ├ 연료 분사
4번 LED 점등 ·····4번 실린더 인젝터 분사 ─┘
5번 LED 점등 ·····1번 실린더 점화 플러그 점화 ─┐
6번 LED 점등 ·····2번 실린더 점화 플러그 점화  │
7번 LED 점등 ·····3번 실린더 점화 플러그 점화  ├ 점화
8번 LED 점등 ·····4번 실린더 점화 플러그 점화 ─┘
```

④ 제어 프로그램

```c
#include<mega8535.h>
unsigned int spark_cyl, k, c;

//외부 인터럽트0 서브 루틴//
interrupt[EXT_INT0] void external_int0(void)
{
 //실린더 번호 1-3-4-2순으로 점화(LED 번호 순서는 5-7-8-6)//
  if(spark_cyl == 0b11101111){
                        PORTC=spark_cyl;//이번에 1번 점화 코일 작동
                        for(k=0; k<5; k++){
                                        c=20000;
                                        while(c--);
                                        }
                        PORTC=0xFF;
                        spark_cyl=0b10111111;//3번 점화 코일 작동 준비
                        }
  else if(spark_cyl==0b11011111){
                        PORTC=spark_cyl;//이번에 2번 점화 코일 작동
                        for(k=0; k<5; k++){
                                        c=20000;
                                        while(c--);
                                        }
                        PORTC=0xFF;
                        spark_cyl=0b11101111;//1번 점화 코일 작동 준비
                        }
```

```c
    else if(spark_cyl==0b10111111){
                        PORTC=spark_cyl;//이번에 3번 점화 코일 작동
                        for(k=0; k<5; k++){
                                        c=20000;
                                        while(c--);
                                        }
                        PORTC=0xFF;
                        spark_cyl=0b01111111;//4번 점화 코일 작동 준비
                        }
    else if(spark_cyl==0b01111111){
                        PORTC=spark_cyl;//이번에 4번 점화 코일 작동
                        for(k=0; k<5; k++){
                                        c=20000;
                                        while(c--);
                                        }
                        PORTC=0xFF;
                        spark_cyl=0b11011111;//2번 점화 코일 작동 준비
                        }
    }

void main(void)
{
  DDRC=0xFF;//포트 C 모든 핀 출력 설정
  DDRD=0x00;//포트 D 모든 핀 입력 설정

  //외부 인터럽트 초기화//
  GICR=0b01000000;//외부 인터럽트 인에이블(허용)
  MCUCR=0b00000010;//외부 인터럽트 하강 에지 작동
  SREG=0b10000000;//전역 인터럽트 인에이블
  ;
  spark_cyl=0b11101111;//1번 점화 코일(1번 실린더)부터 작동하도록 준비
  PORTC=0b11111111;//모든 점화 코일 작동하지 않음
  ;
  while(1);
}
```

위 프로그램을 살펴보도록 하자.

㉠ 토글 스위치 작동 시 채터링 현상에 의해 점화 코일이 여러 개 작동될 수 있다.

㉡ if(spark_cyl==0b11101111)에서 spark_cyl 값을 비교하여 그림 4-87과 같이 이

번에 점화할 실린더(점화 코일)를 판별한다.

점화 코일 작동 순서가 1-3-4-2(LED 점등 순서 5-7-8-6)일 경우, 지난 번에 2번 점화 코일(6번 LED)이 작동을 하였다면 이번 작동 순서는 1번 점화 코일(5번 LED)이므로, spark_cyl==0b11101111이면 1번 점화 코일(5번 LED)로 작동 신호를 주면 된다.

PORTC에 연결된 점화 코일(LED)은 단자 출력값이 '0'이면 작동, '1'이면 작동되지 않는다.

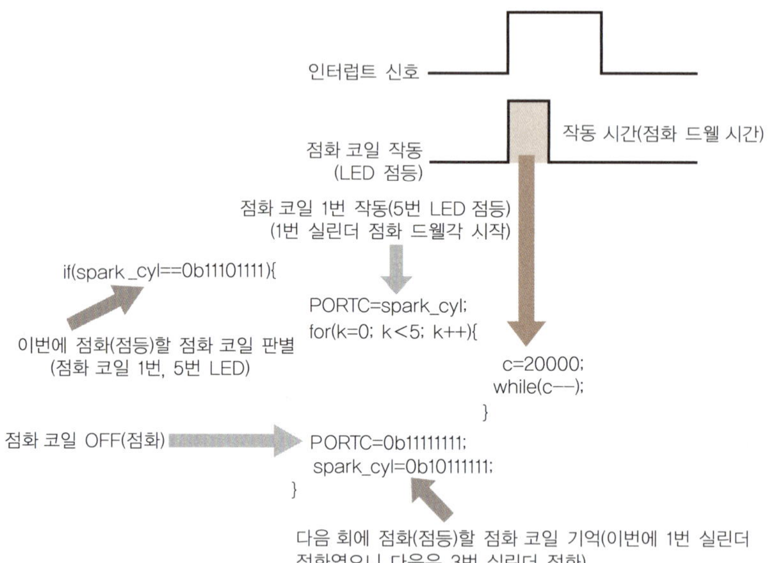

|그림 4-87. 점화 코일 작동 제어 과정 설명|

ⓒ else if문은, if else문의 else절에 if문이 중첩된 것으로, 일반적인 형식은 다음과 같다.

```
if(식 1) 문 1
else if(식 2) 문 2
⋮
else if(식 n) 문 n
else문
```

식 1부터 식 n까지가 비교하여 일치하는 곳의 문을 실행하고, else if문에서 탈출한다. 일치하는 조건이 없을 때에는 else절이 실행되지만, else절에 쓸 문장이 없으면 생략할 수 있다.

ⓔ 점화 코일 작동 유지 시간(점화 드웰 시간)은 타이머 제어가 아닌 for문에 의해 제어한다. 타이머/카운터에 의한 제어는 다음 장에서 알아보도록 한다.

(3) 외부 인터럽트 함수를 이용한 점화 코일 제어

① 작동 설명

평상시에는 PC0~PC3와 연결되어 있는 인젝터 4개를 동시에 작동하다가 외부 인터럽트 신호(PD2)가 입력되면 PC4~PC7에 연결되어 있는 점화 코일 4개를 동시에 3회 작동하고 다시 원래의 프로그램을 수행하는 제어 프로그램을 설계한다.

이것은 인터럽트의 기능을 좀 더 쉽게 이해하기 위한 프로그램이다. 평상시 주어진 동작을 수행하다 인터럽트(하강 에지)가 걸리면 현재 수행하던 동작을 일시 중지하고 인터럽트 함수로 이동하여 특정 동작을 완료한 후 다시 본래 수행하던 동작으로 복귀하여 이전의 동작을 수행한다.

② 제어 알고리즘

㉠ PC0~PC3 인젝터 4개를 작동하는 프로그램을 수행한다.

㉡ 인터럽트 신호(PD2)가 입력되면 PC0~PC3에 연결된 인젝터는 작동을 멈추고, PC4~PC7에 연결된 4개의 점화 코일이 3회 작동한다.

㉢ 인터럽트 동작이 완료되면 다시 PC0~PC3에 연결된 4개의 인젝터를 반복해서 작동한다.

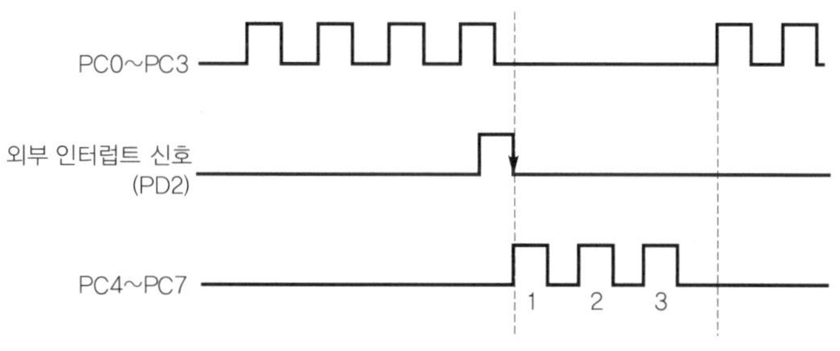

|그림 4-88. 타임 차트|

그림 4-88은 외부 인터럽트 신호에 의해 인젝터와 점화 코일이 어떻게 작동되는지를 알려주는 타임 차트이다.

③ 플로 차트

그림 4-89는 제어 프로그램의 작동 과정을 플로 차트로 나타낸 것이다.
평상시에는 PC0~PC3에 연결된 인젝터가 반복적으로 작동하다가 외부 인터럽트가 발생하면 PC4~PC7에 연결된 점화 코일이 3회 작동하도록 한다.

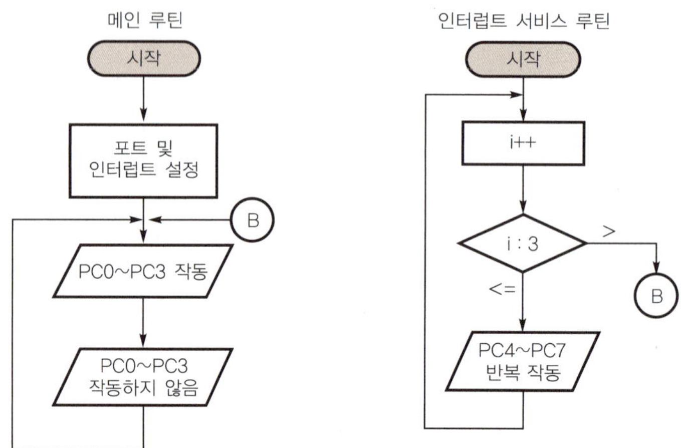

|그림 4-89. 플로 차트|

④ 제어 프로그램

```c
#include<mega8535.h>
unsigned int i, c, k;//전역 변수 선언
interrupt[EXT_INT0]void external_int0(void)
{
    for(i=1; i<=3; i++){//다중 for문, 3회 점화 코일 작동
                PORTC=0x0F;//점화 코일 4개 작동(PC4~PC7)
                for(k=0; k<5; k++){//작동 유지
                        c=60000;
                        while(--c);
                }
                PORTC=0xFF;//점화 코일 4개 작동 멈춤
                for(k=0; k<5; k++){//작동 멈춤 유지
                        c=60000;
                        while(--c);
                }
        }
}
```

```c
void main(void)
{
    DDRC=0xFF;//PORTC 모든 핀을 출력으로 설정
    DDRD=0x00;//PORTD 모든 핀을 입력으로 설정
    SFIOR=0x00;//내부 풀업 저항 사용

    GICR=0b01000000;//외부 인터럽트0 인에이블(허용), 0x40
    MCUCR=0b00000010;//외부 인터럽트0 제어 하강 에지(상승 에지 0x03), 0x02
    SREG=0b10000000;//전역 인터럽트 인에이블(허용), 0x80

    while(1){
            PORTC=0xF0;//인젝터 4개 작동
            for(k=0; k<5; k++){//작동 유지
                        c=60000;
                        while(--c);
                    }
            PORTC=0xFF;//인젝터 4개 작동 멈춤
            for(k=0; k<5; k++){//작동 멈춤 유지
                        c=60000;
                        while(--c);
                    }
        }
}
```

위 프로그램을 살펴보자.

㉠ for(i=1; i<=3; i++)문을 이용해 외부 인터럽트 작동 시 점화 코일이 3회 작동한다.

㉡ for(k=0; k<5; k++)문을 이용하여 인젝터나 점화 코일의 작동 주기를 제어한다.

```c
for(k=0; k<5; k++){
            c=60000;
            while(--c);
        }
```

위 for문에서 c=60000을 while(--c)에 대입하면 while(--60000)이 되고, 이 값은 while(0)이 될 때까지 제자리에서 값을 감소시키게 되며, while(0)이 되면 while문을 탈출하여 다시 for문으로 가서 같은 일을 5회 반복하게 된다.

ⓒ 다중 for문을 사용하여 PC4~PC7에 연결된 점화 코일 4개를 3회 작동하도록 한다.

⑤ 프로그램을 간략화하기 위해 반복되는 for문을 daegi( ) 함수로 만들어 사용하면 다음과 같이 프로그램할 수 있다.

```c
//*daegi( ) 함수 사용*//
#include<mega8535.h>
unsigned int i, c, k;
daegi( )
{
  for(k=0; k<10; k++){
                    c=60000;
                    while(--c);
                    }
}


interrupt[EXT_INT0]void external_int0(void)
{
    for(i=1; i<=3; i++){
                    PORTC=0B00001111;//0x0F
                    daegi( );
                    PORTC=0b11111111;//0xFF
                    daegi( );
                    }
 }


void main(void)
{
  DDRC=0xFF;//PORTC 모든 핀을 출력으로 설정
  DDRD=0x00;//PORTD 모든 핀을 입력으로 설정
  SFIOR=0x00;//내부 풀업 저항 사용

  GICR=0b01000000;//외부 인터럽트0 인에이블(허용)
  MCUCR=0b00000010;//외부 인터럽트0 제어 하강 에지(상승 에지 0x03), 0x02
```

```
    SREG=0b10000000;//전역 인터럽트 인에이블(허용)

while(1){
        PORTC=0b11110000;//0xF0
        daegi( );
        PORTC=0b11111111;//0xFF
        daegi( );
        }
}
```

이 프로그램은 스위치로 외부 인터럽트 신호를 발생시켜 제어할 경우 채터링 현상에 의해 예상하지 못한 결과가 나타날 수 있다. 그림 4-90은 스위치 하강 에지에서 인터럽트가 발생하여 출력을 3회 제어하는 것을 보여준다.

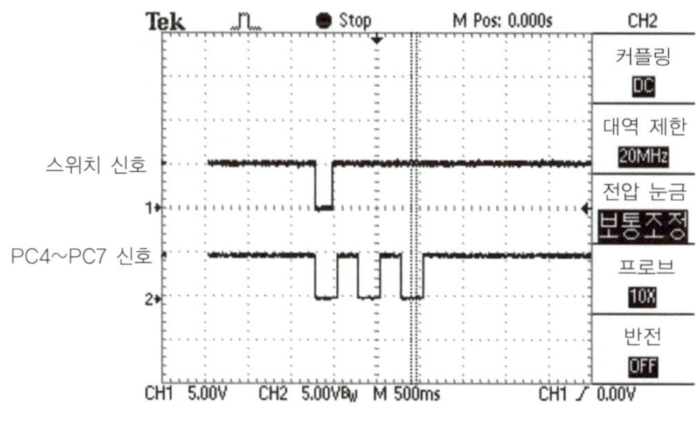

|그림 4-90. 스위치 신호에 의한 출력 신호|

(4) 외부 인터럽트 함수에 의한 인젝터 제어 응용

① 작동 설명

PD2(INT0)로 외부 인터럽트 신호가 입력되면 이 신호를 카운트하여 3번째, 10번째, 17번째, 24번째 신호의 하강 에지에서 각각 4실린더의 점화 또는 연료 분사 순서대로 1번 인젝터, 3번 인젝터, 4번 인젝터, 2번 인젝터 순으로 1회씩 작동하는 제어 프로그램을 설계해 본다(그림 4-91 타임 차트 참고). 단, 28개의 펄스가 입력되면 다시 1부터 카운트를 하도록 한다. 이때 PD2의 인터럽트 신호는 엔코더를 통해 입력받도록 한다. 이 작동은 자동차에서 CPS의 신호를 받아 연료 분사 및 점화를 제어하기 위한 알고리즘과 유사하다.

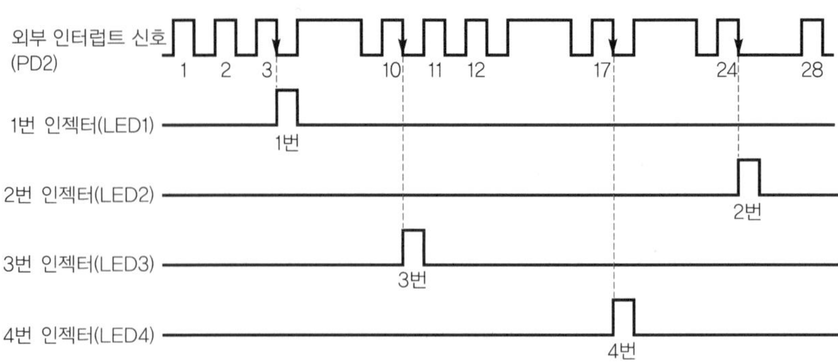

|그림 4-91. 타임 차트|

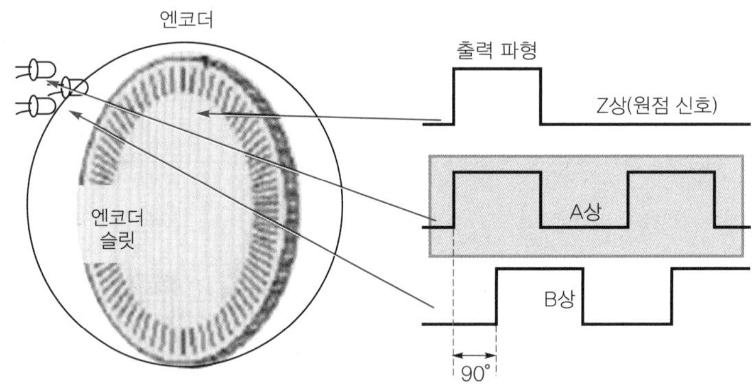

|그림 4-92. 엔코더의 구조 및 출력 파형|

그림 4-92는 원점 신호 Z를 가진 A·B 출력형 인크리멘탈 엔코더의 구조를 나타낸다. 고정 슬릿판 상의 A·B의 슬릿(slit)은 90°의 위상차를 갖는다.

② **제어 알고리즘**

　㉠ 외부 인터럽트 신호를 확인한다.

　㉡ 외부 인터럽트 신호가 발생되면 인터럽트 횟수를 카운트한다.

　㉢ 정해진 횟수에 해당되는 인젝터를 작동한다.

　㉣ 1사이클이 완료되면 다시 반복적으로 같은 과정을 수행한다.

＊ 이 제어 알고리즘은 실제 자동차 엔진 제어에서 CPS의 신호를 입력받아 연료 분사 및 점화 시기를 제어하는 데 중요하게 활용할 수 있으므로 확실하게 이해하면 도움이 된다.

③ 플로 차트

그림 4-93은 외부 인터럽트 신호를 받아 일정 위치에서 제어를 실행하는 과정을 그림
으로 나타내었다.

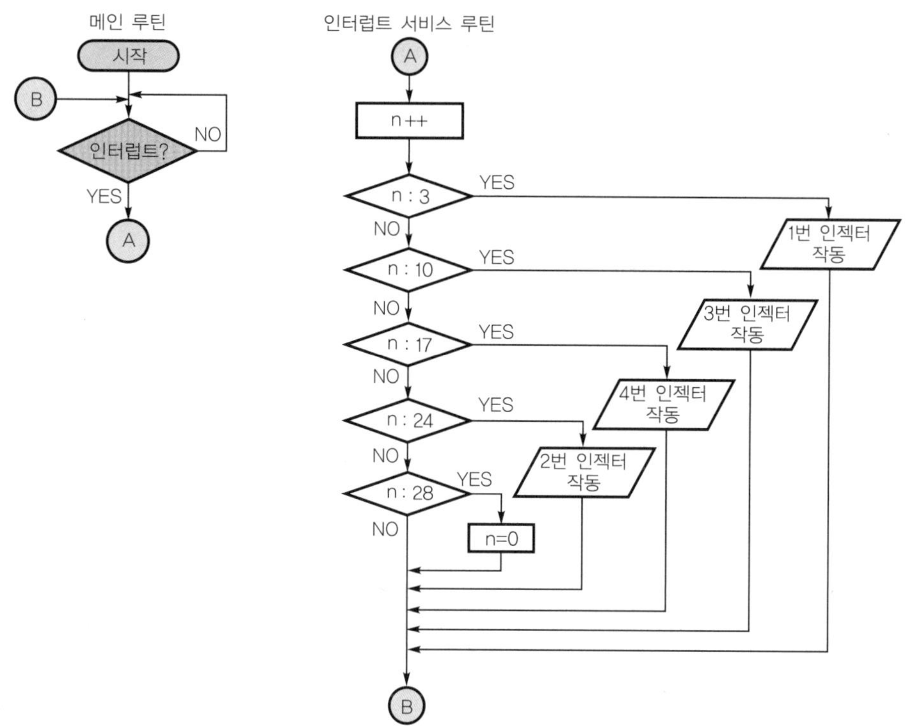

|그림 4-93. 플로 차트|

④ 제어 프로그램

```c
#include<mega8535.h>
unsigned int c, k, n=0;

daegi( )//시간 지연 함수
{
  for(k=0; k<10; k++){
                  c=60000;
                  while(--c);
                  }
}
interrupt[EXT_INT0]void external_int0(void)
{
```

```c
n++;
if(n==3) {
          PORTC=0b11111110;//1번 인젝터 작동
          daegi( );
          PORTC=0xFF;//1번 인젝터 작동 멈춤
        }
else if(n==10) {
          PORTC=0b11111011;//3번 인젝터 작동
          daegi( );
          PORTC=0xFF;//3번 인젝터 작동 멈춤
             }
else if(n==17) {
          PORTC=0b11110111;//4번 인젝터 작동
          daegi( );
          PORTC=0xFF;//4번 인젝터 작동 멈춤
             }
else if(n==24) {
          PORTC=0b11111101;//2번 인젝터 작동
          daegi( );
          PORTC=0xFF;//2번 인젝터 작동 멈춤
             }
else if(n==28) n=0;//초기화
}

void main(void)
{
  DDRC=0xFF;//PORTC 모든 핀을 출력으로 설정
  DDRD=0x00;//PORTD 모든 핀을 입력으로 설정
  SFIOR=0x00;//내부 풀업 저항 사용

  GICR=0b01000000;//외부 인터럽트0 인에이블(허용), 0x40
  MCUCR=0b00000010;//외부 인터럽트0 제어 하강 에지(상승 에지 0x03), 0x02
  SREG=0b10000000;//전역 인터럽트 인에이블(허용), 0x80

  while(1);//외부 인터럽트 대기
  }
```

위 프로그램을 살펴보자.

㉠ 엔코더(encoder)에 의해 외부 인터럽트 신호가 발생된다.

㉡ while(1);에서 대기하다 엔코더 출력 신호의 하강 에지에서 외부 인터럽트 신호가 발생한다.

㉢ 외부 인터럽트가 발생하면 프로그램 실행(인젝터 작동)은 interrupt[EXT_INT0] void external_int0(void) 함수로 이동한다.

㉣ 인터럽트 발생 횟수를 카운트하여 카운트 값에 따른 인젝터 제어를 수행한다.

㉤ 위의 과정을 반복하여 실행한다.

엔진 제어에서는 외부 인터럽트 신호로서 그림 4-94와 같이 CPS 신호를 입력받아 제어하게 되며, 그림 4-96과 같이 엔진의 크랭크 풀리(crank pulley)에 부착된 톤 휠(tone wheel)의 투스(tooth)에 의해 파형이 출력되며 이 출력 파형을 카운트하여 그림 4-95와 같이 정해진 연료 분사 및 점화 시기에 맞춰 제어를 수행하게 된다.

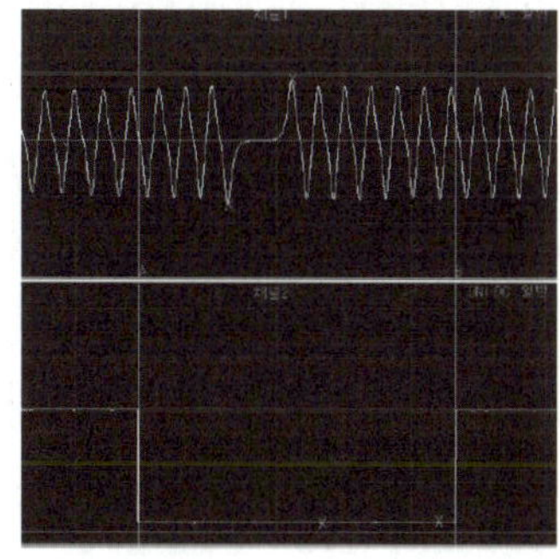

그림 4-94. 실제 차량에서의 CPS 신호

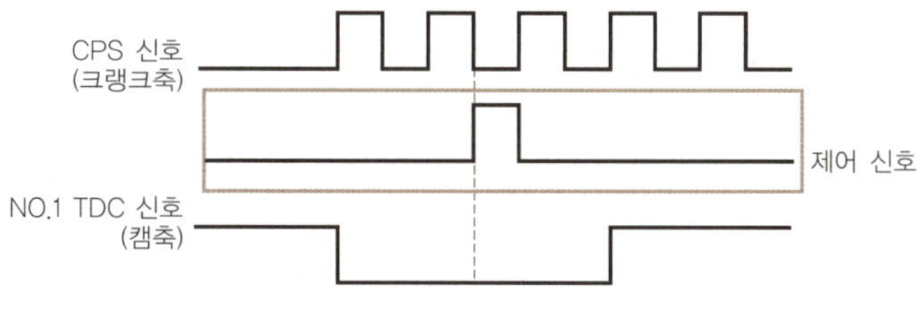

그림 4-95. CPS 출력 신호

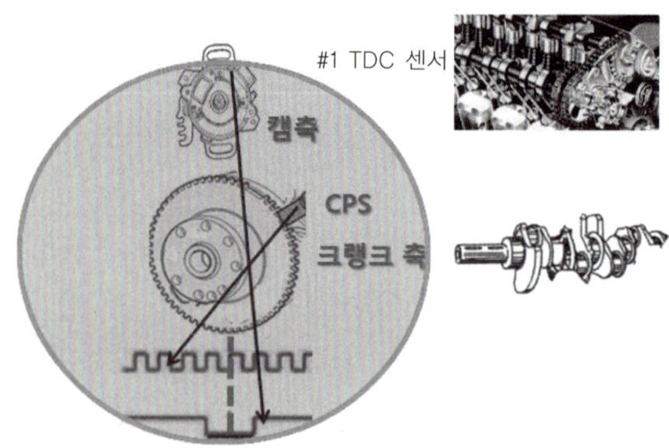

|그림 4-96. CPS 신호 발생 메커니즘|

(5) 외부 인터럽트 신호에 의한 연료 분사 및 점화 시기 제어 기초

① 작동 설명

PD2로 입력되는 외부 인터럽트 신호를 받아 8개의 인젝터와 점화 코일을 제어하는 프로그램을 설계해 본다. 외부 인터럽트 신호는 엔코더에서 발생되는 신호의 하강 에지에서 인터럽트가 발생하는 것으로 한다. 우선, 그림 4-97의 타임 차트에서 외부 인터럽트 신호가 입력되면 이 신호를 카운트하여 3번째(1번 연료 분사), 7번째(1번 점화), 10번째(3번 연료 분사), 14번째(3번 점화), 17번째(4번 연료 분사), 20번째(4번 점화), 24번째(2번 연료 분사), 27번째(2번 점화) 신호의 하강 에지에서 각각 4실린더 연료 분사 순서대로 1번 인젝터(1번 연료 분사) → 3번 인젝터(3번 연료 분사) → 4번 인젝터(4번 연료 분사) → 2번 인젝터(2번 연료 분사)를 1회 작동하고, 또한 점화 순서대로 1번 점화 코일(1번 점화) → 3번 점화 코일(3번 점화) → 4번 점화 코일(4번 점화) → 2번 점화 코일(2번 점화)이 1회씩 작동하도록 프로그램을 작성해 본다. 단, 28개의 펄스가 입력되면 다시 1부터 카운트를 한다.

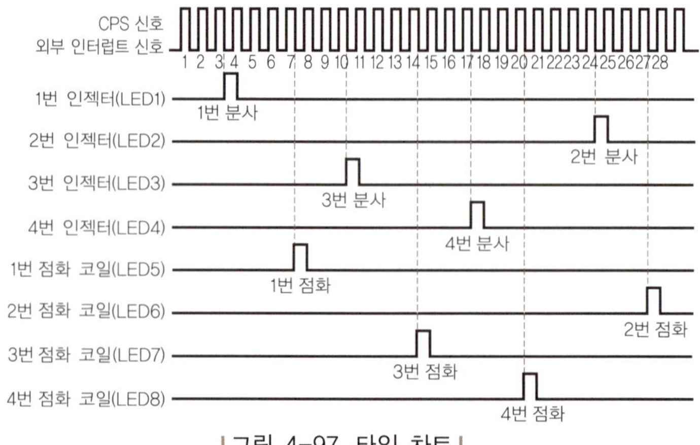

|그림 4-97. 타임 차트|

② **제어 알고리즘**

㉠ 엔코더에서 외부 인터럽트 신호를 입력받는다.

㉡ while(1);에서 대기하다 엔코더 출력 신호의 하강 에지에서 인터럽트가 발생한다.

㉢ 외부 인터럽트가 발생하면 프로그램 실행(인젝터 및 점화 코일 작동)은 interrupt [EXT_INT0]void external_int0(void) 함수로 이동한다.

㉣ 인터럽트 발생 횟수를 카운트하여 카운트 값에 따른 인젝터 및 점화 코일 제어를 수행한다.

③ **플로 차트**

그림 4-98은 외부 인터럽트 신호를 받아 일정 위치에서 제어를 실행하는 과정을 그림으로 나타내었다.

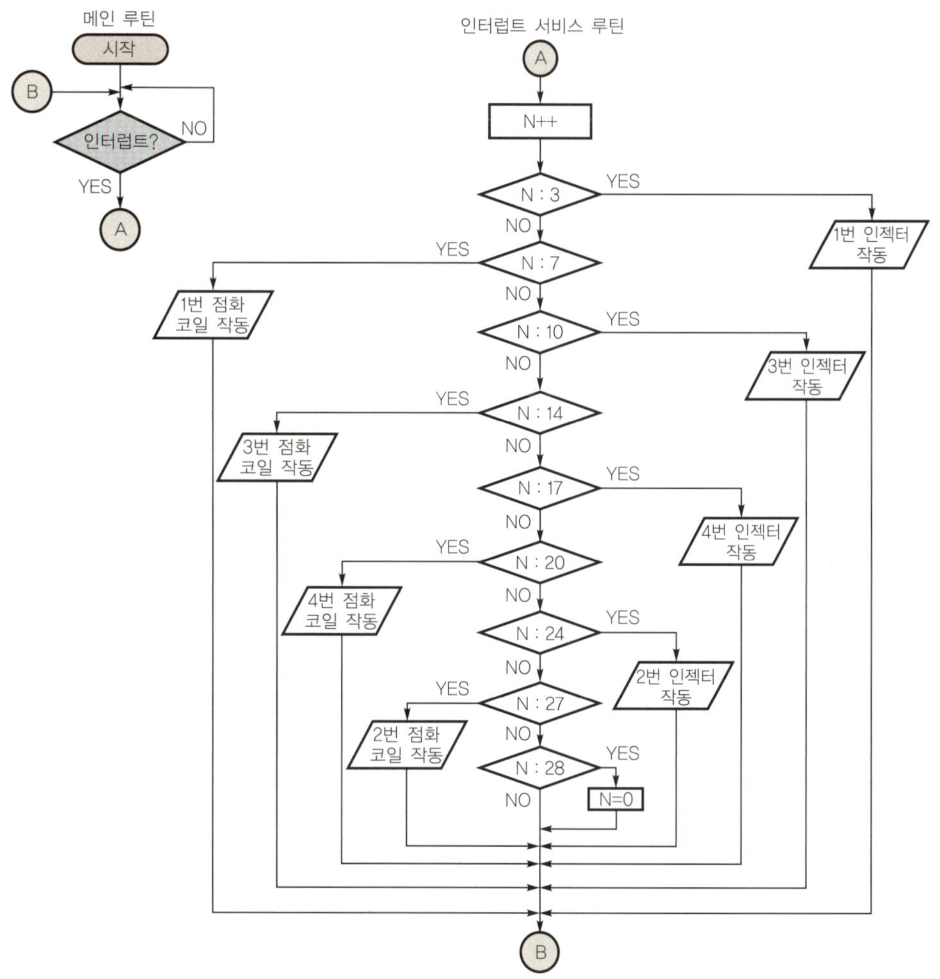

| 그림 4-98. 플로 차트 |

④ 제어 프로그램

```c
#include <mega8535.h>
unsigned int c=k=n=0;

daegi( )//*지연 함수
{
  for(k=0; k<10; k++){
                  c=60000;
                  while(--c);
                  }
}


interrupt[EXT_INT0]void external_int0(void)
{
  n++;
  if(n==3) {
          PORTC=0b11111110;//1번 인젝터 작동
          daegi( );
          PORTC=0xFF;//1번 인젝터 작동 멈춤
        }
  else if(n==7) {
            PORTC=0b11101111;//1번 점화 코일 작동
            daegi( );
            PORTC=0xFF;//1번 점화 코일 작동 멈춤
            }
  else if(n==10) {
             PORTC=0b11111011;//3번 인젝터 작동
             daegi( );
             PORTC=0xFF;//3번 인젝터 작동 멈춤
             }
  else if(n==14) {
            PORTC=0b10111111;//3번 점화 코일 작동
            daegi( );
            PORTC=0xFF;//3번 점화 코일 작동 멈춤
            }
```

```c
else if(n==17) {
            PORTC=0b11110111;//4번 인젝터 작동
            daegi( );
            PORTC=0xFF;//4번 인젝터 작동 멈춤
        }
else if(n==20) {
            PORTC=0b01111111;//4번 점화 코일 작동
            daegi( );
            PORTC=0xFF;//4번 점화 코일 작동 멈춤
        }
else if(n==24) {
            PORTC=0b11111101;//2번 인젝터 작동
            daegi( );
            PORTC=0xFF;//2번 인젝터 작동 멈춤
        }
else if(n==27) {
            PORTC=0b11011111;//2번 점화 코일 작동
            daegi( );
            PORTC=0xFF;//2번 점화 코일 작동 멈춤
        }
else if(n==28) n=0;//초기화
}

void main(void)
{
  DDRC=0xFF;//PORTC 모든 핀을 출력으로 설정
  DDRD=0x00;//PORTD 모든 핀을 입력으로 설정
  SFIOR=0x00;//내부 풀업 저항 사용

  GICR=0b01000000;//외부 인터럽트0 인에이블(허용), 0x40
  MCUCR=0b00000010;//외부 인터럽트0 제어 하강 에지(상승 에지 0x03), 0x02
  SREG=0b10000000;//전역 인터럽트 인에이블(허용), 0x80

  while(1);//외부 인터럽트 대기
 }
```

위 프로그램을 살펴보도록 하자.

㉠ 외부 인터럽트 신호에 따라 점화 순서(1-3-4-2)에 의해 연료 분사와 점화 시기를 제어하기 위해 인젝터와 점화 코일을 작동시키는 프로그램이다.

㉡ 이 프로그램을 응용하면 CPS의 입력 신호를 받아 각 실린더의 연료 분사 및 점화 시기를 확인하고 1-3-4-2 실린더 순으로 엔진을 제어할 수 있다.

물론 펄스 수는 설계 시 고려할 사항이며, 그 수도 엔진의 특성에 맞게 설계자가 마음대로 설정할 수 있다.

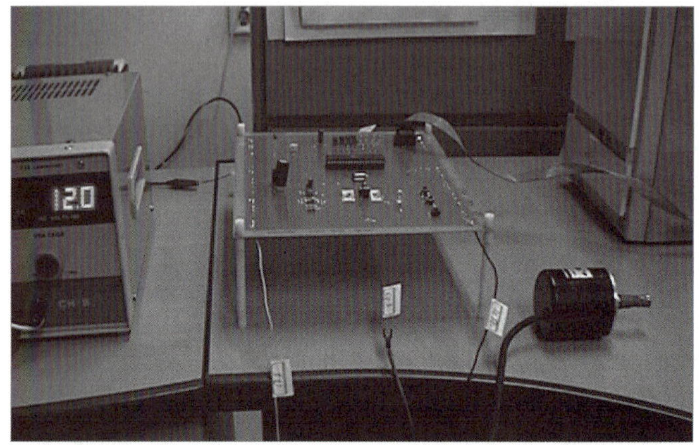

┃그림 4-99. CPS 대체 신호인 엔코더를 사용한 제어 Ⅰ┃

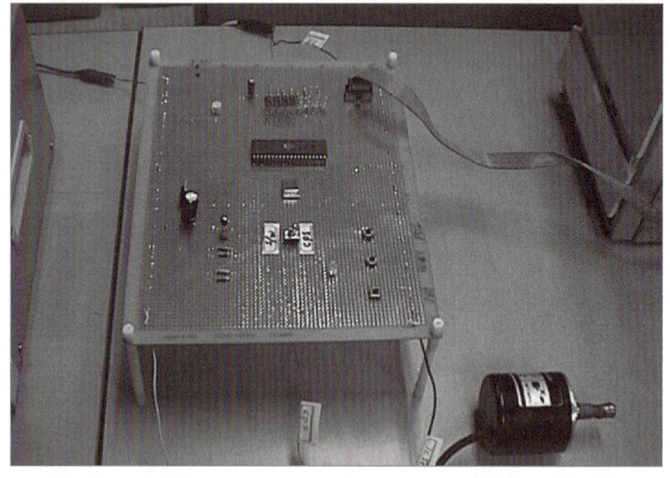

┃그림 4-100. CPS 대체 신호인 엔코더를 사용한 제어 Ⅱ┃

┃그림 4-101. 엔코더의 구동┃

그림 4-99와 4-100은 엔코더를 연결한 자작 ECU를 나타낸다. 엔코더의 구동은 별도의 DC 모터를 구입하지 않고, 자동차 히터 블로워(heater blower) 모터나 라디에이터 쿨링팬 모터를 사용하여 그림 4-101과 같이 구동하면 쉽게 저속으로 구동시킬 수 있다.

4.2.5 타이머/카운터 제어 

① 타이머는 그림 4-102와 같은 ECU의 내부 클록(clock)을 이용하여 일정 시간 간격의 펄스를 발생하거나 일정 시간 경과 후에 외부에 완료 신호인 인터럽트를 발생시키는 기능을 말한다.

② 카운터는 외부 핀을 통해서 들어오는 펄스(pulse, 신호)를 카운트하는 것을 말한다.

③ ATmega8535에는 3개의 범용 타이머/카운터 모듈이 내장되어 있다.

④ 별개의 프리스케일러와 비교 모드, 파형 발생 모드를 가진 2개의 8비트 타이머/카운터(타이머/카운터0, 타이머/카운터2)가 내장되어 있다.

⑤ 별개의 프리스케일러와 비교 모드, 캡쳐 모드, 파형 발생 모드를 가진 1개의 16비트 타이머/카운터(타이머/카운터1)가 내장되어 있다.

＊ 프리스케일러 : 타이머에 공급하는 입력 클록의 속도를 조절하는 분주기

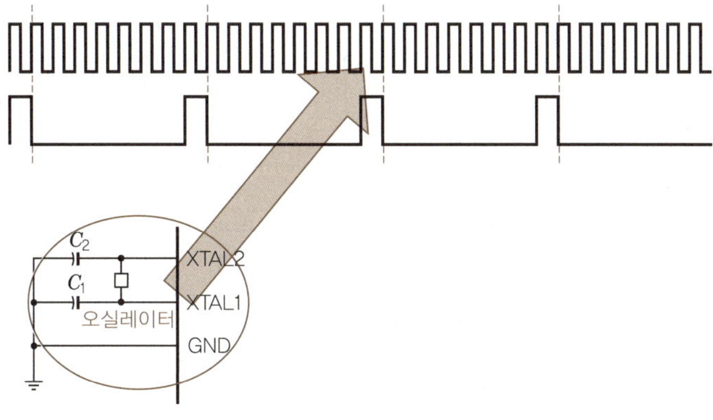

┃그림 4-102. 타이머/카운터 펄스 생성┃

⑥ 자동차에서 타이머/카운터는 자동차 전자 제어 엔진의 연료 분사 시간 및 점화 시간 제어 등에 많이 적용되고 있으며, BCM(Body Control Module)의 각종 기능의 시간 제어에 적용된다.

(1) 타이머에 의한 인젝터 제어 기초

① 작동 설명

타이머/카운터0의 일반 모드를 사용하여 오버플로 인터럽트가 발생할 때마다 PC0~PC3에 연결되어 있는 4개의 인젝터를 1비트씩 시프트(shift)하면서 작동하는 프로그램을 설계해 본다.

타이머/카운터의 인터럽트 주기는 최대가 되도록 TCNT0=0으로 하고, 프리스케일러는 그림 4-103과 같이 1024분주로 한다.

그림 4-104는 제어 프로그램에 의한 인젝터의 작동을 한눈에 볼 수 있도록 한 타임 차트이다.

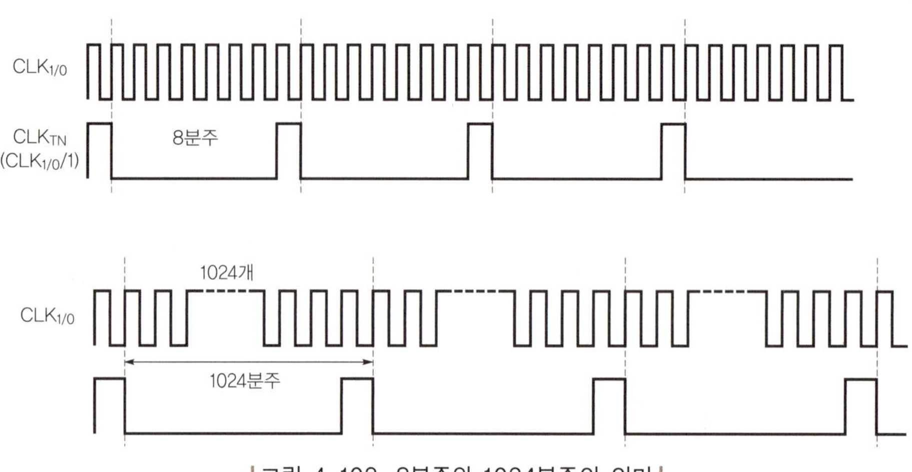

|그림 4-103. 8분주와 1024분주의 의미|

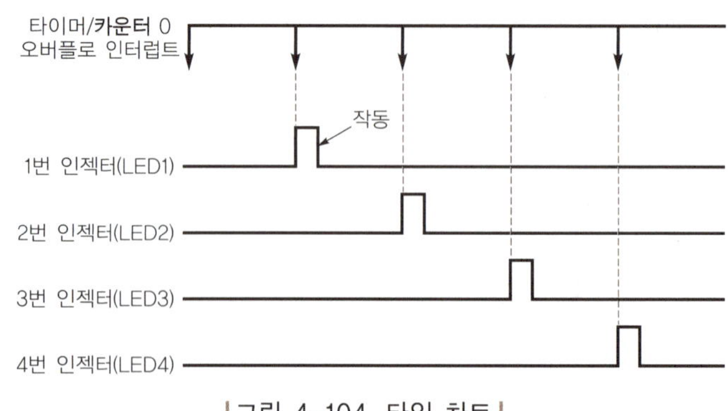

|그림 4-104. 타임 차트|

② 제어 알고리즘

　㉠ 타이머/카운터0 오버플로 인터럽트가 발생하면 인젝터가 작동되도록 한다.

　㉡ 주기적으로 인젝터의 처음(PC0)에서 마지막(PC3)까지 이동하면서 작동을 반복 실행한다.

　㉢ 타이머/카운터0 오버플로 인터럽트 실행 중 daegi( ) 함수를 call하여 정해진 시간만큼 작동을 유지한다.

③ 플로 차트

그림 4-105와 같은 과정을 거쳐 타이머/카운터0를 이용하여 인젝터를 제어하게 된다.

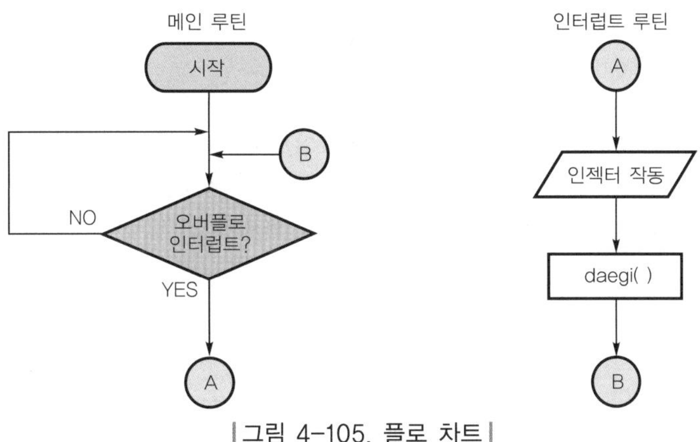

|그림 4-105. 플로 차트|

④ 제어 프로그램

```c
#include<mega8535.h>
unsigned char injector=0b11111110;
void daegi(unsigned int count)
{
    unsigned int k, c;
    for(k=0; k<count; k++){
                    c=600000;
                    while(--c);
                    }
}


interrupt[TIM0_OVF]void timer_int0(void)
{
    TIMSK=0x00;//타이머/카운터0 오버플로 인터럽트 디스에이블
    injector<<=1;//좌측으로 1비트 이동
```

```
    injector |=0b00000001;//injector=injector| 0x01
    if(injector==0b11101111)injector=0b11111110;
    PORTC=injector;
    daegi(32);//daegi( ) 함수를 call
    PORTC=0xFF;//인젝터 OFF
    daegi(96);
    TIMSK=0b00000001;//오버플로 인터럽트 인에이블
}
void main(void)
{
    DDRC=0xFF;//PORTC를 출력으로 설정
    PORTC=injector;//PORTC 초깃값 출력
    TIMSK=0b00000001;//타이머/카운터0 인터럽트 마스크 레지스터 인에이블(허용)
    TCCR0=0x05;//일반 모드, 프리스케일러 : 1024분주, 0x05
    TCNT0=0b00000000;//타이머/카운터0 레지스터 초깃값, 0x00
    SREG=0b10000000;//전역 인터럽트 인에이블(허용), 0x80

    while(1);
}
```

위 프로그램을 살펴보자.

㉠ 타이머/카운터0의 제어에 필요한 레지스터는 다음과 같다.

- TIMSK : 타이머/카운터 오버플로 인터럽트 인에이블과 출력 비교 인터럽트 인에 이블 비트를 제어한다.

  여기서, OCIE0 : 타이머/카운터0 출력 비교 인터럽트 인에이블 비트

  　　　　TOIE0 : 타이머/카운터0 오버플로 인터럽트 인에이블 비트

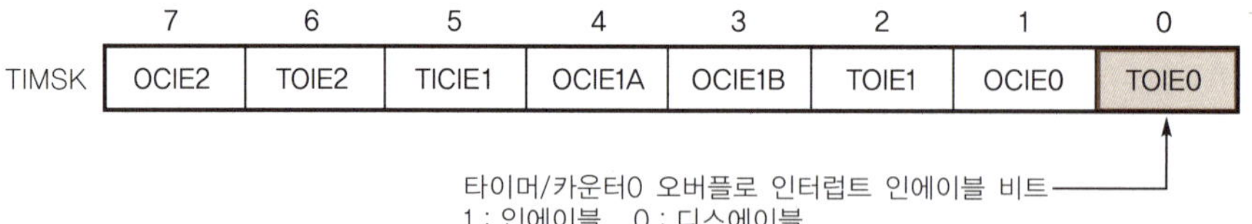

|그림 4-106. TIMSK 레지스터의 설정|

그림 4-106과 같이 TIMSK 레지스터의 TOIE0=1로 선택하여 타이머/카운터0 오버플로 인터럽트가 가능하도록 한다(인에이블).

그림 4-107에서 보는 것처럼 타이머/카운터0 레지스터는 8비트로서 '0'에서 '255'를 카운트하고 다시 '0'으로 될 때 오버플로 인터럽트가 발생하게 된다.

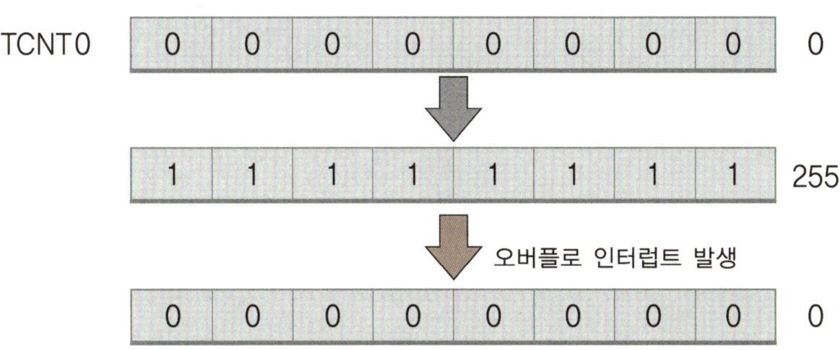

| 그림 4-107. 타이머/카운터0 오버플로 인터럽트 발생 |

- TCNT0 : 타이머/카운터 레지스터로서, 직접 제어값을 대입하여 제어한다.
  TCNT0=0x00;이면 그림 4-108의 타이머/카운터0는 8비트 타이머이므로 0x00
  에서 카운트하여 0xFF까지 카운트 후에 0x00이 될 때 타이머 오버플로 인터럽트
  가 발생된다.

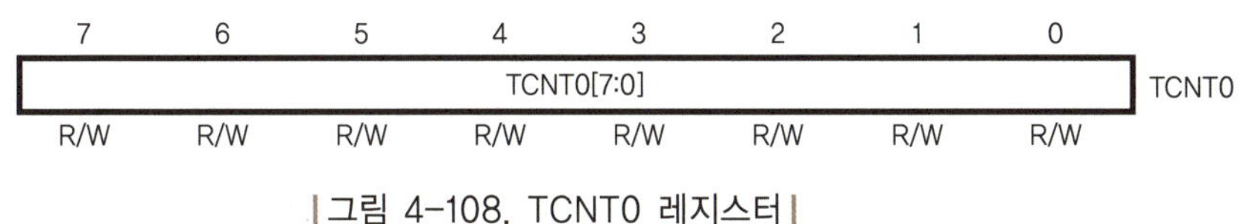

| 그림 4-108. TCNT0 레지스터 |

- TCCR0 : 그림 4-109의 타이머/카운터 제어 레지스터는 그림 4-110에 의해 동작
  모드와 출력 모드, 클록 신택을 제어한다.

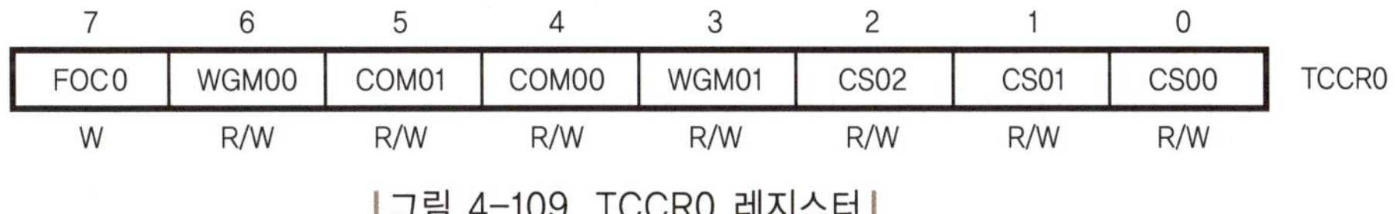

| 그림 4-109. TCCR0 레지스터 |

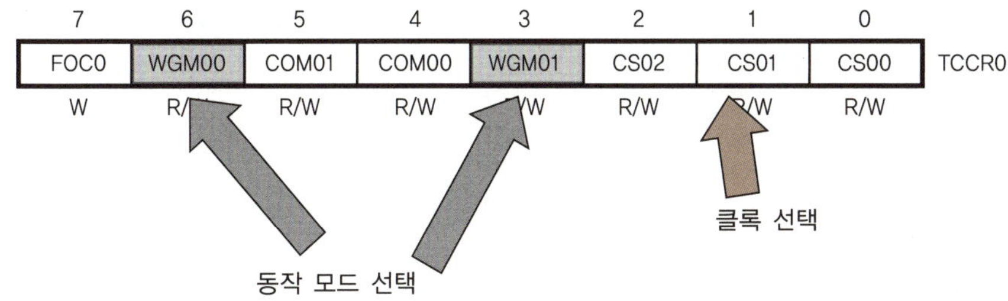

| 그림 4-110. TCCR0의 설정 |

CS02	CS01	CS00	Description
0	0	0	No clock source(Timer/counter stopped).
0	0	1	$CLK_{I/O}$(No prescaling)
0	1	0	$CLK_{I/O}$/8(From prescaler)
0	1	1	$CLK_{I/O}$64(From prescaler)
1	0	0	$CLK_{I/O}$256(From prescaler)
1	0	1	$CLK_{I/O}$1024(From prescaler)
1	1	0	External clock source on T0 pin. Clock on falling edge.
1	1	1	External clock source on T0 pin. Clock on rising edge.

| 표 4-2. 프리스케일러의 설정 |

프리스케일러의 설정에서 MEGA128과는 약간 차이가 있는데, 표 4-2의 프리스
케일러 설정에서는 1024분주를 하기 위해서 CS02 : CS01 : CS00을 1 : 0 : 1로
지정하면 된다.

- TIFR : 오버플로 인터럽트 플래그와 출력 비교 인터럽트 플래그를 제어한다.
- OCR0 : 출력 비교 레지스터로서 TCNT0와 계속적으로 비교되는 8비트 레지스터
  로서 두 레지스터의 값이 일치할 때 OC0핀을 통해 설정된 값이 출력되거나 출력
  비교 인터럽트를 발생한다.
- SFIOR : 타이머/카운터의 프리스케일러 리셋을 제어한다.

ⓛ 일반 모드 : 이 모드에서는 항상 업 카운트로만 동작한다.

TCCR0의 WGM00, WGM01 비트에 의해 표 4-3과 같이 동작 모드를 설정한다.

Mode	WGM01 (CTC0)	WGM00 (PWM0)	Timer/Counter Mode of Op ration	TOP	Update of OCR0	TOV0 Flag Set on
0	0	0	Normal	0xFF	Immediate	MAX
1	0	1	PWM, Phase Correct	0xFF	TOP	BOTTOM
2	1	0	CTC	OCR0	Immediate	MAX
3	1	1	Fast PWM	0xFF	TOP	MAX

| 표 4-3. 타이머/카운터0 동작 모드 |

일반 모드로 작동할 경우 TCCR0에서 오른쪽으로 4번째 비트와 7번째 비트가 0이
되어 0b00000000이 된다.

＊일반 모드 : 일반적인 타이머 동작을 하는 모드이다. 따라서 타이머/카운터0 오버플로 인터럽
트를 발생시킨다.

ⓒ 인터럽트 발생 주기 : 타이머를 사용하기 위해서는 타이머에서 사용하는 클록에 대해 설정을 해야 하는데 이는 프리스케일러(prescaler) 값으로 조절할 수 있다.

프리스케일러 값은 각 타이머의 컨트롤 레지스터(TCCR0)에서 설정할 수가 있다.

타이머 인터럽트는 각 타이머 관련 컨트롤 레지스터에서 적절한 프리스케일러 값을 설정한 후, 각 타이머 레지스터(TCNT0)에 얼마마다 한 번씩 인터럽트를 걸게 할 것인지와 관련된 값을 써주면 된다.

그리고 주기적으로 인터럽트를 발생시켜 인젝터나 점화 코일의 작동을 1칸씩 이동시켜야 하므로 타이머 인터럽트 관련 레지스터들을 설정해야 한다. 타이머 인터럽트를 발생시키기 위해서는 TIMSK 레지스터만 설정하면 된다.

자작 ECU 회로를 이용하여 제어 프로그램을 작동하면 먼저 PC0의 1번 인젝터가 작동된다. while(1);에서 인터럽트가 발생되기를 기다리고 있다가 인터럽트가 발생하면 인터럽트 서브 루틴으로 이동하여 인젝터나 점화 코일을 1칸씩 작동하며 이동시키게 된다.

- 1분주의 경우 : 16MHz의 오실레이터를 사용할 경우 1초에 16×10^6 사이클의 주기를 가진다. 여기서, 1사이클의 값은 아래와 같다.

$$1\text{사이클} = 1s/(16 \times 10^6) = (10^6/16 \times 10^6)\mu s = (1/16)\mu s$$

그러므로 1count=1사이클=$(1/16)\mu s$로서 8비트 타이머/카운터0에서 TCNT0=0;이라면 초깃값이 '0'이므로 0x00에서 0xFF까지의 카운트 수는 256이고, 소요되는 시간은 $(1/16)\mu s \times 1$분주$\times 256 count = 16\mu s$가 된다. 따라서 그림 4-111과 같이 1분주를 할 경우 초깃값(0x00) 설정 후 오버플로(0xFF → 0x00)가 발생하기까지의 시간은 $16\mu s$가 된다.

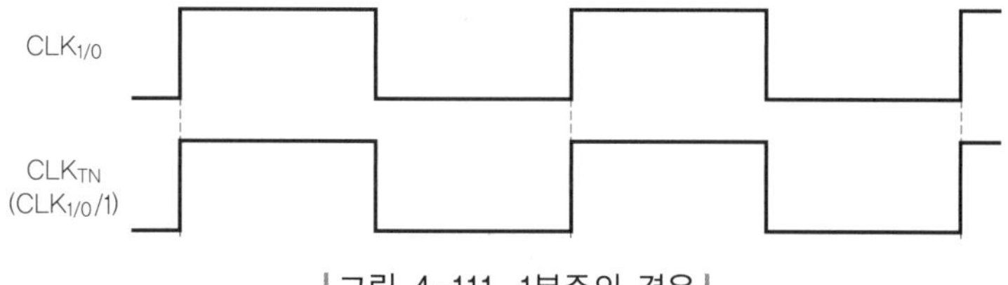

|그림 4-111. 1분주의 경우|

- 8분주의 경우 : 그림 4-112와 같이 8분주를 할 경우 오실레이터의 펄스 8개를 1개의 펄스로 카운트하게 되므로, 0x00에서 0xFF까지의 256을 카운트하는 데 걸리는 시간은 다음과 같다.

$$(1/16)\mu s \times 8\text{분주} \times 256 count = 128\mu s$$

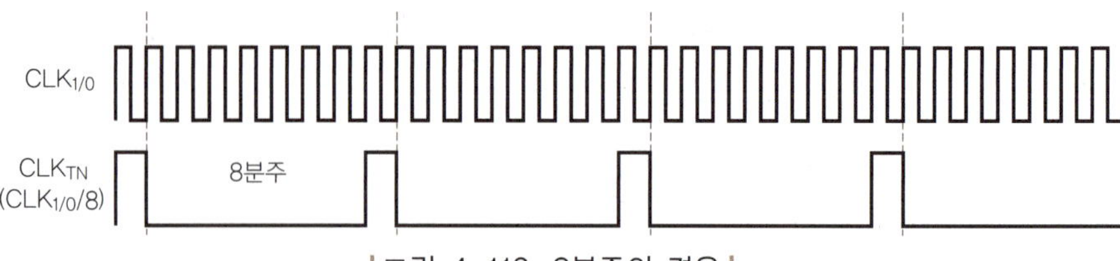

|그림 4-112. 8분주의 경우|

만약, TCNT0=156이라면 오버플로가 될 때까지 카운트하는 값은 (256-156)=100이 되어 초깃값 설정 후 오버플로가 발생하기까지의 시간을 계산하면 다음과 같다.

$$(1/16)\mu s \times 8분주 \times 100count = 50\mu s$$

즉, TCNT0에 156을 넣으면 50μs마다 계속해서 인터럽트를 발생하게 된다.

- 시스템 클록과 타이머 클록 : ATmega8535 마이크로컨트롤러 시스템 클록은 연산 속도를 빠르게 하기 위해 16MHz의 오실레이터를 사용한다. 그러나 타이머의 경우 분주하지 않으면 시스템 클록이 너무 빠르다.

따라서 프리스케일러를 이용하여 그림 4-113과 같이 시스템 클록을 분주하여 타이머 클록을 느리게 한다.

* 분주 : 클록을 쪼개는 것으로 속도를 느리게 하는 것을 말한다.

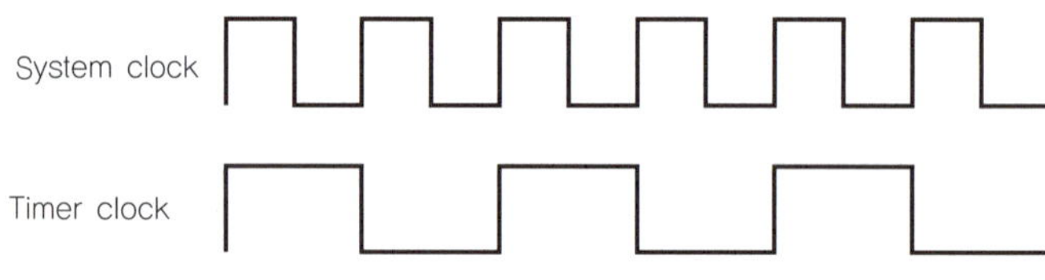

|그림 4-113. 시스템 클록과 타이머 클록|

(2) CTC 모드에 의한 인젝터와 점화 코일 작동 제어
① 작동 설명

타이머/카운터0의 CTC 모드를 이용하여 출력 비교 인터럽트가 발생할 때마다 인젝터와 점화 코일을 1비트씩 시프트하면서 작동(ON)시키는 제어 프로그램을 설계해 본다.
인젝터와 점화 코일의 작동 속도가 너무 빠르면 for문을 사용하여 시간을 지연시켜 인젝터와 점화 코일의 작동을 확인하도록 한다.

그림 4-114에서 TCNTx의 값이 증가하여 OCRx의 값과 일치하면 출력 비교 인터럽트가 발생한다.

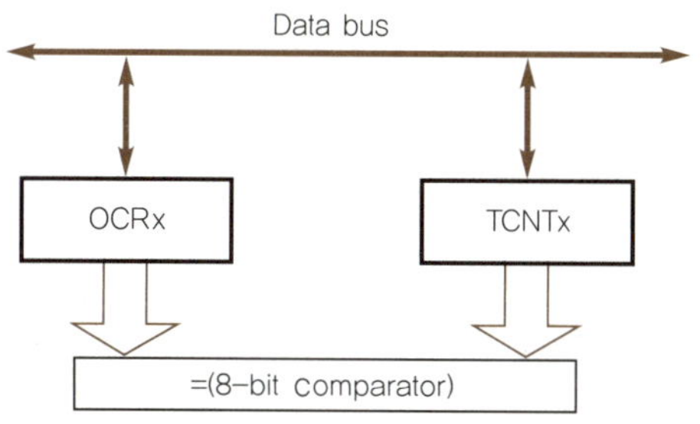

| 그림 4-114. CTC 모드의 작동 |

② 제어 알고리즘

CTC 모드로 1024분주 시 타이머/카운터0가 카운트를 시작하여 255가 되면 출력 비교 인터럽트가 발생해 PORTC에 연결되어 있는 인젝터(또는 점화 코일)의 작동을 1비트씩 이동시킨다. 바로 타이머에 의한 인젝터 제어와 유사하다.

그림 4-115는 CTC 모드, 그림 4-116은 일반 모드의 동작을 나타낸다.

* CTC 모드 : 타이머의 출력 비교(Clear Time on Compare Match Mode) 동작을 하는 모드이다. 따라서 출력 비교 인터럽트를 발생한다.

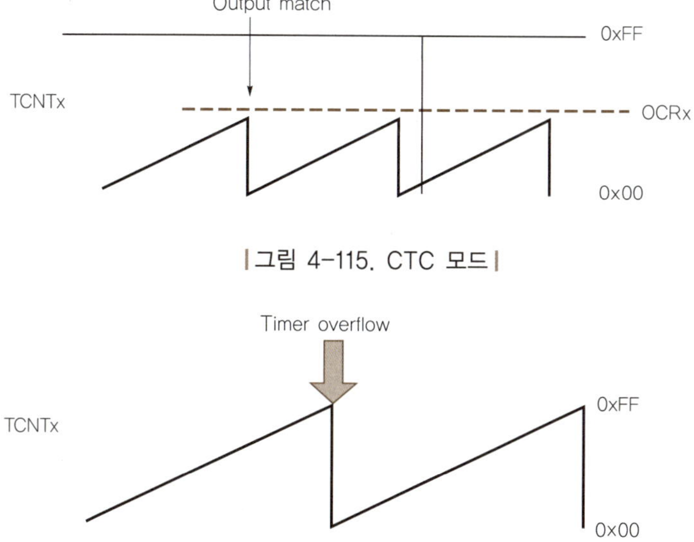

| 그림 4-115. CTC 모드 |

| 그림 4-116. 일반 모드 |

③ 플로 차트

그림 4-117은 출력 비교 인터럽트 제어 과정을 그림으로 나타낸 것이다.

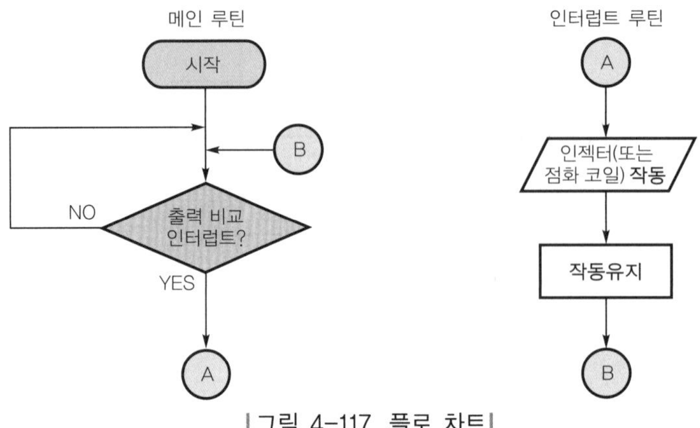

|그림 4-117. 플로 차트|

④ 제어 프로그램

```c
//*타이머/카운터0 CTC 모드*//
#include<mega8535.h>

unsigned char inj_ign=0b11111110, j;
unsigned int c;

interrupt[TIM0_COMP]void timer_comp0(void)
 {
   inj_ign<<=1;
   for(j=0;j<=4;j++){
                  c=61490;
                  while(c--);
                  }
   inj_ign|=0x01;//inj_ign=inj_ign| 0b00000001
   if(inj_ign==0b11111111)inj_ign=0b11111110;
   PORTC=inj_ign;
 }
void main(void)
{
   DDRC=0xFF;//PORTC 출력으로 설정
```

```
    PORTC=inj_ign;//PORTC 초깃값 출력


    TIMSK=0b00000010;//OCIE0=1, 타이머/카운터 인터럽트 마스크 레지스터,
                      0x02 인에이블
    TCCR0=0b00001101;//CTC 모드, 프리스케일러 : 1024분주, 0x0D
    OCR0=255;//출력 비교 레지스터 값
    TCNT0=0x00;//타이머/카운터0 레지스터 초깃값
    SREG=0b10000000;//전역 인터럽트 인에이블(허용), 0x80


    while(1);
}
```

위 프로그램을 살펴보도록 하자.

㉠ CTC 모드(Clear Time on Compare Match Mode)에서는 TCNTx의 값이 증가하여 OCRx의 값과 일치하면 다음 클록에서 0으로 클리어(clear)되며, TCNTx의 값은 0~OCRx의 범위를 갖는다.

㉡ 타이머/카운트0에서 출력 비교 인터럽트 제어 시 다음과 같이 설정한다.

```
TIMSK=0b00000010;//0x02
TCCR0=0b00001101;//1024분주, CTC 모드, 0x0D
OCR0=255;//출력 비교 레지스터 값 설정
TCNT0=0x00;//타이머/카운터0 레지스터 초깃값 설정
SREG=0b10000000;//전역 인터럽트 인에이블, 0x80
```

(3) 타이머/카운터0의 일반 모드에 의한 인젝터 및 점화 코일 제어(0.5초 간격)

① 작동 설명

타이머/카운터0의 오버플로 인터럽트를 이용하여 0.5초마다 4개의 인젝터와 4개의 점화 코일을 ON/OFF시키는 프로그램을 설계해 본다.

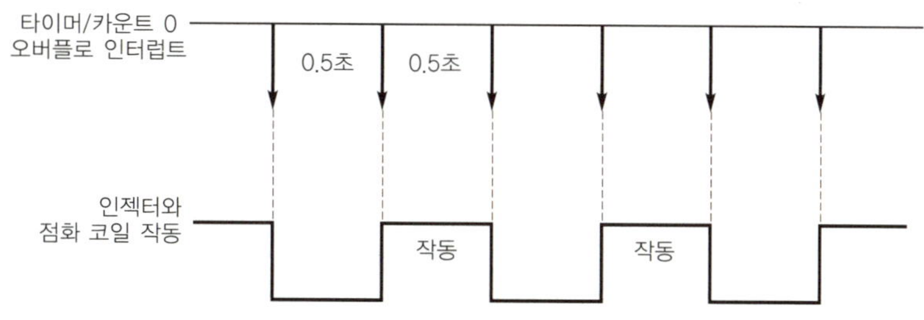

|그림 4-118. 타임 차트|

그림 4-118은 인젝터와 점화 코일의 작동을 한눈에 알기 쉽게 그림으로 나타낸 것이다.

② **제어 알고리즘**

㉠ 타이머/카운터0가 1회 오버플로 인터럽트를 발생 시 소요 시간을 계산한다.

㉡ 0.5초 동안 인젝터와 점화 코일을 작동하기 위한 오버플로 인터럽트 반복 횟수를 계산한다.

㉢ 0.5초가 될 때까지 오버플로 인터럽트를 반복하여 발생시킨 후 모든 인젝터와 점화 코일을 ON/OFF 작동한다.

㉣ 위의 내용을 반복하여 실행한다.

그림 4-119와 같이 타이머 오버플로 인터럽트에 의해 인젝터와 점화 코일이 제어된다.

|그림 4-119. 인젝터(또는 점화 코일) 제어도|

③ **플로 차트**

그림 4-120은 인젝터(또는 점화 코일) 제어 과정을 한눈에 알기 쉽게 표시한 것이다.

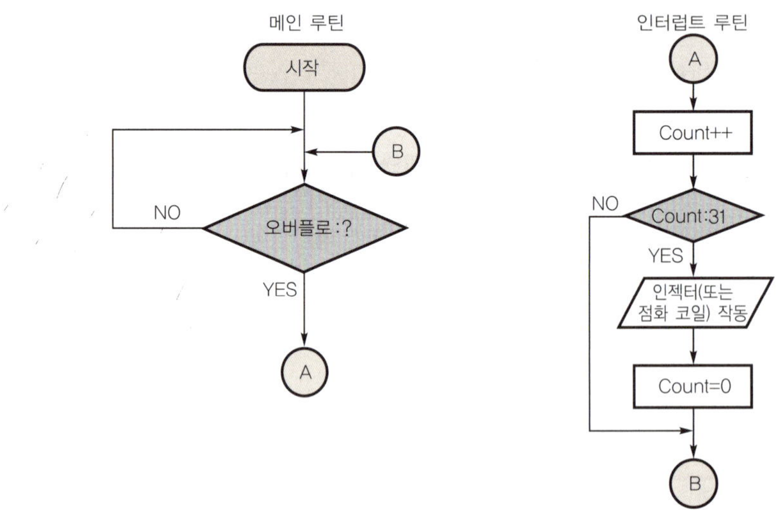

|그림 4-120. 플로 차트|

④ 제어 프로그램

```
//***타이머/카운터0 일반 모드***//
#include〈mega8535.h〉
unsigned char inj_ign=0b11111111, count;
void main(void)
{
    DDRC=0xFF;//PORTC 출력으로 설정
    PORTC=inj_ign;//PORTC 초깃값 출력
    count=0;//인터럽트 발생 횟수

    TIMSK=0b00000001;//타이머/카운터0 인터럽트 마스크 레지스터 인에이블(허용)
    TCCR0=0b00000101;//일반 MODE, 프리스케일러 : 1024분주, 0x05
    TCNT0=0x00;//타이머/카운터 레지스터 초깃값
    SREG=0b10000000;//전역 인터럽트 인에이블(허용), 0x80
    while(1);//인터럽트 대기
}
interrupt[TIM0_OVF]void timer_int0(void)
{
    ++count;//먼저 +1한 후 아래 프로그램 수행
    if(count==31){//256/16*1024*31/1000000=0.5sec
                inj_ign=inj_ign^0b11111111;//비트 XOR 연산
                PORTC=inj_ign;//inj_ign의 값을 PORTC로 출력
                count=0;
                }
}
```

위 프로그램을 살펴보자.

㉠ 타이머/카운트0의 오버플로 인터럽트를 활용하여 0.5초를 다음과 같이 제어할 수 있다.

우선, 16MHz 오실레이터의 1사이클＝$(1/16)\mu s$가 된다.

초깃값 TCNT0=0이면 오버플로 인터럽트가 발생할 때까지의 경과 시간은 $(1/16)\mu s$ $\times 1024$분주$\times 256$count＝$16384\mu s$가 된다.

따라서 0.5초가 되려면 $500000\mu s \div 16384\mu s ≒ 31$이 되어 31회 오버플로 인터럽트를 반복하여 0.5초를 수행하도록 한다.

31회가 되면 인젝터(또는 점화 코일)의 출력을 역전시키고 다시 count＝0로 하여 초기화한다.

ⓛ ^ 는 비트 연산자로서 bit XOR를 나타내며, 진리표는 표 4-4와 같다.

A(입력)	B(입력)	Y(출력)
0	0	0
0	1	1
1	0	1
1	1	0

| 표 4-4. ^ 비트 연산자의 진리표 |

최초 inj_ign=0xFF(0b11111111)이면, inj_ign^0xFF는 0b11111111^0b11111111이 된다. 따라서 비트 연산 결과는 inj_ign=0b00000000이 되어 PORTC＝0b00000000로 출력되므로 그림 4-121의 회로에서 모든 인젝터와 점화 코일이 작동된다.

또한, 이 다음 연산에서는 inj_ign^0xFF는 0b000000000^0b11111111이므로, 비트 연산 결과는 0b11111111이 되고 모든 인젝터와 점화 코일의 작동이 멈춘다.

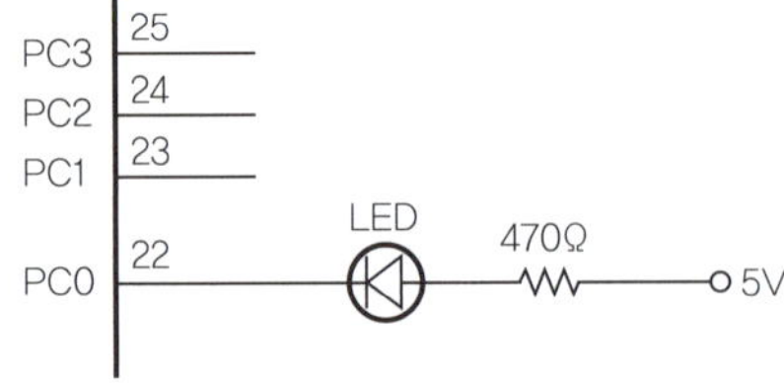

| 그림 4-121. 인젝터와 점화 코일의 작동을 위한 출력회로 |

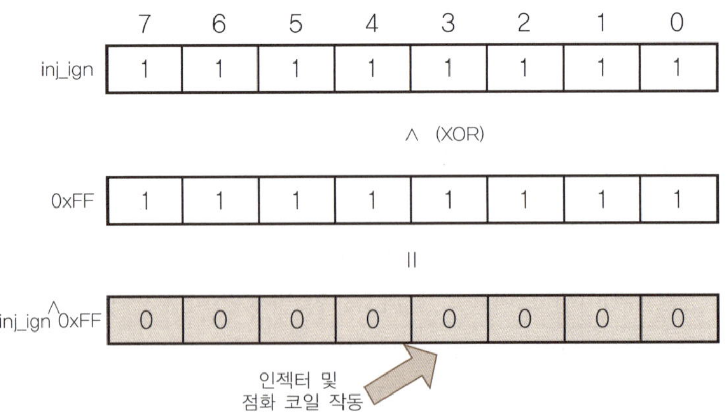

| 그림 4-122. inj_ign^0xFF의 연산 |

그림 4-122는 inj_ign=0b11111111일 때 inj_ign^0xFF의 연산 과정을 나타낸다.

(4) 외부 신호에 의한 일정 시간 타이머 작동 응용 I
① 작동 설명

외부 인터럽트 하강 에지 신호에 의해 타이머/카운터0 오버플로 인터럽트가 발생하여
그림 4-123과 같이 8개의 인젝터와 점화 코일이 5초 동안 ON 후 OFF되도록 한다.
제어 회로도는 4.2.2절에 나타나 있다. 단, 외부 인터럽트 신호로는 토글 스위치 신호
를 입력한다. 또한, 일반 모드로 동작한다.

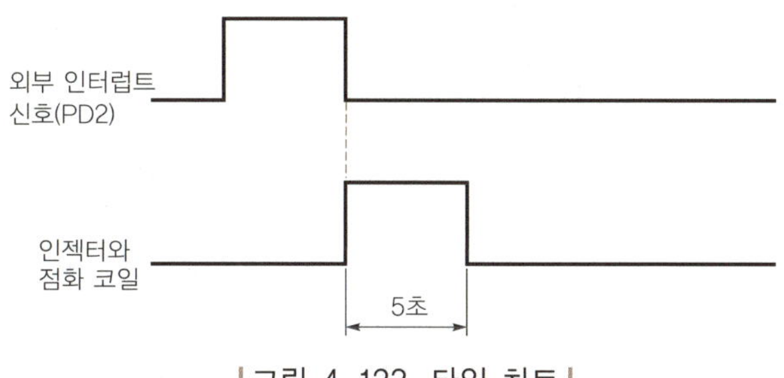

| 그림 4-123. 타임 차트 |

② 제어 알고리즘

ㄱ 외부 인터럽트가 발생하면 외부 인터럽트 함수에서 타이머/카운터0 인터럽트 인에
이블(enable : 허용)한다.

ㄴ 5초 타이머 제어는 타이머/카운터0 오버플로 인터럽트 함수에 의해 제어된다.

ㄷ 외부 인터럽트가 발생하면 1회, 5초 동안 인젝터와 점화 코일이 작동한 후 멈춘다.

ㄹ 외부 인터럽트가 발생하지 않으면 계속 인젝터와 점화 코일의 작동이 멈춘다.

③ 단순 제어도

그림 4-124와 같은 제어도에 의해 인젝터와 점화 코일이 작동된다.

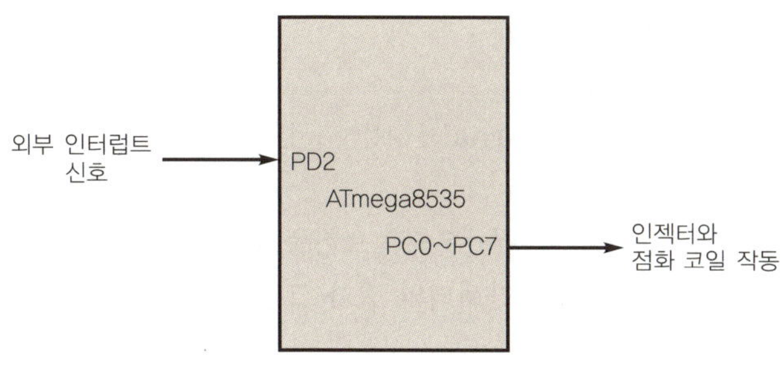

| 그림 4-124. 단순 제어도 |

④ 플로 차트

인젝터와 점화 코일 제어를 위한 플로 차트는 그림 4-125와 같이 나타낼 수 있다.

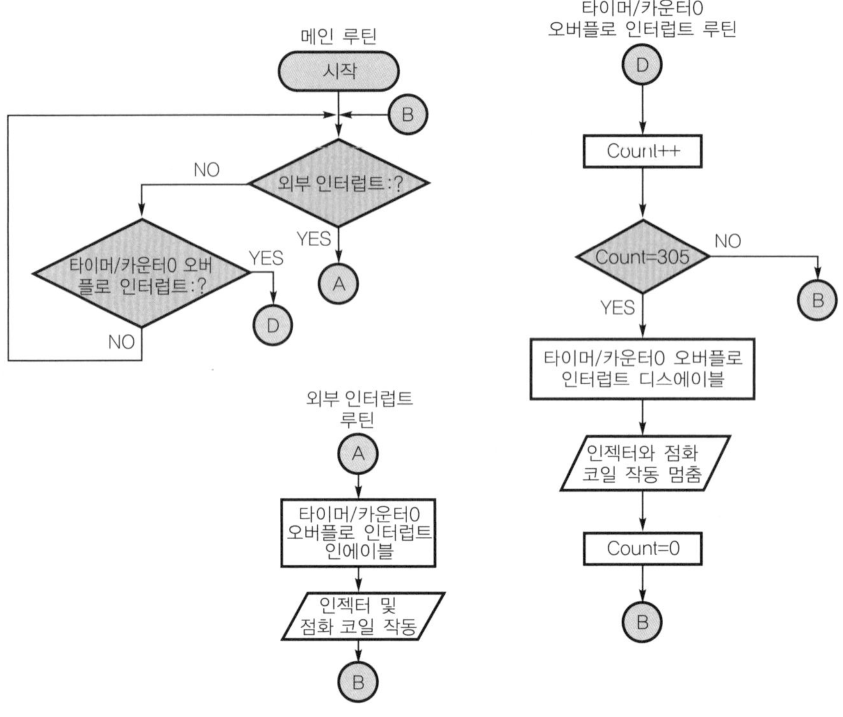

|그림 4-125. 플로 차트|

⑤ 제어 프로그램

```
//**타이머/카운터0 인터럽트**//
#include<mega8535.h>
unsigned char inj_ign=0b11111111;
unsigned int count=0;
//*외부 인터럽트 서브 루틴*//
interrupt[EXT_INT0]void external_int0(void)
{
  TIMSK=0b00000001;//타이머/카운터0 오버플로 인터럽트 인에이블(허용)
  PORTC=0b00000000;//모든 인젝터와 점화 코일 작동
}
//*타이머 인터럽트 서브 루틴*//
interrupt[TIM0_OVF]void timer_int0(void)
```

```
{
  ++count;
  if(count==305){
                TIMSK=0b00000000;//타이머/카운터0 인터럽트 디스에이블,
                                   0x00
                PORTC=0b11111111;//모든 인젝터와 점화 코일 작동 멈춤,
                                   0xFF
                 count=0;
                 }
  }

void main(void)
{
  DDRC=0xFF;//PORTC 모든 핀을 출력 설정
  PORTC=inj_ign;
  DDRD=0x00;//PORTD는 입력으로 설정
  ;
  //**타이머/카운터0 초기화**//
  TCCR0=0b00000101;//일반 모드, 프리스케일러 : 1024분주, 0x05
  TCNT0=0x00;
  ;
  //**외부 인터럽트 인에이블 초기화**//
  GICR=0b01000000;//외부 인터럽트0 인에이블(허용), 0x04
  MCUCR=0b00000010;//외부 인터럽트0 제어 하강 에지(상승 에지 0x03), 0x02
  SREG=0b10000000;//전역 인터럽트 인에이블, 0x80
  ;
  while(1);
}
```

위 프로그램을 살펴보면 외부 인터럽트 신호가 PD2 단자로 입력되면 인터럽트가 발생하여 외부 인터럽트 서브 루틴으로 이동하게 되고, 타이머/카운터0 오버플로 인터럽트를 인에이블(허용)하면서 동시에 인젝터 및 점화 코일을 작동한다.

이후 while(1);로 복귀하여 인터럽트의 발생을 기다리다 타이머 오버플로 인터럽트가 발생하면 타이머 오버플로 서브 루틴으로 이동하여 5초가 될 때까지 오버플로 인터럽트를 반복하게 된다.

결국 오버플로 인터럽트 횟수가 305회(5초)가 되면 타이머/카운터0 오버플로 인터럽트를 디스에이블(불허)한 후에 인젝터 및 점화 코일의 작동을 멈추고 작동을 완료하게 된다. 그림 4-126은 이번 프로그램의 제어 구조를 나타낸다.

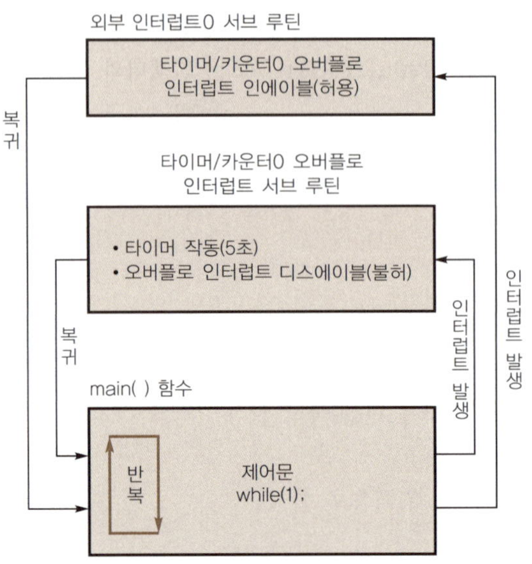

|그림 4-126. 제어 구조|

㉠ 외부 인터럽트 함수에서는 타이머/카운터0 오버플로 인터럽트를 인에이블하여 카운트를 시작한다.

㉡ 1회 오버플로 경과 시간은 $(1/16)\mu s \times 1024$분주$\times 256count = 16384\mu s$가 되며, 우리가 제어해야 할 시간인 5s(초)는 $5000000\mu s$로 나타낼 수 있다.

따라서 $5000000 \div 16384 ≒ 305$회가 되어 타이머/카운터0 오버플로 인터럽트를 305회 반복하면 5초가 되어 인젝터와 점화 코일이 작동한다.

㉢ 타이머/카운터0 오버플로 인터럽트 함수에서는 5초가 되었는지 확인하고 5초가 되면 인젝터와 점화 코일의 작동을 멈추고, 모든 값을 초기화한 후 while(1);에서 대기한다.

㉣ 외부 인터럽트 제어와 관련된 GICR, MCUCR 레지스터는 4.2.4절 인터럽트 제어에서 설명하였다.

(5) 외부 인터럽트 신호에 의한 일정 시간 타이머 작동 응용 Ⅱ

① 작동 설명

외부 인터럽트 신호 5번째 하강 에지에서 1번 인젝터를 그림 4-127과 같이 32ms 동안 작동한 후에 작동을 멈추도록 제어 프로그램을 설계한다.

외부 인터럽트 신호가 10개 입력되면 11번째부터는 초기화하여 다시 카운트하도록 한다. 즉, 외부 인터럽트 1사이클은 10펄스로 한다.

단, 외부 인터럽트 신호로써 자동차의 CPS 신호와 유사한 엔코더 신호를 입력한다.

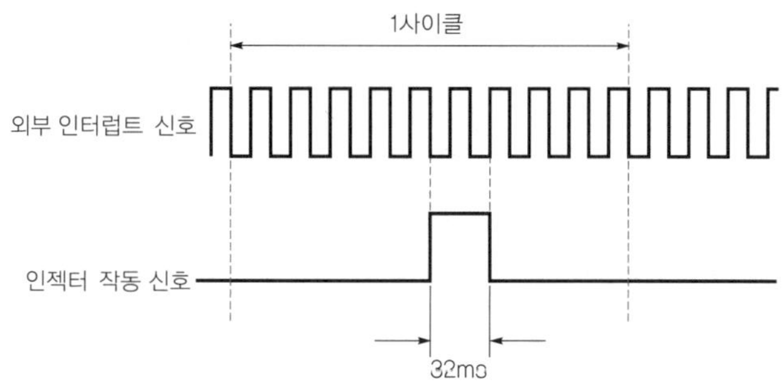

│그림 4-127. 외부 인터럽트 신호에 의한 인젝터 작동(타임 차트)│

* 엔진 제어 응용 : 이 제어 프로그램을 응용하게 되면, CPS 신호의 특정 번째 신호에서 연료 분사를 개시하여 일정 시간 동안 유지하거나 점화 드웰 각을 제어하기 위한 프로그램을 설계할 수 있다.

② 제어 알고리즘

㉠ 외부 인터럽트를 카운트하여 5번째 인터럽트에서 인젝터를 작동한다.

㉡ 32ms 제어는 타이머/카운터0 오버플로 인터럽트 함수에 의해 제어된다.

㉢ 외부 인터럽트는 10개 단위로 초기화한다.

㉣ 외부 인터럽트 5번째 하강 에지에서 타이머/카운터0 오버플로 인터럽트를 인에이블한다.

③ 플로 차트

인젝터의 작동은 그림 4-128의 플로 차트와 같은 과정을 거쳐 제어된다.

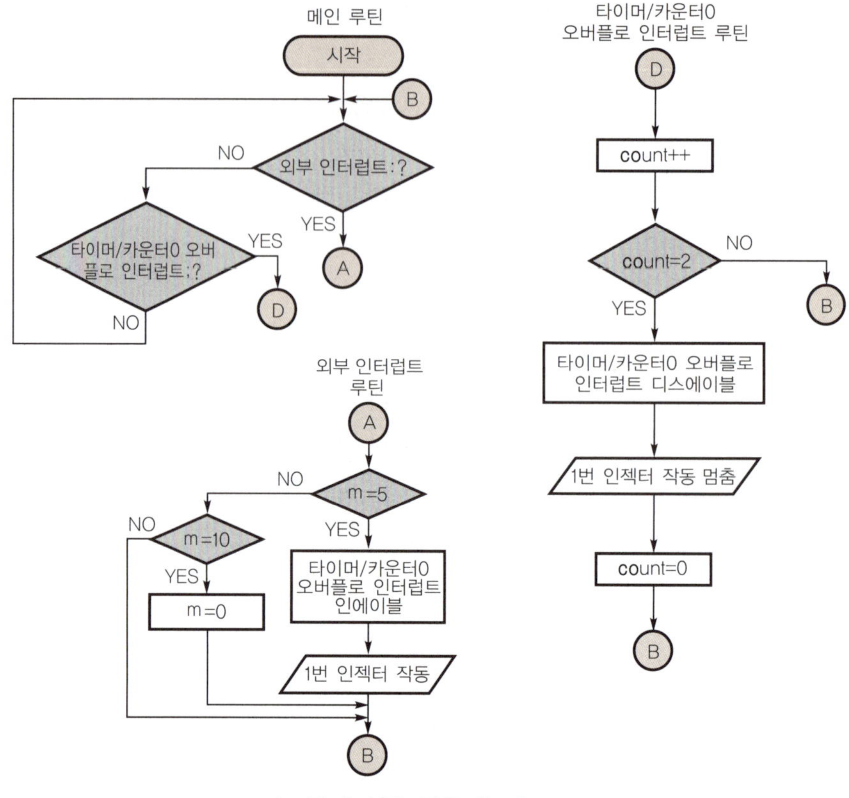

|그림 4-128. 플로 차트|

④ 제어 프로그램

```
//＊＊타이머/카운터0 인터럽트 제어＊＊//
#include〈mega8535.h〉

unsigned char injector=0b11111111;
unsigned int count=0, m=0;

interrupt[EXT_INT0]void external_int0(void)
{
  ++m;
  if(m==5){
        TIMSK=0b00000001;//타이머/카운터0 오버플로 인터럽트 인에이블,
                        0x01
        PORTC=0b11111110;//1번 인젝터 작동
        }
```

```c
    if(m==10) m=0;
}


//*타이머 인터럽트 서브 루틴*//
interrupt[TIM0_OVF]void timer_int0(void)
{
   ++count;
   if(count==2){
              TIMSK=0b00000000;//타이머/카운터0 인터럽트 디스에이블,
                                       0x00
              PORTC=0b11111111;//1번 인젝터 작동 멈춤
              count=0;
                }
}


void main(void)
{
  DDRC=0xFF;//PORTC 모든 핀 출력 설정
  PORTC=injector;
  DDRD=0x00;//PORTD는 입력 설정
  ;
  //**타이머/카운터0 초기화**//
  TCCR0=0b00000101;//일반 모드, 프리스케일러 : 1024분주, 0x05
  TCNT0=0b00000000;
  ;
  //**외부 인터럽트 초기화**//
  GICR=0b01000000;//외부 인터럽트0 인에이블, 0x40
  MCUCR=0b00000010;//외부 인터럽트0 제어 하강 에지(상승 에지 0x03), 0x02
  SREG=0b10000000;//전역 인터럽트 인에이블(허용), 0x80
  ;
  while(1);
}
```

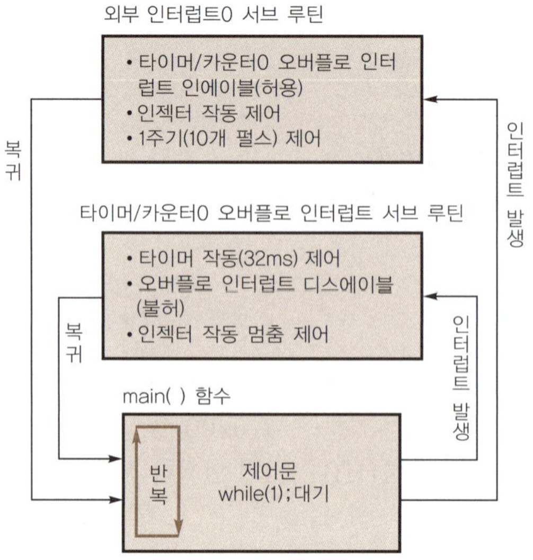

| 그림 4-129. 제어 구조 |

이번 인젝터를 작동하기 위한 제어 구조는 그림 4-129와 같다.

제어 프로그램이 실행되면 main( ) 함수의 while(1);에서 외부 인터럽트의 입력을 기다린다. 외부 인터럽트 신호가 입력되어 하강 에지에서 인터럽트가 발생되면 외부 인터럽트0 서브 루틴으로 이동하여 5회 반복한 후 타이머/카운터0 오버플로 인터럽트를 인에이블(허용)하여 인젝터를 작동하고, 10개 펄스 단위로 1주기를 제어하게 된다.

외부 인터럽트0 서브 루틴의 실행이 완료되면 다시 main( ) 함수로 복귀하여 타이머/카운터0가 오버플로 되기를 기다린다.

타이머/카운터0가 오버플로 되면 오버플로 인터럽트가 발생하여 타이머/카운터0 오버플로 인터럽트 서브 루틴으로 이동하여 프로그램을 실행하게 된다. 1회 오버플로 시 경과 시간이 약 16ms이므로, 2회의 오버플로가 발생하여야 32ms가 된다.

2회의 오버플로가 발생하면 인젝터 작동 시간(32ms)이 경과하였으므로 인젝터를 OFF(작동 멈춤)하고, 외부 인터럽트가 발생하기 전에는 타이머/카운터0 오버플로 인터럽트가 발생하지 않도록 타이머/카운터0 오버플로 인터럽트를 디스에이블(불허)한다.

이후 main( ) 함수로 복귀하여 외부 인터럽트 신호가 입력되기를 기다린다.

㉠ 32ms가 되기 위해서는 오버플로 인터럽트가 2회 발생되어야 한다.

㉡ 외부 인터럽트 단자에 엔코더 신호를 입력하면 아래 그림 4-130과 같은 파형을 출력한다.

그림 4-130의 파형에서 시간 간격이 불균일한 것은 손으로 엔코더를 회전시켜 회전 속도가 불균일하기 때문이다.

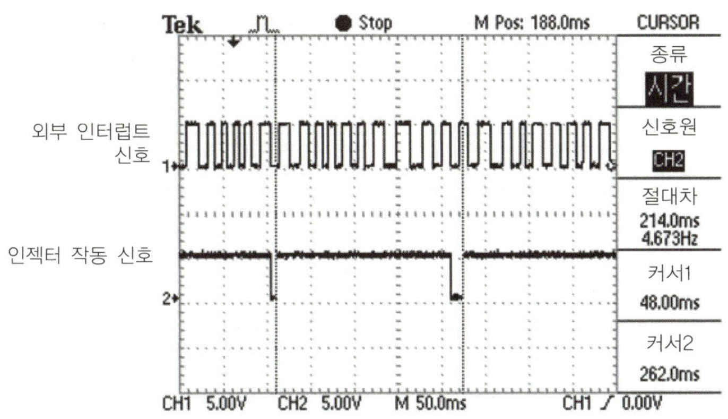

|그림 4-130. 외부 인터럽트 제어 시 측정 파형|

 **참고**

타이머/카운터0가 오버플로될 때까지 시간 계산

- TCNT0=0
- 1024분주일 때

타이머/카운터0가 계산해야 할 카운트 값은 256−0＝256이 되며, 초기 설정 후 오버플로가 발생할 때까지의 시간을 계산해 보면,

$$(1/16)\mu s \times 1024분주 \times (256-0) = 16384\mu s = 16.384ms$$

예를 들어, 5초마다 타이머 오버플로 인터럽트가 발생하여 인젝터가 연료를 분사하도록 하려면 오버플로가 반복되어야 하는 횟수는 다음과 같다.
1회 오버플로가 발생하는 데 걸리는 시간이 16.384ms이므로
$$16.384ms \times X = 5000ms$$
$$X = 5000/16.384 = 305회$$
따라서 305회 오버플로 인터럽트를 반복하도록 하여야 한다.

(6) 외부 인터럽트와 타이머/카운터0 오버플로 인터럽트에 의한 인젝터 작동
① 작동 설명

외부 인터럽트와 타이머/카운터0의 오버플로 인터럽트를 발생시키기 위해 토글 스위치를 작동하면, 그림 4-131과 같이 하강 에지 한번에 한 차례씩 작동하여 1-3-4-2 순으로 인젝터를 5초 ON 후 OFF하도록 한다(PC0~PC3 단자 사용).

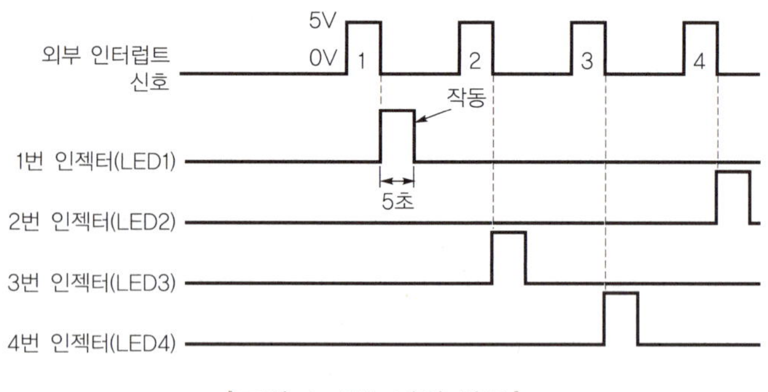

|그림 4-131. 타임 차트|

이해를 돕기 위해 다시 한번 설명하면, 인젝터가 연결된 출력회로는 그림 4-132와 같다. 따라서 PC0가 '0'이면 인젝터가 ON, '1'이면 OFF된다.

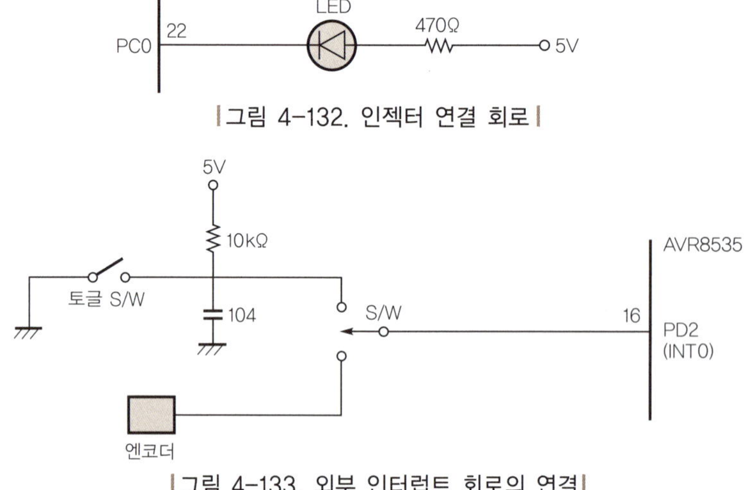

|그림 4-132. 인젝터 연결 회로|

|그림 4-133. 외부 인터럽트 회로의 연결|

외부 인터럽트 신호 입력회로는 그림 4-133과 같이 연결되어 있는 토글 스위치를 사용하여 제어하도록 한다.

엔코더를 사용하여 제어할 경우 신호가 빠르게 입력되어 프로그램 버그를 확인하기에 어려움이 있고, 인젝터 작동 시간이 5초로서 매우 길어 엔코더를 사용하기에 부적절하다. 제어 프로그램에 익숙해지면 실제 자동차에서 사용하는 CPS 신호와 유사한 엔코더의 신호를 사용해 보도록 한다.

② **제어 알고리즘**

　㉠ 외부 인터럽트 신호(하강 에지)에 의해 인젝터를 작동한다.

　㉡ 인젝터 작동 시간은 타이머/카운터0 오버플로 인터럽트에 의해 제어한다.

　㉢ 인젝터 작동 순서는 점화 순서인 1-3-4-2 순으로 한다.

㉣ 스위치 작동 1회에 1개의 인젝터가 작동한다(그림 4-134 참고).

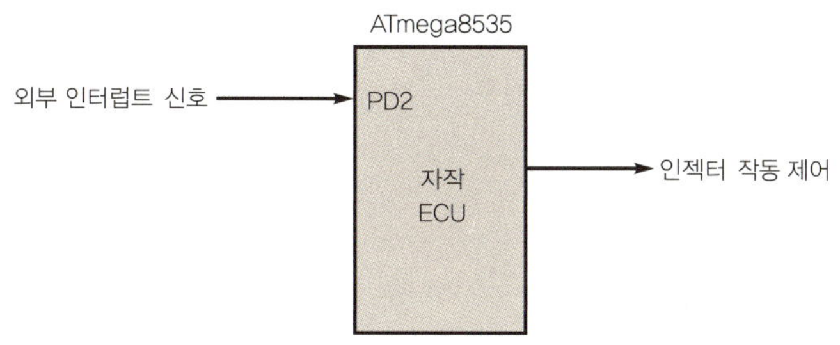

|그림 4-134. 단순 제어도|

③ 플로 차트

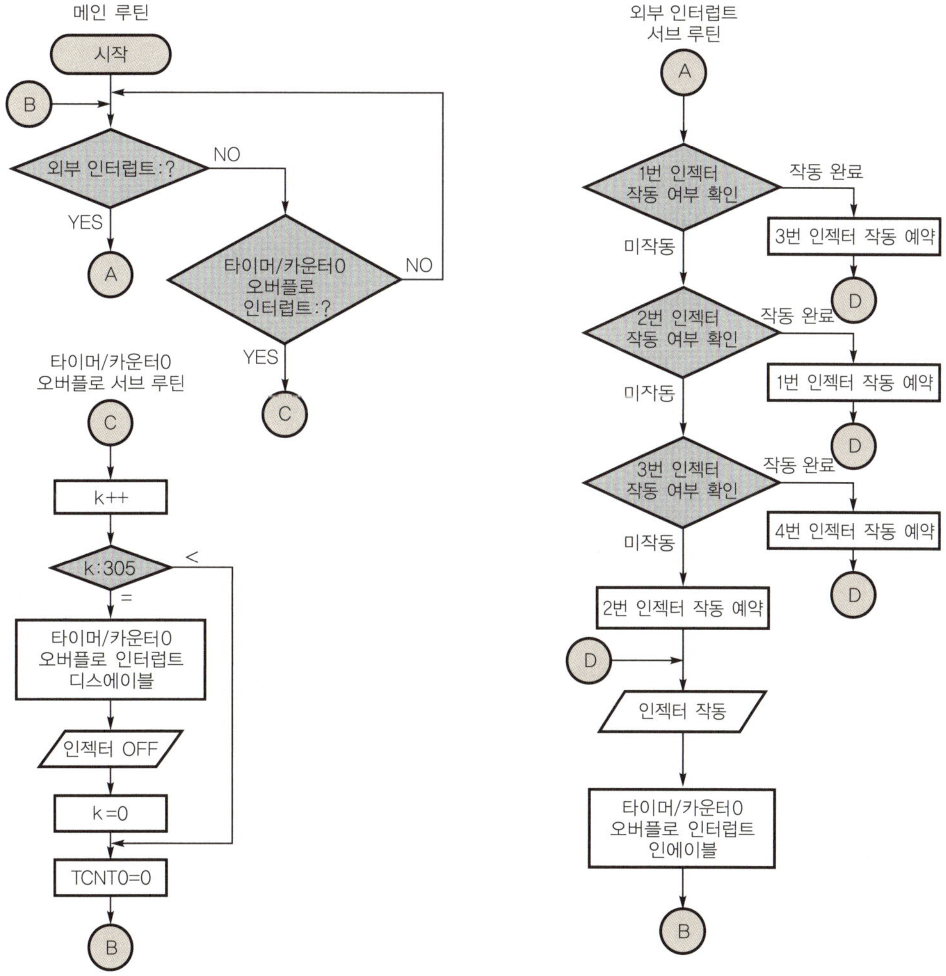

|그림 4-135. 플로 차트|

그림 4-135는 제어 과정을 한눈에 볼 수 있도록 한 플로 차트이다.

④ 제어 프로그램

```c
//**타이머/카운터0 오버플로 인터럽트, 외부 인터럽트 제어**//
#include<mega8535.h>

unsigned char injector=0b11111110;
unsigned int k=0;

void main(void)
{
  DDRC=0xFF;//PORTC 모든 핀 출력 설정
  PORTC=injector;
  ;
  SFIOR=0b00000000;//내부 풀업 저항 사용, 0x00
  DDRD=0x00;//PORTD 모든 핀 입력으로 설정
  PORTD=0b11111111;//INT0핀 내부 풀업 설정, 0xFF
  ;
   //**외부 인터럽트 초기화**//
  GICR=0b01000000;//외부 인터럽트0 인에이블(허용), 0x40
  MCUCR=0b00000010;//외부 인터럽트0 하강 에지, 0x02
  ;
  //**타이머/카운터0 초기화**//
  TCCR0=0b00000101;//일반 모드 프리스케일러 : 1024분주, 0x05
  TCNT0=0b00000000;
  ;
  SREG=0b10000000;//전역 인터럽트 인에이블(허용), 0x80
  ;
  while(1);//인터럽트 대기
  }
  //**외부 인터럽트 서브 루틴**//
  interrupt[EXT_INT0] void external_int0(void)
  {
     if(injector==0b11111110)injector=0b11111011;//3번 인젝터 작동
```

```
    else if(injector==0b11111011)injector=0b11110111;//4번 인젝터 작동
    else if(injector==0b11110111)injector=0b11111101;//2번 인젝터 작동
    else if(injector==0b11111101)injector=0b11111110;//1번 인젝터 작동
    PORTC=injector;
    TIMSK=0b00000001;
}


//*타이머 인터럽트 서브 루틴*//
interrupt[TIM0_OVF]void timer_int0(void)
{
    ++k;
    if(k==305){
            TIMSK=0b00000000;
            PORTC=0b11111111;
            k=0;
            }
    TCNT0=0x00;
}
```

위 프로그램을 살펴보자.

그림 4-136은 PORTC의 각 단자에 연결된 인젝터의 순번을 나타낸다.

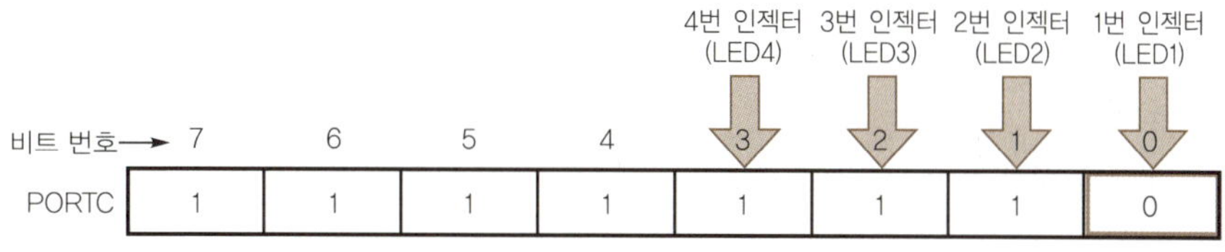

|그림 4-136. 인젝터 번호 설정|

㉠ 타이머/카운터0 오버플로 인터럽트를 305회 반복한다(5초).

㉡ if(injector==0xFE)injector=0xFB;에서 if(injector==0xFE(0b11111110))는 이전에 인젝터 1번을 작동하였으면 다음에 3번을 작동할 수 있도록 injector에 0xFB(0b11111011)을 기억시켜 놓는 것을 나타낸다.

㉢ 외부 인터럽트 서브 루틴(interrupt[EXT_INT0]void external_int0(void))에서 타이머/카운터0 오버플로 인터럽트를 인에이블(enable) 한다.

㉣ 0xF7 = 0b11110111-- 4번 인젝터 작동

0xFB = 0b11111011-- 3번 인젝터 작동

0xFD = 0b11111101-- 2번 인젝터 작동

0xFE = 0b11111110-- 1번 인젝터 작동

(7) 외부 인터럽트 신호의 펄스 폭 측정

① 작동 설명

PD2 단자에 엔코더를 연결하여 그림 4-137과 같이 외부 인터럽트 신호의 펄스 폭을 측정하고, 속도 변화에 의한 펄스 폭 변화에 따라 인젝터와 점화 코일의 작동수를 증감하는 프로그램을 작성해 본다.

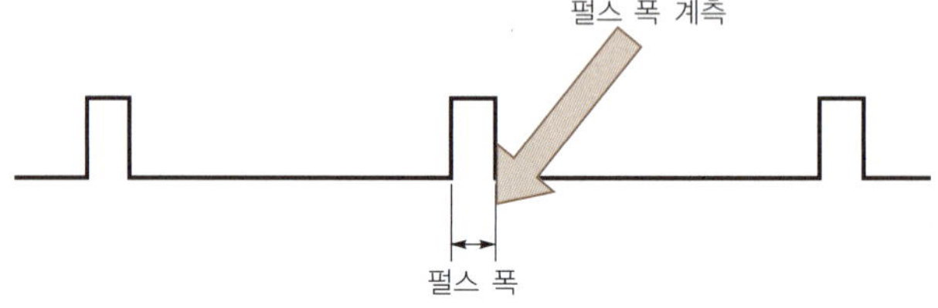

|그림 4-137. 펄스 폭의 계측|

② 제어 알고리즘

㉠ 폴링 방식에 의해 입력 펄스의 상승 에지와 하강 에지를 감지한다.

㉡ 타이머/카운터0에 의해 카운트 수를 계측한다.

㉢ 카운트 값에 따라 인젝터와 점화 코일의 작동수를 결정한다.

㉣ 8비트 타이머/카운터0를 사용하므로 오버플로 인터럽트를 사용하지 않고 256카운트까지 셀 수 있으며, 1024분주의 경우 16.384ms까지만 계측할 수 있다.

㉤ 여기서는 펄스 폭이 16ms 이내의 파형만 계측할 수 있다.

③ 제어 프로그램

㉠ 폴링 방식에 의한 펄스 폭 계측

```
//**폴링 방식에 의한 펄스 폭 계측 1**//
#include<mega8535.h>
unsigned char inj_ign=0b11111111;
unsigned int T0_count;

void main(void)
{
  DDRD=0x00;//PORTD 모든 핀 입력으로 설정
  DDRC=0xFF;//PORTC 모든 핀 출력으로 설정
```

```
PORTC=inj_ign;

//**타이머/카운터0 초기화**//
TCCR0=0b00000101;//일반 모드, 프리스케일러 : 1024분주, 0x05
TCNT0=0b00000000;
;
SREG=0b10000000;//전역 인터럽트 인에이블(허용), 0x80
;
while(1){
        while((PIND & 0b00000100)==0);// PD2 상승 에지 감지
        TCNT0=0x00;
        while(PIND & 0b00000100);//PD2 하강 에지 감지
        T0_count = TCNT0;
        if(T0_count<=10) PORTC=0b11111110;
        else if(T0_count<=25) PORTC=0b11111100;
        else if(T0_count<=75) PORTC=0b11111000;
        else if(T0_count<=100) PORTC=0b11110000;
        else if(T0_count<=125) PORTC=0b11100000;
        else if(T0_count<=150) PORTC=0b11000000;
        else if(T0_count<=175) PORTC=0b10000000;
        else if(T0_count<=200) PORTC=0b00000000;
        else PORTC=0b10101010;
        }
}
```

- 타이머/카운터0는 8비트로서 256카운트 범위에서 인젝터와 점화 코일을 ON/OFF시켜 펄스 폭을 구별하였다. 그러나 펄스 폭이 넓어 256카운트를 오버하게 되면 현재 프로그램으로는 그 이상 계측이 어렵다.

- 따라서 현재 프로그램에 타이머/카운터0 오버플로 인터럽트 제어 루틴을 추가하여 오버플로 발생 횟수를 카운트하여 제어하면 좀 더 폭넓게 펄스 폭을 계측할 수 있다(다음 프로그램에서 설명).

- while((PIND & 0b00000100)==0);에서 펄스의 상승 에지를 감지한다. 예를 들면, 엔코더의 출력이 '0'이면 PIND=0bxxxxx0xx이므로 (PIND & 0b00000100)에서 결과값은 0b00000000이 되어 while의 조건식을 만족(참)하므로 제자리에서 반복 실행하게 된다.

그러나 '1'이 입력되면 비트 & 연산의 결과값은 0b00000100이 되어 while의 조건식을 만족하지 못하므로(거짓), while문을 탈출하게 된다.

- while(PIND & 0b00000100);은 엔코더의 출력이 '1'(5V)이면 (PIND & 0b00000100)의 결과값은 '0이 아닌 값'이므로 참이 되어 엔코더의 출력이 '0'이 될 때까지 while문을 계속 반복하여 하강 에지를 감지하게 된다.

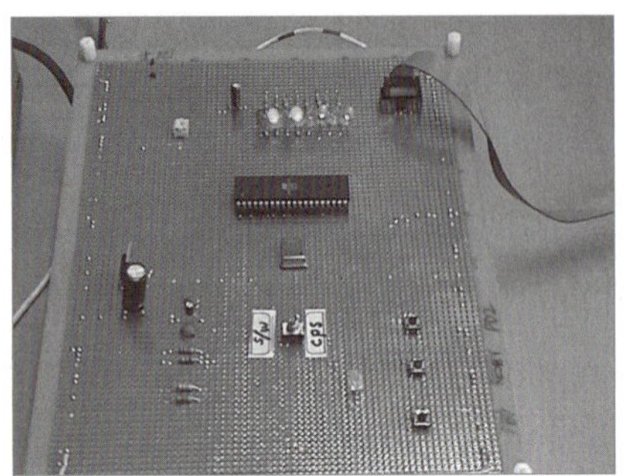

그림 4-138. 펄스 폭 계측 결과를 인젝터와 점화 코일로 출력

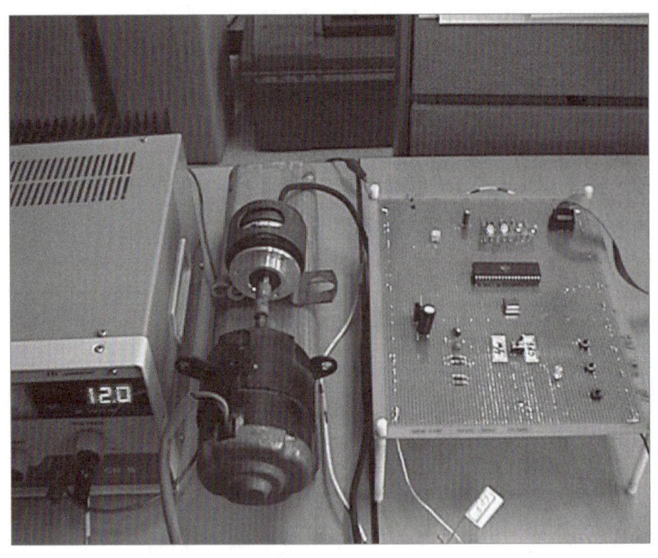

그림 4-139. 엔코더 출력 신호에 의한 펄스 폭 측정

그림 4-138에서와 같은 엔코더의 구동을 위한 모터는 그림 4-139와 같이 자동차 쿨링팬 모터를 개조하여 사용하였다.

ⓛ 폴링 방식과 타이머/카운터0 오버플로 인터럽트에 의한 펄스 폭 계측 : 다음 프로그램은 펄스 폭이 16ms 이상이 되더라도 계측할 수 있도록 타이머/카운터0 오버플로 인터럽트를 사용하여 제어하도록 하였다.

```c
//**폴링 방식과 타이머/카운터0 오버플로 인터럽트에 의한 펄스 폭 계측 2**//
#include<mega8535.h>
unsigned char inj_ign=0b11111111;
unsigned int k=0, T0_count;
//*타이머 오버플로 인터럽트 서브 루틴*//
interrupt[TIM0_OVF]void timer_int0(void)
{
    k++;
}


void main(void)
{
  DDRD=0x00;//PORTD 모든 핀 입력으로 설정
  DDRC=0xFF;//PORTC 모든 핀 출력으로 설정
  PORTC=inj_ign;

  //**타이머/카운터0 초기화**//
  TCCR0=0b00000101;//일반 모드, 프리스케일러 : 1024분주, 0x05
  TCNT0=0b00000000;
  ;
  SREG=0b10000000;//전역 인터럽트 인에이블(허용), 0x80
  ;
  while(1){
        while((PIND & 0b00000100)==0);//PD2 상승 에지 감지
        TIMSK=0b00000001;//타이머 인터럽트 작동, 0x01
        TCNT0=0x00;
        while(PIND & 0b00000100);//PD2 하강 에지 감지
        T0_count = k*256 + TCNT0;
        TIMSK=0x00;//타이머 중지,타이머/카운터0 인터럽트 디스에이블
        if(T0_count<=100) PORTC=0b11111110;
        else if(T0_count<=250) PORTC=0b11111100;
        else if(T0_count<=750) PORTC=0b11111000;
        else if(T0_count<=1000) PORTC=0b11110000;
        else if(T0_count<=1500) PORTC=0b11100000;
```

```
        else if(T0_count<=2000) PORTC=0b11000000;
        else if(T0_count<=3000) PORTC=0b10000000;
        else if(T0_count<=4000) PORTC=0b00000000;
        else PORTC=0b10101010;
        k=0;
      }
}
```

- 이 프로그램은 매회 펄스 폭을 계측한다.
- T0_count=k*256+TCNT0;는 타이머/카운터0 오버플로 인터럽트 수를 고려하여 카운트 수를 계산하기 위한 문장이다.

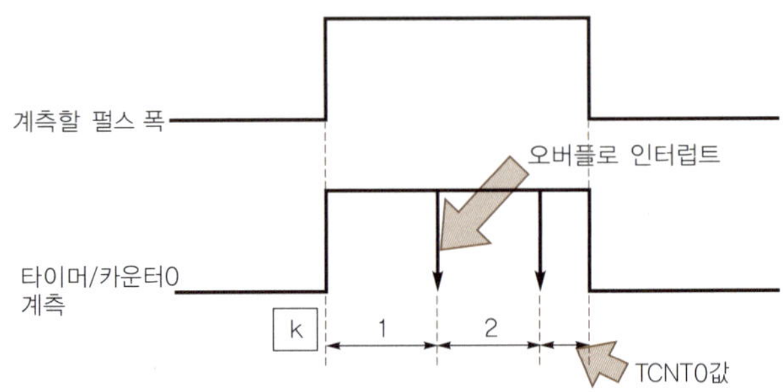

| 그림 4-140. 타이머/카운터0의 펄스 폭 계측 |

그림 4-140에서 펄스 폭에 해당되는 타이머/카운터0의 카운터 수를 계산해 보면 다음과 같다. 이때의 TCNT0=100이라면 그림 4-140에서 k=2이므로

$$T0\_count=2*256+100$$
$$=612$$

타이머/카운터0는 8비트이므로 256카운트 후 오버플로가 발생하고, 이때 타이머/카운터0 오버플로 인터럽트 서브 루틴에서 k값이 +1씩 증가하게 된다.

- 16비트인 타이머/카운터1을 사용하여 제어할 수도 있지만 자동차를 제어하기 위한 프로그램을 설계하다 보면, 타이머/카운터를 여러 곳에서 사용하는 경우가 발생하게 되므로 복수의 타이머/카운터를 사용할 경우를 고려한 것이다.

ⓒ 폴링 방식에 의한 5회마다 1회 펄스 폭 계측 : 다음 프로그램에서는 5회마다 한 번씩 펄스 폭을 계측하도록 한다.

```c
//**폴링 방식에 의해 5회마다 한 번씩 펄스 폭 계측**//
#include<mega8535.h>

unsigned char inj_ign=0b11111111;
unsigned int k=0, T0_count;

//*타이머/카운터0 오버플로 인터럽트 서브 루틴*//
interrupt[TIM0_OVF]void timer_int0(void)
{
    k++;
}


void main(void)
{
  DDRD=0x00;//PORTD 모든 핀 입력으로 설정
  DDRC=0xFF;//PORTC 모든 핀 출력으로 설정
  PORTC=inj_ign;

  //**타이머/카운터0 초기화**//
  TCCR0=0b00000101;//일반 모드, 프리스케일러 : 1024분주, 0x05
  TCNT0=0b00000000;
  ;
  SREG=0b10000000;//전역 인터럽트 인에이블(허용), 0x80
  ;
  while(1){
          while((PIND & 0b00000100)==0);//PD2 상승 에지 감지
          while(PIND & 0b00000100);//PD2 하강 에지 감지
          ;
          while((PIND & 0b00000100)==0);//PD2 상승 에지 감지
          while(PIND & 0b00000100);//PD2 하강 에지 감지
          ;
          while((PIND & 0b00000100)==0);//PD2 상승 에지 감지
          while(PIND & 0b00000100);//PD2 하강 에지 감지
          ;
          while((PIND & 0b00000100) == 0);//PD2 상승 에지 감지
          while(PIND & 0b00000100);//PD2 하강 에지 감지
```

```
        while((PIND & 0b00000100)==0);// PD2 상승 에지 감지
        TIMSK=0b00000001;//타이머 인터럽트 작동
        TCNT0=0x00;
        while(PIND & 0b00000100);//PD2 하강 에지 감지
        T0_count = k*256 + TCNT0;
        TIMSK=0x00;//타이머 중지, 타이머/카운터0 인터럽트 디스에이블(불허)
        if(T0_count<=10) PORTC=0b11111110;
        else if(T0_count<=100) PORTC=0b11111100;
        else if(T0_count<=150) PORTC=0b11111000;
        else if(T0_count<=200) PORTC=0b11110000;
        else if(T0_count<=300) PORTC=0b11100000;
        else if(T0_count<=350) PORTC=0b11000000;
        else if(T0_count<=450) PORTC=0b10000000;
        else if(T0_count<=500) PORTC=0b00000000;
        else PORTC=0b10101010;
        k=0;
    }
}
```

위 프로그램에서는 while문을 반복 사용하여 그림 4-141과 같이 5회마다 한 번씩 펄스 폭을 측정하도록 하였다.

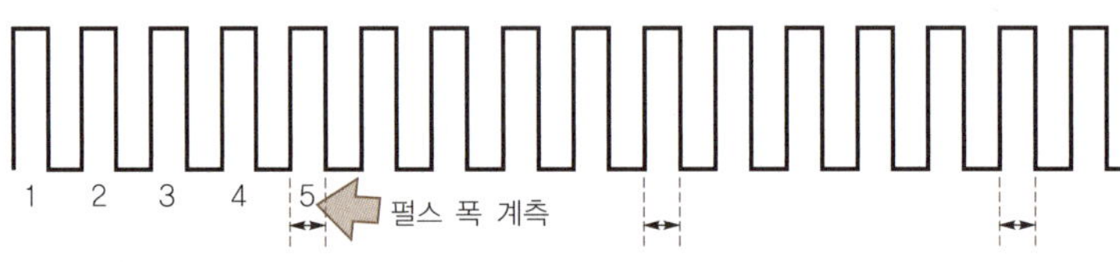

|그림 4-141. 5회마다 1회 펄스 폭 계측|

ⓐ 인터럽트 방식에 의한 펄스 폭 계측 : 다음은 폴링 방식이 아닌 인터럽트 방식에 의해 10회마다 한 번씩 펄스 폭을 측정하는 프로그램을 설계한다.
이러한 알고리즘은 자동차 제어에서 CPS 신호에 의한 RPM 계측 시 많이 응용할 수 있다.

```c
//**인터럽트 방식으로 10회 펄스마다 한 번씩 1사이클의 펄스 폭 계측**//
#include<mega8535.h>
unsigned char inj_ign=0b11111111;//최초 인젝터 및 점화 코일 OFF
unsigned int k=0, count=0, T0_count;

//*외부 인터럽트 서브 루틴**//
interrupt[EXT_INT0] void external_int0(void)
{
    ++count;
    if(count==10){
                TIMSK=0b00000001;//타이머 인터럽트 작동, 0x01
                TCNT0=0b00000000;
                    }
    else if(count==11){
                T0_count = k*256 + TCNT0;
                TIMSK=0b00000000;//타이머 중지, 타이머/카운터0
                                 인터럽트 디스에이블, 0x00
                if(T0_count<=20) PORTC=0b11111110;
                else if(T0_count<=100) PORTC=0b11111100;
                else if(T0_count<=200) PORTC=0b11111000;
                else if(T0_count<=300) PORTC=0b11110000;
                else if(T0_count<=400) PORTC=0b11100000;
                else if(T0_count<=500) PORTC=0b11000000;
                else if(T0_count<=600) PORTC=0b10000000;
                else if(T0_count<=700) PORTC=0b00000000;
                else PORTC=0b10101010;
                count=1;
                k=1;
                    }
}

//*타이머/카운터0 오버플로 인터럽트 서브 루틴*//
  interrupt[TIM0_OVF]void timer_int0(void)
  {
    ++k;
  }
```

```
void main(void)
{
  DDRD=0x00;//PORTD 모든 핀 입력으로 설정
  DDRC=0xFF;//PORTC 모든 핀 출력으로 설정
  PORTC=inj_ign;
  ;
  //＊외부 인터럽트 초기화＊//
  GICR=0b01000000;//외부 인터럽트 인에이블(허용), 0x40
  MCUCR=0b00000010;//인터럽트 하강 에지, 0x02
  ;
  //＊＊타이머/카운터0 초기화＊＊//
  TCCR0=0b00000101;//일반 모드, 프리스케일러 : 1024분주, 0x05
  ;
  SREG=0b10000000;//전역 인터럽트 인에이블(허용)
  ;
  while(1);
}
```

- 프로그램 설명은 외부 인터럽트 제어 방식으로 그림 4-142와 같이 10회마다 1회씩 1사이클의 펄스 폭을 측정한다.

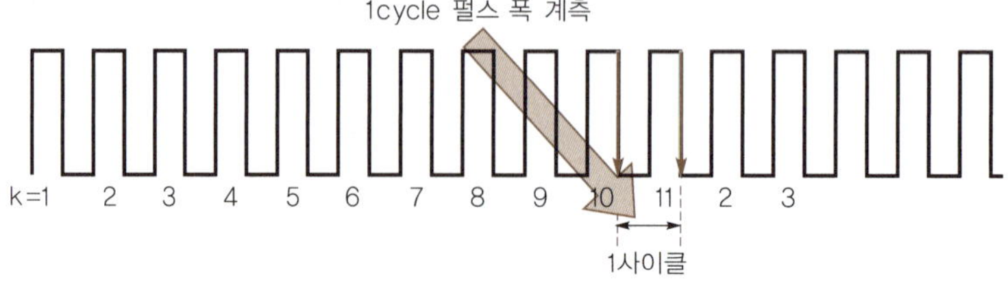

|그림 4-142. 10회마다 1회씩 1사이클 펄스 폭의 계측|

- 회전수 계산 : 그림 4-143과 같은 펄스 폭을 계측할 수 있으면 이 값을 가지고 회전수를 계산할 수 있다.

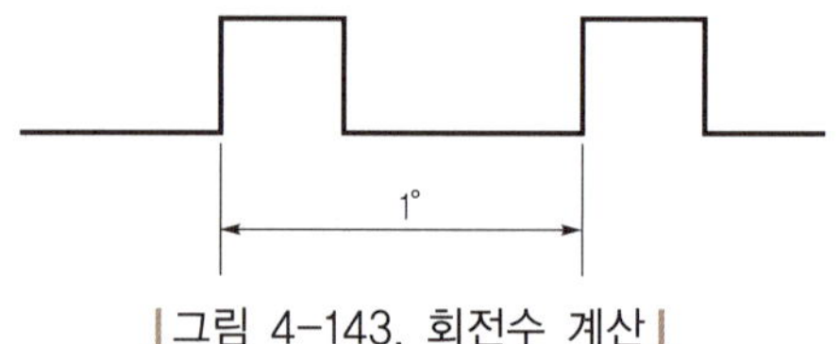

|그림 4-143. 회전수 계산|

그림 4-143과 같은 펄스 파형의 폭(1°)을 계측하여 현재의 회전수를 계산해 보자.
1° count 값은 100이다.

ATmega8535에서 타이머/카운터0(8비트)를 사용하고, 1024분주를 할 때
$1count = (1/16)\mu s \times 1024 = 64\mu s$가 된다.

- rpm은 1분당 회전수를 말한다. 1회전은 360°이다.

  $\therefore 1min = 60s = 6 \times 10^4 ms = 6 \times 10^7 \mu s$

- 1° 경과 시의 count 값이 100이므로

  1° 경과 시간 $= 100count \times 64\mu s$

  1회전(360°) 경과 시간은 다음과 같다.

  $1회전(360°) = 6400\mu s \times 360 = 2304000\mu s$

- 1분$(6 \times 10^7 \mu s)$ 동안의 회전수를 계산하면

  $6 \times 10^7 \mu s(1분)$ ------ x 회전

  $2304000\mu s$ ------ 1회전

  $\therefore x = 26회전$

- 이것을 하나의 식으로 나타내면 다음과 같이 표현할 수 있다.

  $rpm = 6 \times 10^7 / (64 \times 360 \times count 수) = 2604/count$ 수

- 즉, 타이머/카운터0(8비트), 1024분주로 제어 시 타이머/카운터0의 정해진 각
  도(1°)의 펄스 카운트 수만 계측하면 rpm을 계산할 수 있다.

  실제 프로그램에서 'rpm=2604/count'로 문장을 사용하고, 1° 경과 시 카운
  트 값을 count로 대입하면 최종적으로 rpm을 구할 수 있다.

(8) 외부 인터럽트 신호를 받고 일정 시간 경과 후의 인젝터 작동 제어
① 작동 설명

ATmega8535의 PD2 단자로 외부 인터럽트 신호(하강 에지)를 받은 후 2ms 후에
1ms 동안 1번 인젝터를 작동하는 프로그램을 그림 4-144의 타임 차트를 참고로 하여
설계한다.

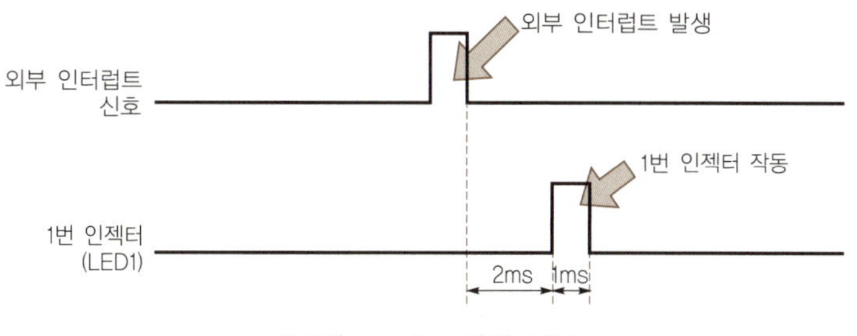

| 그림 4-144. 타임 차트 |

② **제어 알고리즘**

외부 인터럽트 신호를 받고 2ms 후에 1번 인젝터를 1ms 동안 작동한다.

이러한 알고리즘은 자동차 엔진 제어에서도 자주 응용할 수 있다.

특히 연료 분사 제어 시 특정 번째의 CPS 하강 에지 신호를 받고 2ms 후에 인젝터를 1ms 동안 작동하는 펄스를 출력할 경우에 응용할 수 있다.

③ **제어 프로그램**

```c
#include<mega8535.h>
unsigned char injector=0b11111111;
unsigned int k, t=0;

//*외부 인터럽트 서브 루틴**//
 interrupt[EXT_INT0]void external_int0(void)
 {
   t=1;
 }


//*타이머/카운터0 오버플로 인터럽트 서브 루틴*//
 interrupt[TIM0_OVF]void timer_int0(void)
 {
   if(k==1){
           PORTC=0b11111110;
           TCNT0=(256-15);//1ms 카운트 제어
           k=2;
         }
   else {
           TIMSK=0x00;
           PORTC=0xFF;
        }
 }


void main(void)
{
  DDRD=0x00;//PORTD 모든 핀 입력으로 설정
  DDRC=0xFF;//PORTC 모든 핀 출력으로 설정
```

```
PORTC=injector;
;
//*외부 인터럽트 초기화*//
GICR=0b01000000;//외부 인터럽트 인에이블(허용), 0x40
MCUCR=0b00000010;//외부 인터럽트 하강 에지, 0x02
;
//**타이머/카운터0 초기화**//
TCCR0=0b00000101;//일반 모드, 프리스케일러 : 1024분주, 0x05
TIMSK=0b00000000;
;
SREG=0b10000000;//전역 인터럽트 인에이블(허용), 0x80
;
while(1){
        if(t==1){
                TIMSK=0x01;//타이머 인터럽트 작동
                TCNT0=(256-31);//2ms count 제어
                k=1;
                t=0;
                }
        }
}
```

위 프로그램을 살펴보자.

㉠ 타이머/카운트0, 1024분주 시 1count＝64μs이다.

따라서 2ms, 즉 2000μs는 2000/64＝31count가 된다.

㉡ TCNT0＝256-31로 설정하면 2ms 후에 오버플로가 발생하여 인터럽트에 의해 제어된다.

㉢ 외부 인터럽트 제어 시 인터럽트 우선 순위를 고려하여 문장을 구성한다.

㉣ 타이머/카운터0를 통한 2ms 타이머 제어는 인터럽트 우선 순위 등을 고려하여 작동을 원활하게 하도록 하기 위해 main( ) 함수의 while문에서 제어하도록 프로그램을 작성하였다.

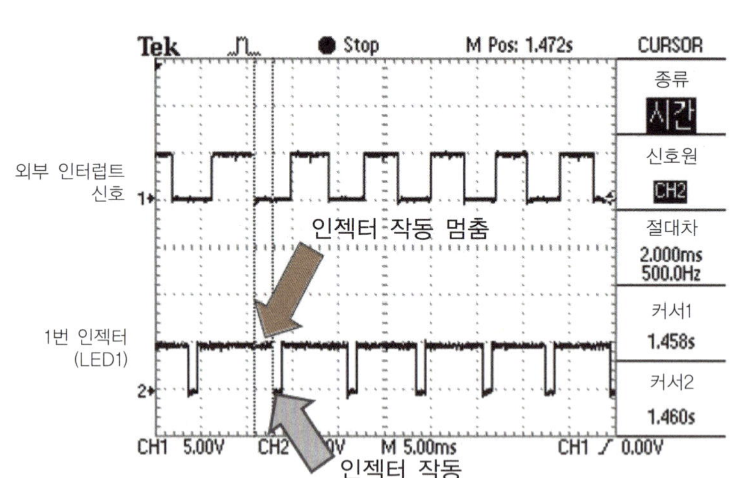

|그림 4-145. 출력 파형|

그림 4-145와 같이 오실로스코프 파형을 통해 파형을 관찰해 보면, 외부 인터럽트 신호에 의해 하강 에지가 발생하고 2ms 동안 인젝터 OFF를 지속한 후에 1ms 동안 인젝터가 작동(ON)되는 것을 확인할 수 있다.

4.2.6 ▷ PWM(Pulse Width Modulation) 제어 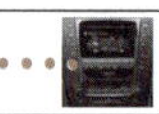

ATmega8535의 타이머/카운터는 파형 발생 기능을 가지고 있다.

파형 발생 기능은 PWM이 주가 되는데 비교적 빠른 주파수로 구형파를 출력하면서 그림 4-146과 같이 H와 L의 비, 즉 듀티율(duty ratio)을 바꿈으로써 평균 전압을 조절하여 DC 모터 등의 속도를 직접 제어하거나 원하는 DC 전압을 얻을 수 있다.

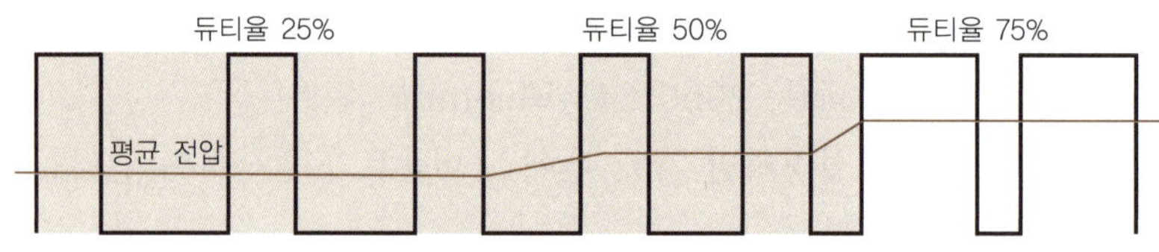

|그림 4-146. 듀티율과 평균 전압|

본 장에서는 타이머/카운터1의 PWM 제어 기능만 이해하도록 한다.

＊ 자동차 적용 : PWM 제어는 BCM의 감광식 실내등을 제어할 때 많이 적용하고 있으며, 자동차에 사용되는 DC 모터 제어에도 사용된다.

(1) 기본적인 PWM 제어

① 작동 설명

타이머/카운터1의 고속 PWM 모드를 이용하여 표 4-5와 같이 OC1A/PD5 단자로 출력을 낸다.

단, 8비트 분해능, 50% 듀티율, 프리스케일러 8분주, 고속 PWM 기능을 갖도록 한다.
표 4-5는 각 타이머/카운터의 기능을 나타낸다.

구 분	비트수	타이머 기능	카운터 기능	Compare 기능	Capture 기능	파형 발생 기능
타이머/카운터0	8비트	○	○	○	×	○
타이머/카운터1	16비트	○	○	○	○	○
타이머/카운터2	8비트	○	×	○	×	○

| 표 4-5. ATmega8535의 타이머/카운터 기능 |

② 제어 알고리즘

㉠ OC1A/PD5로 고속 PWM 출력을 내기 위해서 TCNT1 값과 비교할 OCR1A 값을 지정한다.

㉡ 그림 4-147의 회로에서 PD5를 통해 출력되는 파형은 매우 빠르므로 LED를 통해서는 확인이 어렵고, 오실로스코프의 파형으로 확인할 수 있다.

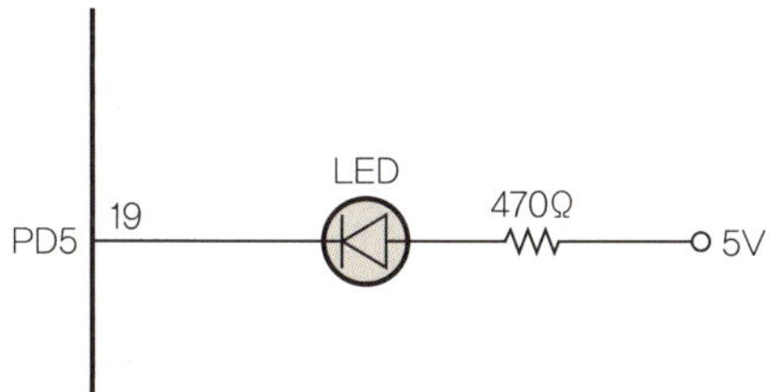

| 그림 4-147. PWM 제어 회로도 |

③ 단순 제어도

그림 4-148과 같이 외부 입력 신호 없이 PD5 단자를 통해 PWM 신호를 출력한다.

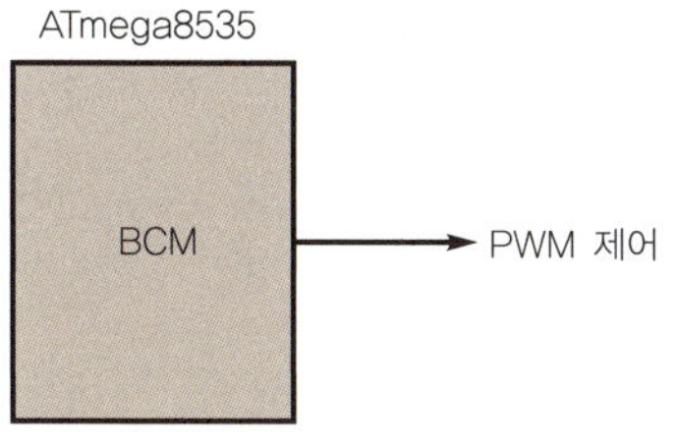

| 그림 4-148. PWM 단순 제어도 |

④ 플로 차트

그림 4-149는 프로그램 제어 과정을 설명하는 플로 차트이다.

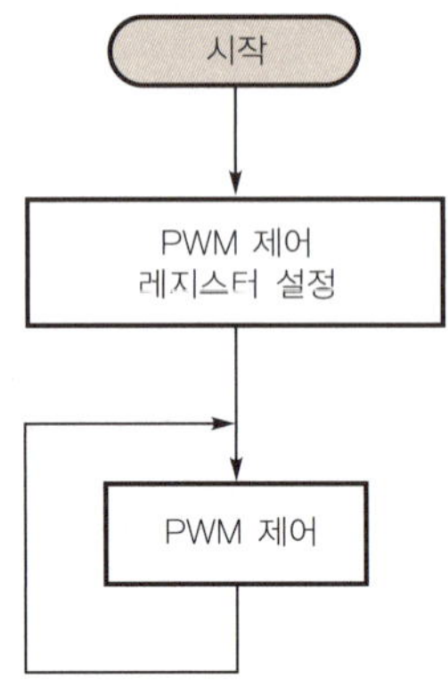

|그림 4-149. 플로 차트|

⑤ 제어 프로그램

```
//**PWM 제어**//
#include<mega8535.h>
void main(void)
{
  //**I/O 포트 설정**//
  DDRD=0xFF;//PORTD 모든 핀을 출력으로 사용

  //**PWM 설정**//
  OCR1A=0x007F;//듀티율 50%, PD5(OCR1A) 단자로 출력
  TCCR1A=0b10000001;//8비트 분해능, 고속 PWM 모드, 0x81
  TCCR1B=0b00001010;//8분주, TCCR1B=0x0A
  TCNT1=0x0000;//타이머/카운터1 레지스터 초깃값
  while(1); //대기
}
```

위 프로그램을 살펴보도록 하자.

㉠ 타이머/카운터1의 PWM 모드 : 타이머/카운터1의 동작 모드는 표 4-6과 같다.

Mode	WGM13	WGM12 (CTC1)	WGM11 (PWM11)	WGM10 (PWM10)	Timer/Counter Mode of Operation	TOP	Update of OCR1x at	TOV1 Flag Set on
0	0	0	0	0	Normal	0xFFFF	Immediate	MAX
1	0	0	0	1	PWM, Phase Correct, 8-bit	0x00FF	TOP	BOTTOM
2	0	0	1	0	PWM, Phase Correct, 9-bit	0x01FF	TOP	BOTTOM
3	0	0	1	1	PWM, Phase Correct, 10-bit	0x03FF	TOP	BOTTOM
4	0	1	0	0	CTC	OCR1A	Immediate	MAX
5	0	1	0	1	Fast PWM, 8-bit	0x00FF	TOP	TOP
6	0	1	1	0	Fast PWM, 9-bit	0x01FF	TOP	TOP
7	0	1	1	1	Fast PWM, 10-bit	0x03FF	TOP	TOP
8	1	0	0	0	PWM, Phase and Frequency Correct	ICR1	BOTTOM	BOTTOM
9	1	0	0	1	PWM, Phase and Frequency Correct	OCR1A	BOTTOM	BOTTOM
10	1	0	1	0	PWM, Phase Correct	ICR1	TOP	BOTTOM
11	1	0	1	1	PWM, Phase Correct	OCR1A	TOP	BOTTOM
12	1	1	0	0	CTC	ICR1	Immediate	MAX
13	1	1	0	1	Reserved	–	–	–
14	1	1	1	0	Fast PWM	ICR1	TOP	TOP
15	1	1	1	1	Fast PWM	OCR1A	TOP	TOP

| 표 4-6. 타이머/카운터1 동작 모드 |

ⓒ PWM 제어 관련 레지스터

• OCR1x : 타이머/카운터1 출력 비교 레지스터

출력이 '1' 또는 '0'이 되는 시간폭은 출력 비교 레지스터 OCR1A 또는 OCR1B에 의해 결정된다. 그러므로 출력 파형의 주기는 일정하게 되며 출력 비교 레지스터 의 값을 변화시키면 듀티율이 다른 PWM 파형을 얻을 수 있다.

그림 4-150의 출력 비교 레지스터 OCR1A와 그림 4-151의 OCR1B는 TCNT1과 의 값이 일치할 때 OC1A 및 OC1B를 통해 파형을 출력시키기 위해 비교값을 저 장하기 위한 16비트 레지스터이다.

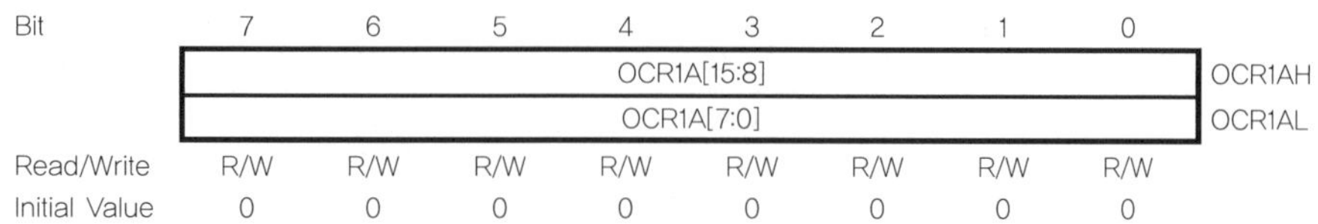

| 그림 4-150. 타이머/카운터1 출력 비교 레지스터 OCR1A |

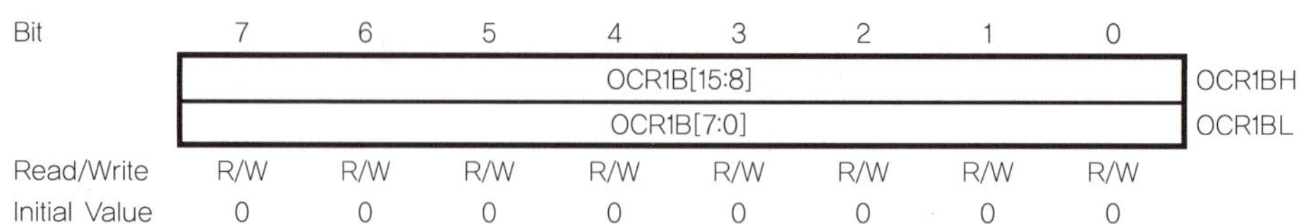

| 그림 4-151. 타이머/카운터1 출력 비교 레지스터 OCR1B |

예를 들면, OCR1A=0x007F;이면 듀티율이 50%로 출력된다.

이것은 동작 모드가 8비트일 때, 표 4-6의 타이머/카운터1 동작 모드에서 고속 PWM 모드는 TOP 값이 '0x00FF'이므로 듀티율 50% 제어를 위해서는 FF의 1/2인 '0x007F'로 설정하여야 한다.

OCR1A 설정은 원하는 출력 단자를 PD5(19번 핀, OCR1A)로 셋팅하였기 때문이다. OCR1B는 PD4(18번 핀, OCR1B)이다.

• TCCR1x : 타이머/카운터1 제어 레지스터

출력되는 비교 출력 파형 발생 모드는 그림 4-152에서 TCCR1A의 COM1A1과 COM1A0 비트에 의해 설정되므로, 이 레지스터의 값을 조정하면 원하는 출력 파형 모드를 선택할 수 있다.

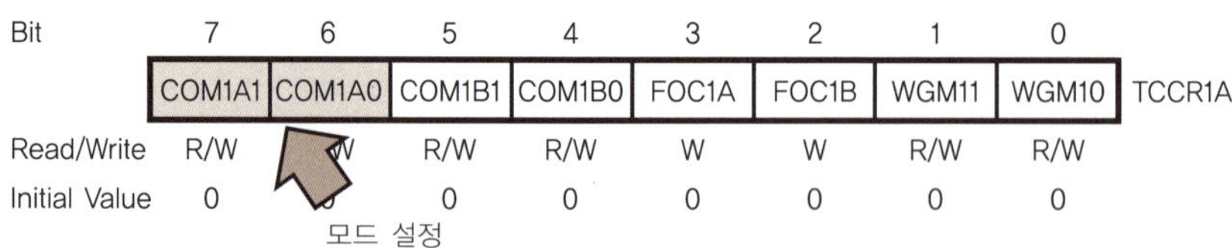

| 그림 4-152. TCCR1A 레지스터 |

COM1A1/ COM1B1	COM1A0/ COM1B0	Description
0	0	Normal port operation, OC1A/OC1B disconnected.
0	1	WGM13:0=15:Toggle OC1A on Compare Match, OC1B disconnected(normal port operation). For all other WGM1 settings, normal port operation OC1A/OC1B disconnected.
1	0	Clear OC1A/OC1B on Compare Match, set OC1A/OC1B at TOP.
1	1	Set OC1A/OC1B on Compare Match, clear OC1A/OC1B at TOP.

| 표 4-7. 비교 출력 모드 |

표 4-7은 COM1B1과 COM1B0 비트에 의해 설정되는 비교 출력 모드를 나타낸다. TCCR1A=0x81;에서 TCCR1A=0x10000001이므로 그림 4-153과 같이 표시할 수 있다.

Bit	7	6	5	4	3	2	1	0	
	COM1A1	COM1A0	COM1B1	COM1B0	FOC1A	FOC1B	WGM11	WGM10	TCCR1A
Read/Write	R/W	R/W	R/W	R/W	W	W	R/W	R/W	
Initial Value	0	0	0	0	0	0	0	0	

	7	6	5	4	3	2	1	0
TCCR1A	1	0	0	0	0	0	0	1

비교 출력 파형 모드   PWM 모드

|그림 4-153. TCCR1A 레지스터의 설정|

또한, 그림 4-154의 TCCR1B 레지스터에 의해 PWM 동작 모드와 클록 소스가 설정되면 TCCR1B에 기억되는 값은 그림 4-155와 같다.

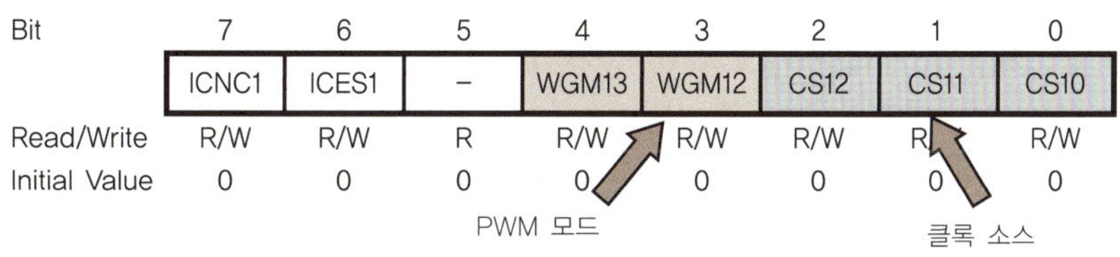

Bit	7	6	5	4	3	2	1	0
	ICNC1	ICES1	–	WGM13	WGM12	CS12	CS11	CS10
Read/Write	R/W	R/W	R	R/W	R/W	R/W	R	R/W
Initial Value	0	0	0	0	0	0	0	0

PWM 모드   클록 소스

|그림 4-154. TCCR1B 레지스터|

CS12	CS11	CS10	Description
0	0	0	No clock source(timer/counter stopped)
0	0	1	$CLK_{I/O}$/1(no prescaling)
0	1	0	$CLK_{I/O}$/8(from prescaler)
0	1	1	$CLK_{I/O}$/64(from prescaler)
1	0	0	$CLK_{I/O}$/256(from prescaler)
1	0	1	$CLK_{I/O}$/1024(from prescaler)
1	1	0	External clock source on T1 pin. Clock on falling edge.
1	1	1	External clock source on T1 pin. Clock on rising edge.

|표 4-8. 타이머/카운터1 클록 소스|

Bit	7	6	5	4	3	2	1	0	
	ICNC1	ICES1	–	WGM13	WGM12	CS12	CS11	CS10	TCCR1B
Read/Write	R/W	R/W	R	R/W	W	W	R/W	R/W	
Initial Value	0	0	0	0	0	0	0	0	

	7	6	5	4	3	2	1	0
TCCR1B	0	0	0	0	1	0	1	0

PWM 모드   클록 소스

|그림 4-155. TCCR1B 레지스터 설정|

표 4-8은 타이머/카운터1의 클록 소스를 나타낸다.

프로그램 작동에서 고속 PWM으로 8비트 제어를 해야 하므로 그림 4-156의 타이머/카운터1 동작 모드에서 WGM13 : WGM12 : WGM11 : WGM10을 설정해야 하며, 각각의 값이 '0101' 이 되어야 한다.

또한, 8분주로 제어하여야 하므로, 표 4-8의 타이머/카운터1 클록 소스에서 CS12 : CS11 : CS10을 설정해야 하며, 각각의 값이 '010' 이 되어야 한다.

따라서 이들의 값을 설정하기 위해서는 TCCR1A와 TCCR1B 레지스터가 필요하며 다음과 같이 설정하면 된다.

```
TCCR1A=0x81;//8비트 분해능, 고속 PWM, 0b10000001
TCCR1B=0x0A;//8분주, 0b00001010
```

• TCNT1 : 타이머/카운터1 레지스터 초깃값을 설정한다.

그림 4-156은 16비트 TCNT1 레지스터를 나타낸다.

Bit	7	6	5	4	3	2	1	0	
				TCNT1[15:8]					TCNT1H
				TCNT1[7:0]					TCNT1L
Rrad/Write	R/W	R/W	R/W	R/W	R/W	R/W	R/W	R/W	
Initial Value	0	0	0	0	0	0	0	0	

|그림 4-156. TCNT1 레지스터|

⑥ 작동 파형 확인

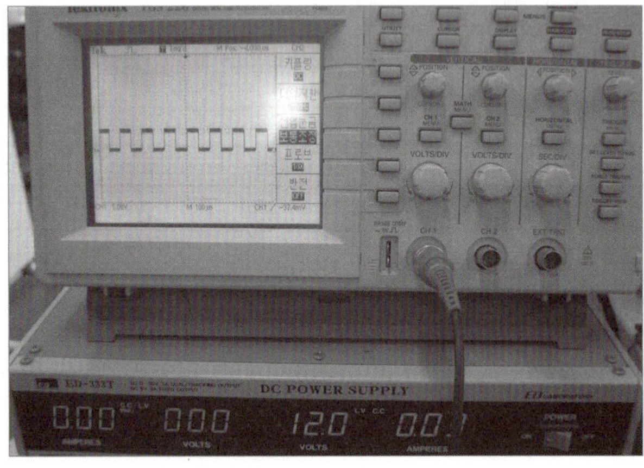

|그림 4-157. PWM 제어 작동 파형 확인|

자작 ECU의 출력 단자에서 발생되는 파형을 그림 4-157과 같이 오실로스코프를 통해 PWM 제어 파형을 볼 수 있다.

그림 4-158과 같이 만능기판을 이용하여 회로를 구성하고 출력을 확인할 수도 있다.

제어 프로그램에서 OCR1A의 값을 변화시키면 듀티값을 변화시킬 수 있다.

듀티값(duty ratio)은 그림 4-159에서와 같이 1사이클에서 ON(5V)이 차지하는 비율, 즉 한 주기(T)에 대한 High 신호의 시간(T_{high})의 비를 말한다. PWM 제어란 것은 듀티율을 변경함으로써 그림 4-160과 같이 제어값을 조정하는 것이다.

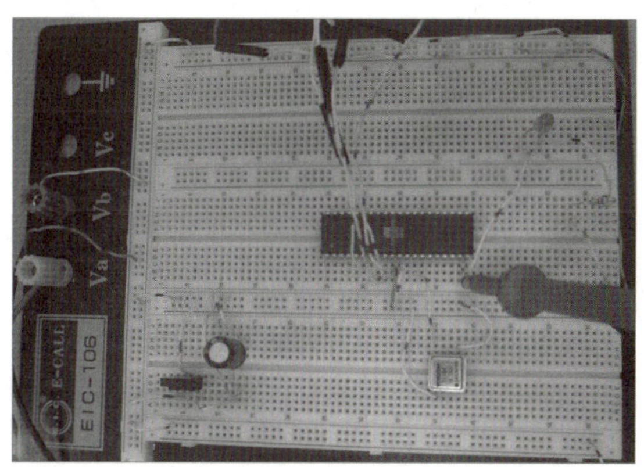

│그림 4-158. 만능기판을 통한 PWM 회로의 구성│

│그림 4-159. 듀티율│

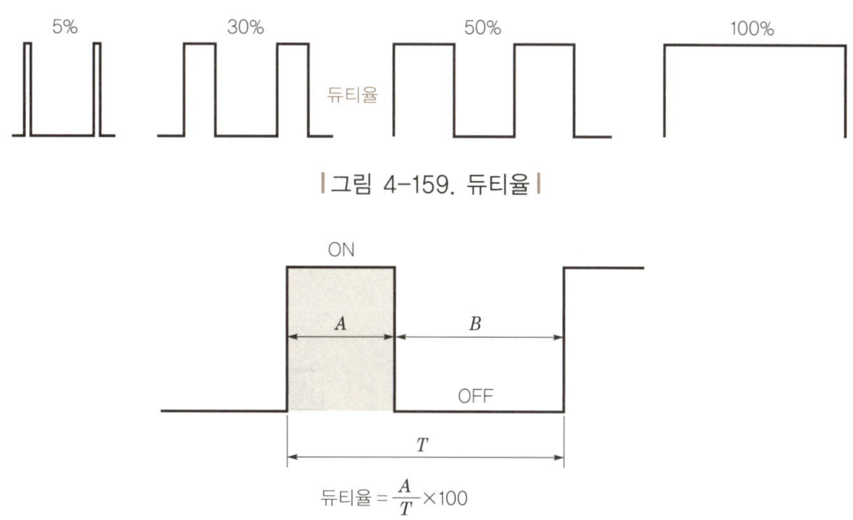

│그림 4-160. 듀티율의 의미│

(2) PWM 제어에 의한 LED 밝기 제어

① 작동 설명

외부 인터럽트 신호에 의해 LED의 밝기가 변화하도록 한다. 즉, 스위치를 작동시켜 외부 인터럽트가 입력되면 각 스위치가 작동할 때 LED의 밝기가 증가하도록 프로그램을 작성한다.

* LED 밝기 변화는 눈으로 잘 확인할 수 없으므로, 오실로스코프에 연결하여 출력되는 파형을 확인한다.

② 제어 알고리즘

　㉠ 외부 인터럽트0가 발생하면 듀티율을 변화시킨다.

　㉡ 8비트 분해능, 고속 PWM, 1024분주로 한다.

　㉢ 타이머/카운터1을 사용하도록 한다.

③ 단순 제어도

그림 4-161은 외부 인터럽트에 의한 LED 제어를 이해하기 위한 단순 제어도이다.

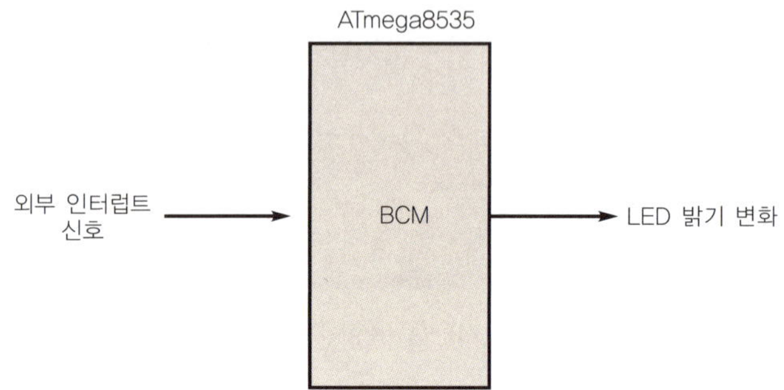

| 그림 4-161. 단순 제어도 |

④ 플로 차트

그림 4-162는 제어 과정을 한눈에 볼 수 있도록 한 플로 차트이다.

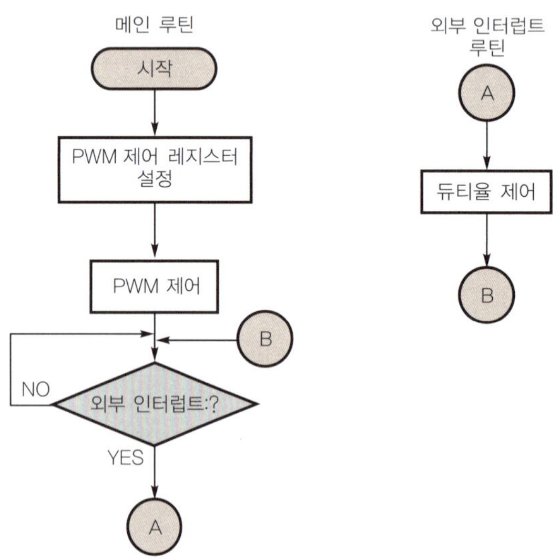

| 그림 4-162. 플로 차트 |

⑤ 제어 프로그램

```c
//**PWM 제어**//
#include <mega8535.h>
unsigned int n=0;
interrupt[EXT_INT0]void external_int0(void)
{
  n++;
  if(n==1)OCR1A=0x0000;
  else if(n==2)OCR1A=0x002F;
  else if(n==3)OCR1A=0x004F;
  else if(n==4)OCR1A=0x007F;
  else if(n==5)OCR1A=0x009F;
  else if(n==6)OCR1A=0x00BF;
  else if(n==7)OCR1A=0x00DF;
  else if(n==8)OCR1A=0x00FF;
  else {
      OCR1A=0x0000;
      n=0;
    }
}

void main(void)
{
  //**I/O 포트 설정**//
  DDRD = 0b11111011;//PORTD.2는 입력, PORTD.5는 출력

  //** PWM 설정**//
  OCR1A=0x007F;//듀티율 50%, PD5(OCR1A) 단자로 출력
  TCCR1A=0b10000001;//8비트 분해능, 고속 PWM, 0x81
  TCCR1B=0b00001101;//1024분주, 0x0D
  TCNT1=0x0000;//16비트 타이머/카운터1 사용
```

```
 //* 외부 인터럽트 설정*//
GICR=0b01000000;//외부 인터럽트0 인에이블(허용), 0x40
MCUCR=0b00000010;//외부 인터럽트0 제어 하강 에지(상승 에지 0x03), 0x02
SREG=0b10000000;//전역 인터럽트 인에이블(허용), 0x80
;
while(1);
}
```

위 프로그램을 살펴보도록 하자.

㉠ DDRD=0b11111011;에서 그림 4-163에서와 같이 외부 인터럽트 입력 단자 PD2 (16번 핀)는 입력(0)으로, PWM 출력 단자인 PD5(19번 핀)는 출력(1)으로 제어 한다.

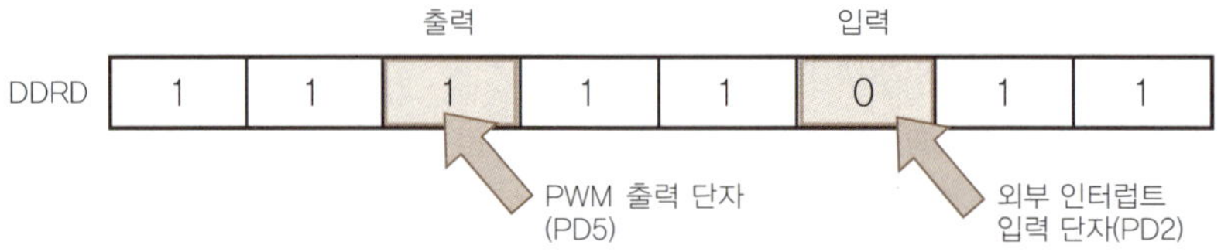

┃그림 4-163. DDRD에서 입·출력 동시 설정┃

㉡ 평상시에는 while(1);에서 대기하고 있으면서 PWM 제어(OCR1A=0x007F;)를 수 행하다가 외부 인터럽트가 입력되면 외부 인터럽트 제어 함수로 이동하여 OCR1A 의 값을 스위치 입력에 따라 변화시키면서 제어한다.

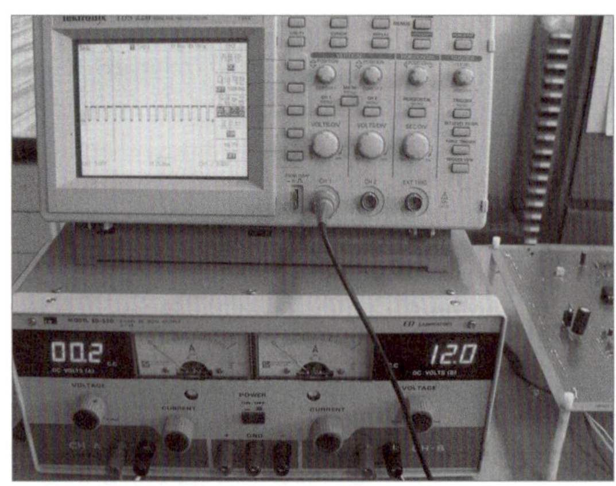

┃그림 4-164. 오실로스코프로 본 PWM 출력 파형┃

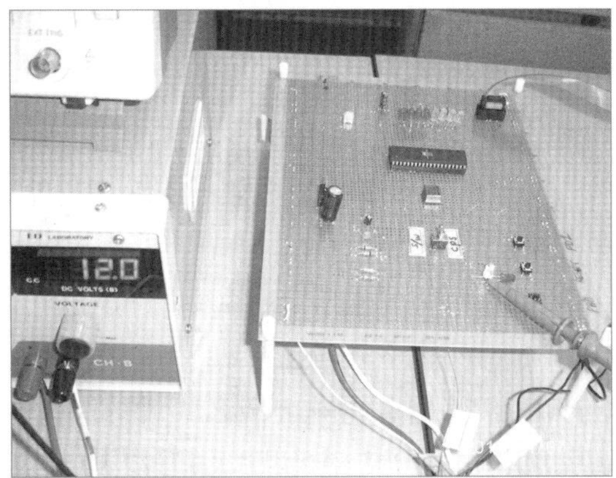

|그림 4-165. PWM 제어 회로|

그림 4-165의 자작 ECU 회로에서 PWM 제어 출력 단자인 PD5에 오실로스코프의
프루브를 연결하여 출력 파형을 보면 그림 4-164와 같은 파형을 볼 수 있다.

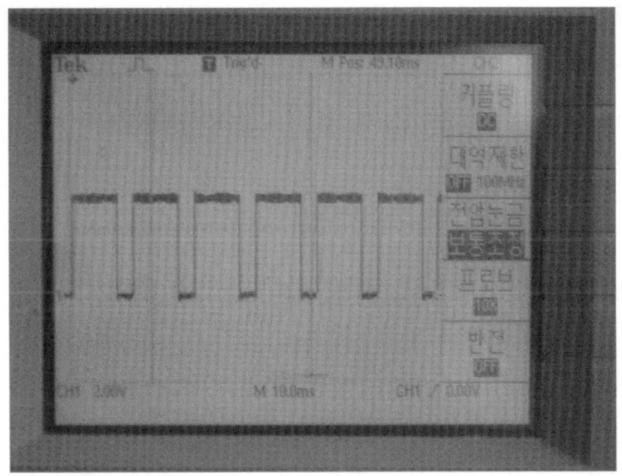

|그림 4-166. 오실로스코프에 나타난 PWM 제어 파형|

오실로스코프의 출력 파형을 확대해서 보면 그림 4-166과 같다.

4.2.7 ▷ A/D 컨버터 제어 

ATmega8535에 내장되어 있는 A/D 컨버터(변환기)는 8개의 채널을 멀티 플렉스할 수 있으므로, 실제로 8개까지의 아날로그 신호를 디지털 신호로 변환할 수 있으며, 변환 시간은 65~260μs로서 10비트 분해능을 가지고 있다.

A/D 컨버터 제어는 자동차 엔진 제어에서 WTS, ATS, TPS 등의 가변저항에 의해 전압 신호가 ECU로 입력되는 센서의 제어에 주로 적용된다.

즉, 온도나 위치 등의 변화를 가변저항을 통해 전압으로 바꾸고, 이렇게 바뀐 아날로그 값을 A/D 컨버터(ADC)를 거쳐 디지털 값으로 변환하여 CPU가 제어하게 된다.

(1) 작동 설명

그림 4-167과 같이 1개의 가변저항을 PA0/ADC0에 연결하여 저항값을 변화시켜, 이 값의 크기에 따라 PORTC에 연결된 LED로 출력을 보낸다.

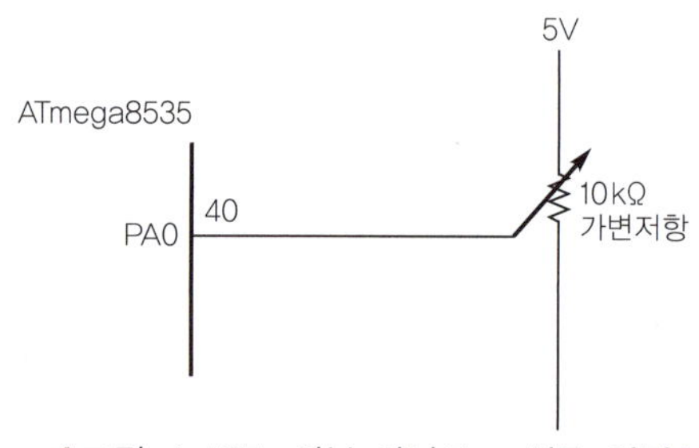

|그림 4-167. 외부 아날로그 신호 입력|

(2) 제어 알고리즘

① PORTC의 LED에 출력되는 변환값은 PA0(40번 핀)로 입력되는 전압값에 비례한다.

② PA0/ADC0에 입력되는 전압(아날로그 값)을 디지털 값으로 변환해 변환된 결과(10비트) 값 중에서 상위 8비트만을 PORTC로 출력한다.

③ A/D 변환이 완료되면 ADC 인터럽트가 발생하도록 제어한다.

(3) A/D 변환 작동 순서

① A/D 변환 모듈을 구성한다.

    ㉠ 기준 전압, 아날로그 채널 등의 ADMUX 설정

    ㉡ 분주비, 자동 트리거, A/D 허용 등의 ADCSRA 설정

② 샘플링 기간 동안 대기한다.

③ 변환을 시작한다(ADCSRA.6의 셋).

④ 변환이 끝날 때까지 대기한다(인터럽트 발생).

⑤ A/D 결과 레지스터의 내용을 읽어 들인다.
⑥ 상기 내용을 반복한다.

(4) 단순 제어도

그림 4-168은 ATmega8535에 내장된 A/D 컨버터를 이용하여 아날로그 신호를 디지털 신호로 변환하기 위한 단순 제어도를 나타낸다.

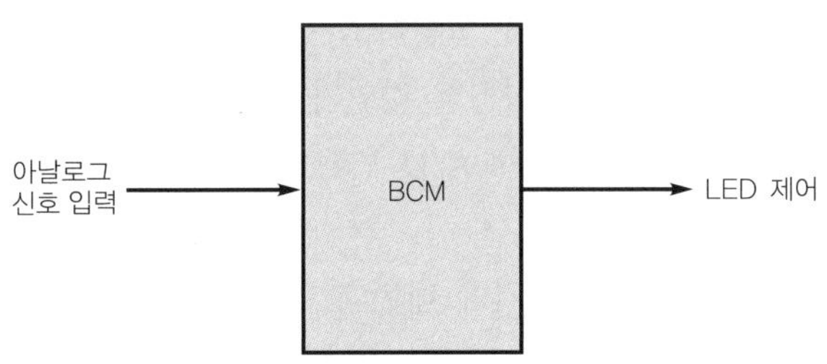

|그림 4-168. 단순 제어도|

(5) 제어 프로그램

```
//ADC 변환 제어//
#include<mega8535.h>
#include<delay.h>

unsigned int ad_value=0;

void main( )
{
  DDRA=0x00;//PORTA 모두 입력으로 설정
  DDRC=0xFF;//PORTC 모두 출력으로 설정

  //ADCSRA=0x8F;
  SREG=0x80;

  do{
      ADMUX=0x20;//0b00100000, ADC0 단자
      ADCSRA=0xCF;//0b11001111, ADC 인터럽트 인에이블, 128분주
      delay_ms(5);
    } while(1);
}
  interrupt[ADC_INT] void adc_isr(void)//ADC 인터럽트 서브 루틴
```

```
{
  ad_value=ADCH;
  PORTC=ad_value;
  delay_ms(100);
}
```

① A/D 컨버터 관련 레지스터

㉠ ADMUX 레지스터 : 기준 전압을 선택하고 변환 결과 ADC 레지스터의 값이 좌측
으로 정렬할 것인가, 우측으로 정렬할 것인가를 결정한다.

㉡ ADC(ADCH, ADCL) 레지스터 : A/D 변환이 완료되었을 때 그 결과를 저장하는
16비트 레지스터이다.

㉢ ADCSRA 레지스터 : A/D 변환기에 대한 제어 사항을 결정한다.

② A/D 컨버터 관련 레지스터 설명

㉠ ADMUX 레지스터 : ADMUX=0b00100000;는 0x20(0b00100000)이므로, 그림
4-169의 ADMUX 레지스터에서 표 4-9를 참고로 하면 기준 전압(AVCC)은 AREF
단자 전압을 이용한다.

Bit	7	6	5	4	3	2	1	0	
	REFS1	REFS0	ADLAR	MUX4	MUX3	MUX2	MUX1	MUX0	ADMUX
Read/Write	R/W	R/W	R/W	R/W	R/W	R/W	R/W	R/W	
Initial Value	0	0	0	0	0	0	0	0	

|그림 4-169. ADMUX 레지스터|

REFS1	REFS0	기준 전압
0	0	AREF 단자 전압 이용
0	1	AREF 단자 전압 이용, AREF와 GND 단자 사이를 Capacitor로 접속
1	0	Reserved
1	1	내부 2.58V 이용, AREF와 GND 단자 사이를 Capacitor로 접속

|표 4-9. A/D 변환기 기준 전압 설정|

MUX4~MUX0:00000이므로 표 4-10에서 ADC0의 단일 전압 모드로 설정하며,
그림 4-170과 같이 설정되어 ADLAR이 1이므로, 변환 결과가 그림 4-172와 같이
ADC 레지스터에 좌측으로 조정된다.

|그림 4-170. ADMUX 레지스터 설정|

MUX4..0	Single Ended Input	Pos Differential Input	Neg Differential Input	Gain
00000	ADC0			
00001	ADC1			
00010	ADC2			
00011	ADC3	N/A		
00100	ADC4			
00101	ADC5			
00110	ADC6			
00111	ADC7			
01000		ADC0	ADC0	10x
01001		ADC1	ADC0	10x
01010		ADC0	ADC0	200x
01011		ADC1	ADC0	200x
01100		ADC2	ADC2	10x
01101		ADC3	ADC2	10x
01110		ADC2	ADC2	200x
01111		ADC3	ADC2	200x
10000		ADC0	ADC1	1x
10001		ADC1	ADC1	1x
10010	N/A	ADC2	ADC1	1x
10011		ADC3	ADC1	1x
10100		ADC4	ADC1	1x
10101		ADC5	ADC1	1x
10110		ADC6	ADC1	1x
10111		ADC7	ADC1	1x
11000		ADC0	ADC2	1x
11001		ADC1	ADC2	1x
11010		ADC2	ADC2	1x
11011		ADC3	ADC2	1x
11100		ADC4	ADC2	1x

|표 4-10. 입력 채널 및 이득 설정|

ⓛ ADC(ADCH, ADCL) 레지스터

- ADMUX의 ADLAR 비트가 '0'이면 그림 4-171과 같이 A/D 변환 결과값이 저장된다.

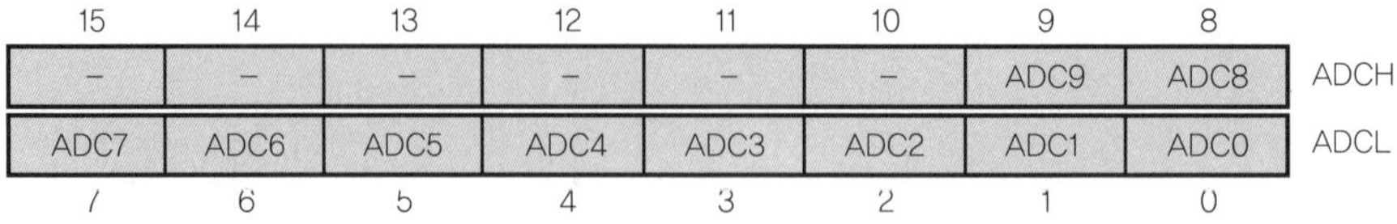

15	14	13	12	11	10	9	8	
–	–	–	–	–	–	ADC9	ADC8	ADCH
ADC7	ADC6	ADC5	ADC4	ADC3	ADC2	ADC1	ADC0	ADCL
7	6	5	4	3	2	1	0	

|그림 4-171. ADLAR=0일 때|

- ADMUX의 ADLAR 비트가 '1'이면 그림 4-172와 같이 A/D 변환 결과값이 저장된다.

15	14	13	12	11	10	9	8	
ADC9	ADC8	ADC7	ADC6	ADC5	ADC4	ADC3	ADC2	ADCH
ADC1	ADC0	–	–	–	–	–	–	ADCL
7	6	5	4	3	2	1	0	

|그림 4-172. ADLAR=1일 때|

ⓒ ADCSRA 레지스터 : 그림 4-173의 ADCSRA 레지스터에 의해 ADC 인에이블, 프리스케일러, 오토트리거 인에이블 등을 선택할 수 있다.

7	6	5	4	3	2	1	0	
ADEN	ADSC	ADATE	ADIF	ADIE	ADPS2	ADPS1	ADPS0	ADCSRA
R/W	R/W	R/W	R/W	R/W	R/W	R/W	R/W	

|그림 4-173. ADCSRA 레지스터|

ADCSRA=0xCF;는 0xCF(0b11001111)에서 ADEN 비트(1, ADC 인에이블로서 1이면 ADC 변환 허용), ADSC 비트(1, ADC 변환 시작), ADATE(0, 오토트리거 디스에이블), ADIF 비트(0, ADC 인터럽트 플래그로서 A/D 변환이 완료되면 1로 변환), ADIE 비트(1, ADC 인터럽트 인에이블), ADPS2~0(111, 프리스케일러 128)가 된다(표 4-11 참고).

do~while문에서 A/D 변환이 완료되면 ADC 인터럽트가 발생하여 ADC 인터럽트 서브 루틴으로 이동하고 LED를 점등하게 된다. 만약, ADCSRA 레지스터의 ADATE 비트를 1(오토트리거 인에이블)로 설정하면 SFIOR 레지스터를 이용하여 ADC 오토트리거 소스를 선택할 수 있다(표 4-12 참고).

예를 들면, SFIOR=0x1F;는 0x1F(0b00011111)에서 ADTS2~0비트(000, 프리 러닝 모드)를 선택한 것이다. 프리 러닝 모드(free running mode)는 별도의 설정 없이 주기적으로 계속해서 ADC 변환을 수행하는 모드이다.

그러나 ADCSRA 레지스터의 ADATE 비트를 0(오토트리거 디스에이블)로 선택하면 ADC 변환을 주기적으로 수행하기 위해서는 다음과 같이 do~while문으로 ADC 변환을 반복적으로 수행하여야 한다.

```
do{
    ADMUX=0x20;
    ADCSRA=0xCF:
    delay_ms(5):
} while(1);
```

ADPS2	ADPS1	ADPS0	Division Factor
0	0	0	2
0	0	1	2
0	1	0	4
0	1	1	8
1	0	0	16
1	0	1	32
1	1	0	64
1	1	1	128

| 표 4-11. ADC 프리스케일러 |

ⓔ SFIOR 레지스터 : 그림 4-174의 SFIOR 레지스터에서 표 4-12의 ADC 트리거 소스를 선택한다.

7	6	5	4	3	2	1	0	
ADTS2	ADTS1	ADTS0	–	ACME	PUD	PSR2	PSR10	SFIOR
R/W	R/W	R/W	R	R/W	R/W	R/W	R/W	

| 그림 4-174. SFIOR 레지스터 |

SFIOR=0b00011111;은 0x1F(0b00011111)에서 ADTS2~0비트(000, 프리 러닝 모드)를 선택하는 것이다.

ADTS2	ADTS1	ADTS0	Trigger Source
0	0	0	Free Running mode
0	0	1	Analog Comparator
0	1	0	External Interrupt Request 0
0	1	1	Timer/Counter0 Compare Match
1	0	0	Timer/Counter0 Overflow
1	0	1	Timer/Counter1 Compare Match B
1	1	0	Timer/Counter1 Overflow
1	1	1	Timer/Counter1 Capture Event

| 표 4-12. ADC 오토 트리거 소스 |

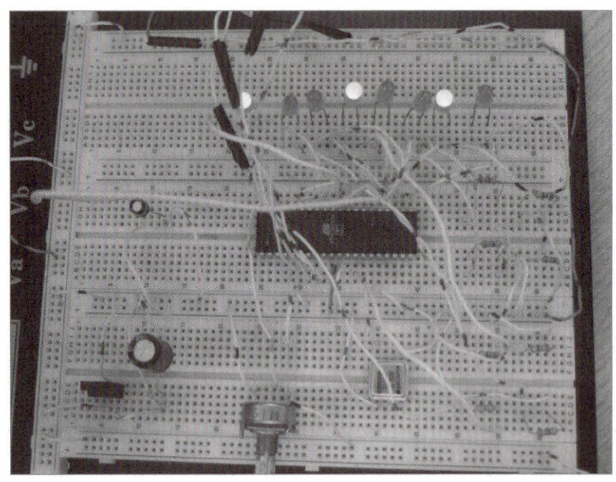

| 그림 4-175. 만능기판을 이용한 ADC 제어 회로 |

변환 결과가 들어 있는 ADC 레지스터의 내용을 좌측으로 정렬하였으므로, 변환 결과의 상위 8비트는 ADCH에 들어 있다.

ADC 변환값은 그림 4-175에서 PORTC를 통하여 그림 4-176, 그림 4-177과 같이 LED에 표시한다.

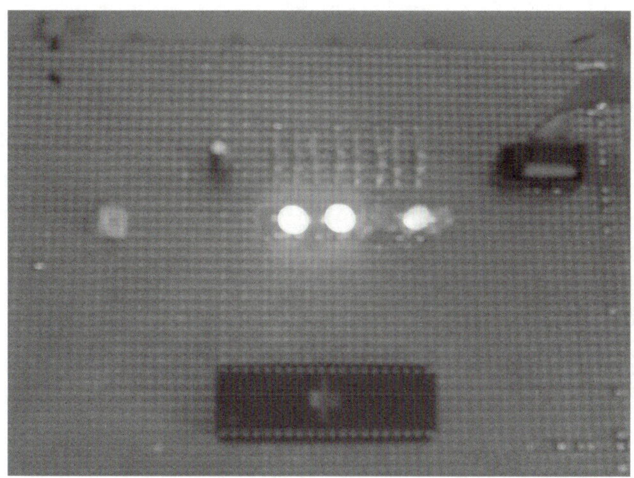

|그림 4-176. A/D 컨버터 변환 Ⅰ|

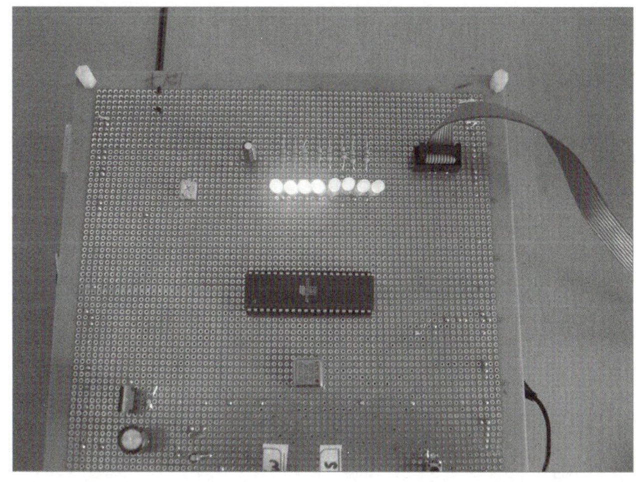

|그림 4-177. A/D 컨버터 변환 Ⅱ|

(6) ADC 변환

자동차 전자제어에서 가변저항을 이용한 센서들이 많이 사용되고 있다.

이러한 센서들에서 출력되는 신호는 아날로그 전압 신호로써 ECU에서는 직접 사용할 수 없어 ATmega8535의 PORTA(ADC)에서 이 아날로그 신호를 디지털 신호로 가공하여 자동차 전자제어에 사용하게 된다.

그림 4-178의 수온 센서(WTS)를 예로 하여 그 제어 과정을 설명해 보기로 한다.

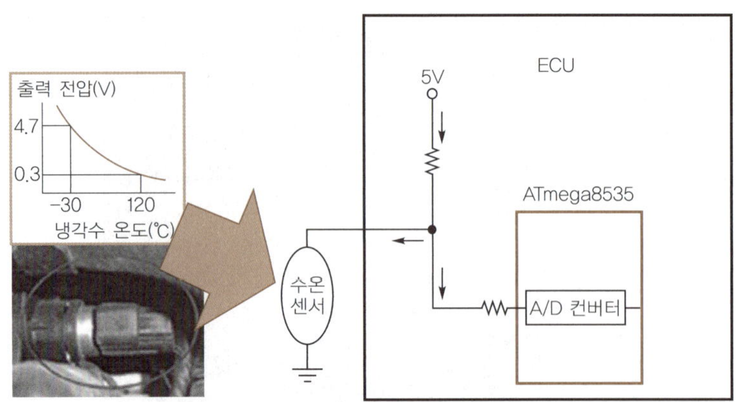

|그림 4-178. 수온 센서 주변 회로|

여기서 엔진 냉각수온의 온도 변화에 따른 수온 센서의 전압 출력 범위가 0~5V이고, 마이크로컨트롤러 ADC 분해능이 8비트라고 편의상 생각하면 다음과 같이 설명할 수 있다.

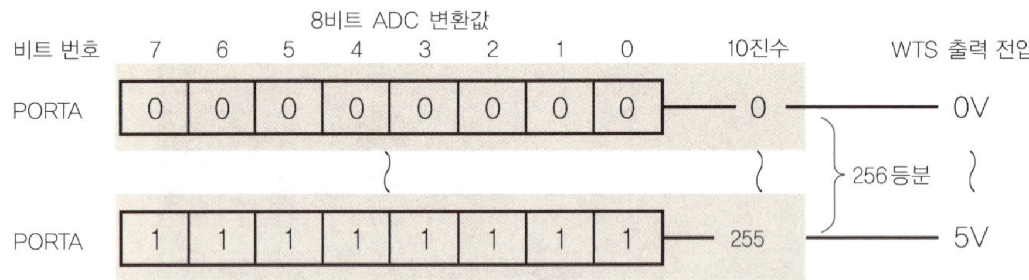

|그림 4-179. WTS 출력 전압 변화에 따른 ADC 값 변환|

그림 4-179에 나타낸 내용을 보면, 수온 센서의 출력 전압이 0V일 때 이에 대응하는 8비트 ADC 변환값이 0b00000000(10진수-0)이고, 수온 센서의 출력 전압이 5V일 때 이에 대응하는 ADC 변환값은 0b11111111(10진수-255)가 된다. 이때 ADC 변환값은 8비트로서 0b00000000→0b11111111까지 '256등분'이 되므로, 수온 센서의 출력 전압이 '5V/256등분=$1.95×10^{-2}$V'가 변화되면 ADC 변환값은 '0b00000000에서 0b00000001'로 변화된다는 것을 나타낸다.

다시 말하면, 엔진의 수온이 변화되어 수온 센서 출력 전압값이 2V(이때의 ADC 변환값은 0b00001100, 수온은 80℃라 가정)에서 '2V+$1.95×10^{-2}$V'로 변화되었다면, 이때의 ADC 변환값은 0b00001100 → 0b00001101로 변화된다는 것이다. 그림 4-180은 수온 센서 출력 전압값의 변환 과정을 나타낸다.

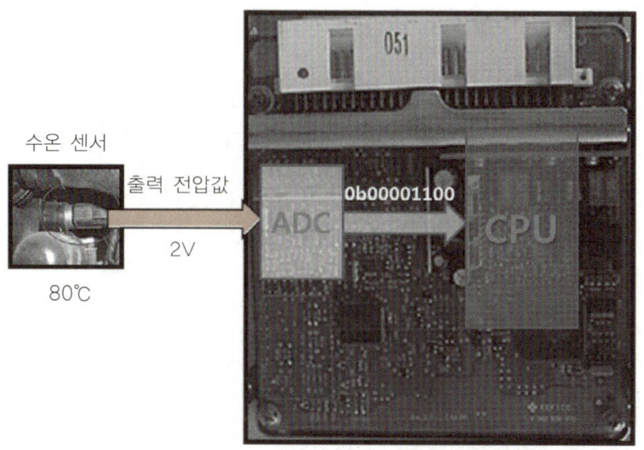

|그림 4-180. 수온 센서 출력값의 변환|

4.2.8 USB용 ISP의 연결 

그림 4-181과 같은 USB ISP 다운로더를 사용하여 컴퓨터의 제어 프로그램을 자작 ECU의 플래시 메모리로 다운로드한다.

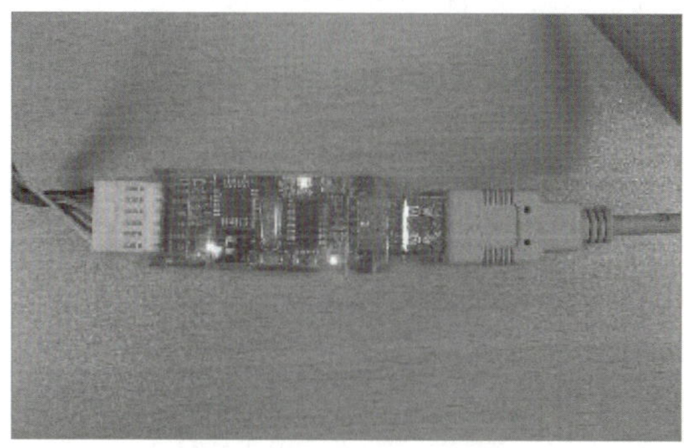

|그림 4-181. USB ISP 커넥터|

프린트 포트가 아닌 USB 포트를 사용하여 PC의 제어 프로그램을 다운로드하기 위한 설정 순서는 다음과 같다.

① 6핀 몰렉스 커넥터를 그림 4-182와 같이 자작 ECU에 설치한다.

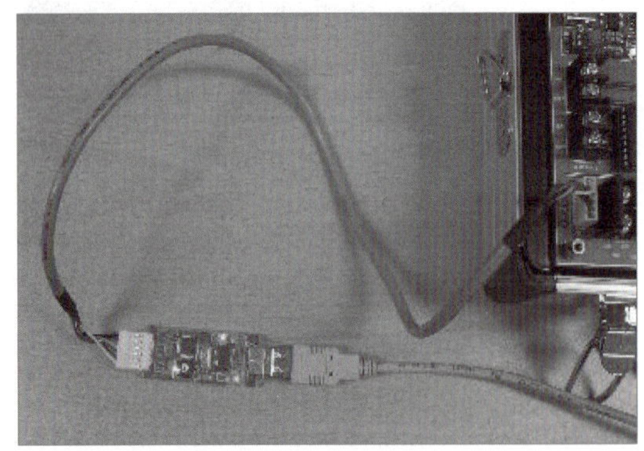

그림 4-182. USB 연결용 몰렉스 핀의 설치

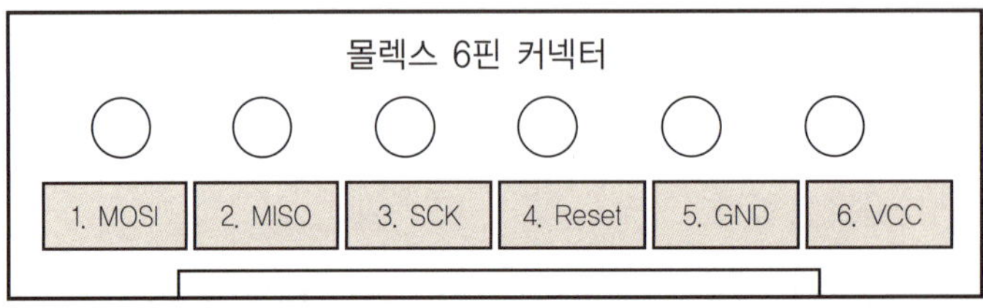

그림 4-183. 몰렉스 6핀 커넥터의 단자 배치도

그림 4-183은 몰렉스 6핀의 단자 배치도를 나타낸다. 그림 4-184의 몰렉스 6핀 각각의 단자를 ATmega8535의 같은 명칭 단자로 연결하여 사용한다.

그림 4-184. 몰렉스 6핀 커넥터

② USB ISP 다운로더를 그림 4-185와 같이 PC에 연결한다.

|그림 4-185. USB ISP의 연결|

③ 선택 포트를 설정한다.

　㉠ 윈도우 화면-시작-제어판-시스템-하드웨어에서 USB ISP의 설정 포트를 확인한다.

　㉡ CodeVisionAVR에 ㉠에서 확인한 포트로 그림 4-186과 그림 4-187과 같이 설정한다.

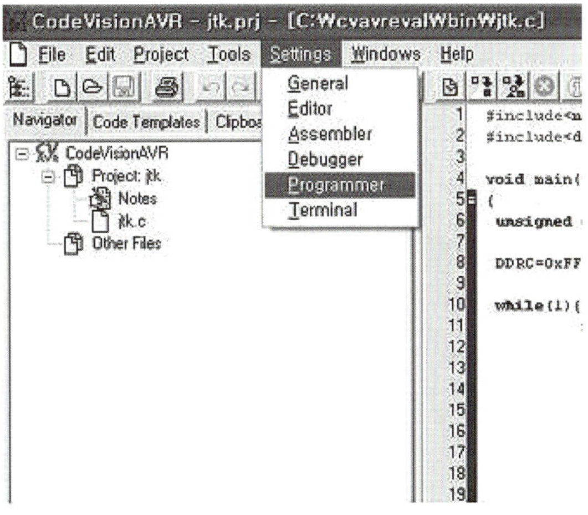

|그림 4-186. CodeVisionAVR의 ISP 포트 설정 I|

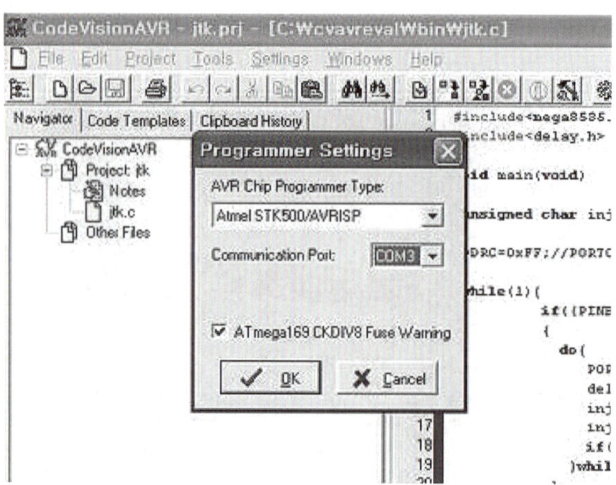

| 그림 4-187. CodeVisionAVR의 ISP 포트 설정 Ⅱ |

CodeVisionAVR에서 먼저 Settings-Programmer를 클릭하고, AVR Chip Programmer Type을 'Atmel STK500/AVRISP'로 선택한 다음, Communication Port는 윈도우 제어판에서 확인한 포트로 설정한 후 OK를 선택한다.

자동차 미케닉을 위한

자동차 ECU 제어 기초

2011. 3. 31. 초 판 1쇄 발행
2021. 3. 25. 초 판 5쇄 발행

지은이 | 정태균
펴낸이 | 이종춘
펴낸곳 | BM (주)도서출판 성안당
주소 | 04032 서울시 마포구 양화로 127 첨단빌딩 3층(출판기획 R&D 센터)
     | 10881 경기도 파주시 문발로 112 파주 출판 문화도시(제작 및 물류)
전화 | 02) 3142-0036
     | 031) 950-6300
팩스 | 031) 955-0510
등록 | 1973. 2. 1. 제406-2005-000046호
출판사 홈페이지 | **www.cyber.co.kr**
ISBN | 978-89-315-3520-4 (13550)
정가 | 23,000원

이 책을 만든 사람들
기획 | 최옥현
진행 | 박경희
교정·교열 | 김혜린
전산편집 | 김인환
표지 디자인 | 박원석
홍보 | 김계향, 유미나
국제부 | 이선민, 조혜란, 김혜숙
마케팅 | 구본철, 차정욱, 나진호, 이동후, 강호묵
마케팅 지원 | 장상범, 박지연
제작 | 김유석